北京工业大学研究生创新教育系列教材

机器状态监测与故障诊断

主　编　高立新

副主编（以姓名首字母为序）

安胜利　何立东

毛乐山　乔文生

苏志霄　沈　松

章立军

科学出版社

北　京

内 容 简 介

本书着重介绍从事机器状态监测与故障诊断所必需的基础知识、监测手段、诊断方法、应用实例及应用场合，并在系统的理论知识基础上，应用大量实例加以说明。全书共13章，内容包括：振动原理、数据采集、信号处理、状态监测、故障分析、修复措施、常用设备基本知识、验收与测试、设备的测试、参考标准、作出报告及编写文件、故障严重程度确定、转子/轴承动力学等。

本书可作为高等学校机械类专业及相近专业本科生和研究生的教材，也可作为企业设备工程师和一线班组职工的参考书。

图书在版编目（CIP）数据

机器状态监测与故障诊断／高立新主编. —北京：科学出版社，2014.6
北京工业大学研究生创新教育系列教材
ISBN 978-7-03-040900-3

Ⅰ. ①机… Ⅱ. ①高… Ⅲ. ①机器-故障诊断-研究生-教材 Ⅳ. ①TH17

中国版本图书馆CIP数据核字（2014）第120047号

责任编辑：朱晓颖 / 责任校对：郭瑞芝
责任印制：张 伟 / 封面设计：迷底书装

科学出版社出版
北京东黄城根北街16号
邮政编码：100717
http://www.sciencep.com
北京凌奇印刷有限责任公司 印刷
科学出版社发行 各地新华书店经销
*
2014年 6 月第 一 版 开本：720×1000 B5
2022年 1 月第六次印刷 印张：16
字数：326 000

定价：98.00元

（如有印装质量问题，我社负责调换）

序

工欲善其事，必先利其器。要实现绿色和智能制造，现代机器装备的状态监测诊断技术已发挥越来越重要的作用，因此，对从事这一新技术人员的培养在国内外受到了格外重视。

2003 年 8 月，国际标准化组织技术专业委员会发布了《机器状态监测和诊断专业人员培训及认证》(ISO18436)标准，该标准将从事机器状态监测和诊断专业人员分为四级。即Ⅰ级(相当于技师)、Ⅱ级(相当于助理工程师)、Ⅲ级(相当于工程师)、Ⅳ级(相当于高级工程师)，并对每个级别的人员提出了具体的要求。2009 年 5 月，中华人民共和国国家质量监督检验检疫总局和中国国家标准化管理委员会颁布了《机器状态监测与诊断人员培训与认证的要求》([GB/T 23718.1—2009])等相关国家标准，对认证机构、认证过程、人员培训程序和认证要求都作出明确规定。

2010 年 6 月 23 日，教育部开始启动实施“卓越工程师教育培养计划”，该计划是贯彻落实《国家中长期教育改革和发展规划纲要(2010—2020 年)》和《国家中长期人才发展规划纲要(2010—2020 年)》的重大改革项目，具有三个特点：一是行业企业深度参与培养过程，二是学校按通用标准和行业标准培养工程人才，三是强化培养学习者的工程能力和创新能力。

和医生诊治疾病一样，做一个合格的设备医生并非易事。机器的征兆谱和故障谱并非一一对应的关系，因此，除了了解机器结构、故障机理、测试方法、信号处理、特征提取等各方面知识，还要了解振动故障识别、油液分析、红外热成像、声发射和电机电流分析等多种手段。目前，我国急需机器状态监测与诊断人才，必须通过实践和教育两个方面加速培养，结合中国的实际情况、按国家要求和行业标准编写教材已成当务之急。

为了编著一本符合国际通用标准、与培训级别相适应、专业权威性强、结构体系完整、通俗实用的教育培训教材，特邀请了本领域有影响的资深专家、有经验的企业工程技术人员和监测仪器制造厂参与编写。

该书在北京工业大学的大力支持下，在参照国内外设备状态监测与诊断文献和总结上千项工程诊断案例的基础上，编著者们通过近五年的努力，终于得以出版。教材由基本知识体系、实际操作技能和故障诊断案例等内容组成。

深信该书能为我国设备医生的成长和机器状态监测诊断技术的普及发挥应有的作用。

高金吉

2016 年 5 月

前　　言

当前，我国高等工程教育存在的主要问题是实践环节薄弱、知识学习脱离生产实践、部分教师的科学研究脱离生产实践，这使得学校培养的工程技术人才不能适应国家科技发展和企业技术进步的需要。具体说就是学校社会服务的职能体现的不充分，教师的工程实践背景(能力)缺乏，学生的“工程素质”不高。为此，作者依据国家标准来编写本书，对高校工程人才培养模式进行创新，推动产、学、研结合，共同搭建工程教育平台。

本书在讲授基础理论和基本技术的前提下，重点结合现场典型案例，讲解如何应用机器状态监测诊断技术解决现场问题，为促进工程师和专业硕士的学习，为诊断人员技术培训、资格认证和岗位定级提供理论与技能方面的教育与帮助。

全书共 13 章，内容包括：振动原理、数据采集、信号处理、状态监测、故障分析、修复措施、常用设备基本知识、验收与测试、设备的测试、参考标准、作出报告及编写文件、故障严重程度确定、转子/轴承动力学等。

参与本书编写的有北京工业大学的教师、武汉钢铁集团公司的专业技术人员及与本专业相关的一些企业员工，其中参与工作较多的是李勇才工程师；本书编写分工如下：第一、二章由毛乐山编写，第三、四章由乔文生编写，第五章由毛乐山、乔文生、章立军、苏志霄、安胜利共同编写，第六、十、十二章由安胜利编写，第七章由章立军编写，第八、十一章由苏志霄编写，第九章由沈松编写，第十三章由何立东编写，以上作者对本培训教材做了多次审核及修改。

在此，感谢远东测振(北京)系统工程技术有限公司、北京东方振动和噪声技术研究所、北京航天拓扑高科技有限责任公司和北京纵横机电技术开发公司等单位的大力支持，他们为本书的试讲及审稿提供了许多帮助。

北京工业大学研究生徐海、郭玉荣、刘晓慧、朱立欢、马乾、孙恒、李泽峰、许金基、吴秀星、杨楠、冀建东，北京科技大学研究生荣银龙、宁占胜，本科生胡宗扬、董建兵等为本书的编写也做了许多工作。尤其是许金基同学为本书的出版默默做了大量工作。在此表示感谢。

限于作者编写水平和时间，书中难免存在疏漏之处，恳请读者批评指正，本书将在教学中逐渐完善。

作　者

2016 年 7 月

前言

[illegible]

目　　录

绪　论

1. 设备诊断技术

所谓设备诊断技术，就是在设备运行中或在基本不拆卸全部设备的情况下，掌握设备运行状态，判定产生故障的部位和原因，对设备运行状态进行整治、控制、校正和修复，并预报预测设备未来状态的技术。

应用设备诊断技术的目的：

(1) 保障设备安全，防止突发故障；

(2) 保障设备精度和工作效率，提高产品质量；

(3) 实施状态维修，节约维修费用；

(4) 避免设备事故造成的环境污染；

(5) 给企业带来大的经济效益；

(6) 实现设备闭环管理。

设备诊断技术的实施一般分为两个层次，即简易诊断和精密诊断。工厂的设备故障多数可以通过简易诊断予以确定，因此它是设备诊断工作的基础，只有当简易诊断难以确诊时，才采用精密诊断。

2. 设备维修体制发展的几个阶段

故障维修：故障维修是让设备运行直至出现故障时，才停机进行维修的一种维修方式。其特点是："不坏不修，坏了再修"。

定期维修：定期维修是按照预定的时间间隔或检修周期，实行计划修理的一种维修方式。其特点是：当设备运行到达计划规定的时间(或是产量等指标时)便进行强制性维修。

预测维修：预测维修是对设备的测试结果进行分析处理后，证明有必要时才安排检修的一种方法。其特点是：在状态监测的基础上，根据设备运行状态实际劣化的程度以决定维修时间和规模。

可靠性维修：是以可靠性为中心来组织维修的一种科学管理策略。其特点是：按照以最小资源消耗保证设备固有的可靠性和安全性的原则，用系统性(逻辑决断)的方法确定设备预防性维修要求的过程，是目前国际通用的确定设备预防性维修方法。

测量是基础性的工作，是掌握设备运行状态第一手资料。测量参数的选择需要与设备监控的参数和内容紧密关联，选择最能反映设备运行状态好坏的指标。选用何种传感器，选择在何处测量取证，选择测量的间隔长短，选择以何种参数来分析、描述与诊断，都关系着分析诊断的清晰程度和准确性，甚至将几种测量分析方法综合起来应用。

分析是对测量获得的信息作某种处理，例如振动的时频域分析，将设备可能出现的故障特性揭露无疑。只有这样才能做出诊断和维修的决策。

第一章　振 动 原 理

第一节　基本运动(Ⅰ级)

各种机器设备在运行中，都不同程度地存在振动，这是运行机械的共性。然而，不同的机器，或同一台机器的不同部位，以及机器在不同的时刻或不同的状态下，其产生的振动形式又往往是有差别的，这又体现了设备振动的特殊性。我们可以从不同的角度来考察振动问题，因此，对振动进行恰当的分类，是进行设备故障诊断很重要的一个步骤，常把机械振动分成以下几种类型。

一、按振动规律分类

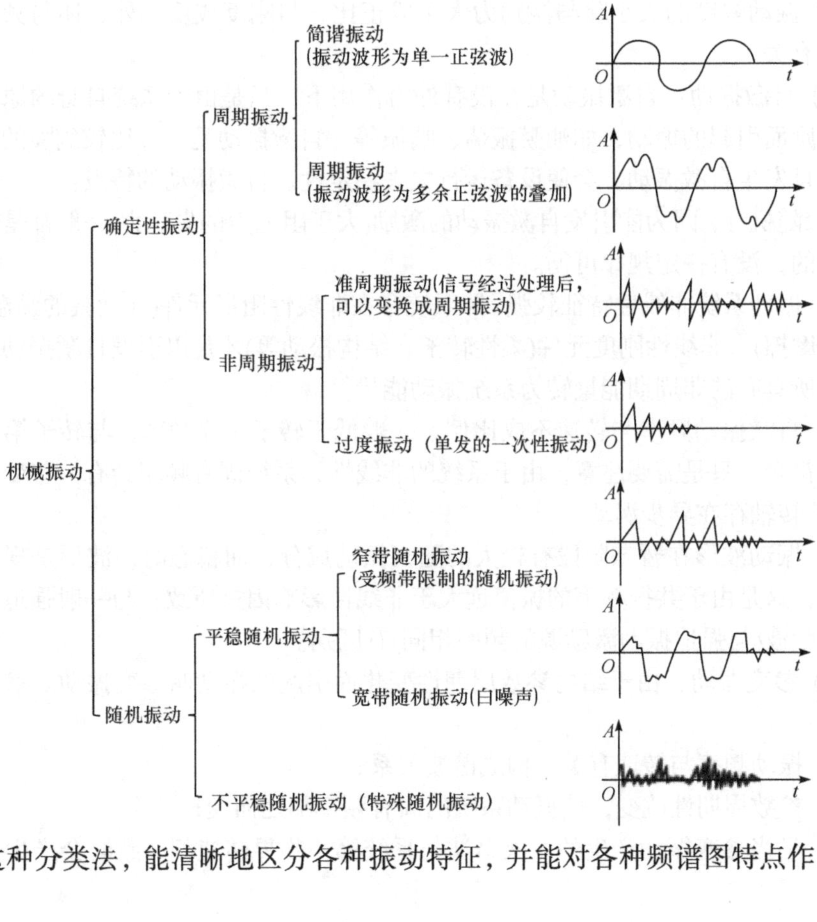

这种分类法，能清晰地区分各种振动特征，并能对各种频谱图特点作出理论

上的说明。比如，根据频谱谱线是离散型还是连续型的，就能清晰地区分出振动故障是周期性的(如转子不平衡、轴系不对中)还是非周期性的(如启/停车的瞬变过程、冲击、随机干扰等)。再如，原先的线型谱突然变成连续谱(现场称为谱线变胖)，我们就能马上意识到机组正处在暂态过程之中，将指导我们赶紧寻找机组失稳的原因。

二、按振动的动力学特征分类

(1) 自由振动：自由振动是物体受到初始激励(通常是一个脉冲力)所引发的一种振动。若系统无阻尼，则系统维持等幅振动；若系统有阻尼，则系统为衰减振动。这种振动靠初始激励一次性获得振动能量，历程有限，一般不会对设备造成破坏，不是现场设备诊断所需考虑的目标。

(2) 强迫振动：物体在持续的周期变化的外力作用下产生的振动叫强迫振动，如不平衡、不对中和松动所引起的振动。强迫振动的特点：

① 物体在简谐力作用下产生的强迫振动也是简谐振动，其稳态响应频率与激振力频率相等。

② 振动幅度的大小除与激励力大小成正比，与刚度成反比外，还与频率比、阻尼比有关。

(3) 自激振动：自激振动是在没有外力作用下，只是由于系统自身的原因所产生的激励而引起的振动，如油膜振荡、喘振等。自激振动是一种比较危险的振动，设备一旦发生自激振动，会使设备运行失去稳定性。自激振动的特点：

① 随机性，因为能引发自激振动的激励(大于阻尼力的失稳力)一般都是偶然因素引起的，没有一定规律可循。

② 振动系统非线性特征较强，即系统存在非线性阻尼元件(如油膜的黏温特性，材料内摩擦)、非线性刚度元件(柔性转子、结构松动等)才足以引发自激振动，使振动系统所具有的非周期能量转为系统振动能量。

③ 自激振动频率与转速不成比例，一般低于转子工作频率，与转子第一临界转速相符合。只是需要注意，由于系统的非线性，系统固有频率会有一些变化。

④ 转轴存在异步涡动。

⑤ 振动波形在暂态阶段有较大的随机振动成分，而稳态时，波形是规则的周期振动，这是由于共振频率的振值远大于非线性影响因素所致；与一般强迫振动近似的正弦波(与强迫振动激励源的频率相同)有区别。

(4) 参变振动：由于结构参数周期性变化而引起的振动叫参变振动。参变振动的特点：

① 振动频率与转速有关，构成谐波关系；

② 参数周期性改变，使振动系统的固有频率随之而变；

③ 是当参变振动产生的二次谐波与系统第一临界转速相一致时会产生共振，

由于此时机组转速并未真正处于共振位置，故称其为副临界转速。参变振动产生的谐波成分极易与周期性强迫振动等类似频谱相混，增加了故障识别难度。

三、按振动频率分类

机械振动频率是设备振动诊断中一个十分重要的概念。在各种振动诊断中常常要分析频率与故障的关系，要分析不同频段振动的特点，因此了解振动频段的划分对振动诊断的检测参数选择具有实用意义。按照振动频率的高低，通常把振动分为3种类型：

$$\text{机械振动(按频率分类)}\begin{cases}\text{低频振动：}f<5\text{Hz}\\\text{中频振动：}f=5\sim1000\text{Hz}\\\text{高频振动：}f>1000\text{Hz}\end{cases}$$

在实际工业应用中，这3种类型都可以用加速度传感器进行测量，也可以根据实际情况需要选择速度和位移传感器进行测量，例如测量每小时20km低速运行的火车振动就可以选择位移传感器测量，或者，用加速度传感器测量，将测量仪器的旋钮调至位移挡来观察其振动波形。

在低频范围，主要测量的振幅是位移量。这是因为在低频范围造成破坏的主要因素是应力的强度，位移量是与应变、应力直接相关的参数。

在中频范围，主要测量的振幅是速度量。这是因为振动部件的疲劳进程与振动速度成正比，振动能量与振动速度的平方成正比。在这个范围内，零件的疲劳破坏为主要表现，如点蚀、剥落等。

在高频范围，主要测量的振幅是加速度。加速度表征振动部件所受冲击力的强度。冲击力的大小与加速度值成正比。许多滚动轴承和齿轮故障都伴随高频冲击振动，用其来监测与分析诊断故障时有优势。

四、根据振动系统的特性分类

按振动系统的特性，振动可分为线性振动和非线性振动两大类。一般情况下，设备振动都按线性振动来分析和诊断，但诊断实践证明，许多疑难故障按线性原理很难获得满意的解释，原因是大型回转机组发生强振时出现了非线性行为。因此，现场诊断人员适当掌握这种分类法也是有必要的。

第二节　定义和术语

振动物体从平衡位置(即未受到干扰时所处的位置)向一个方向运动到极限位置后回到平衡位置，再运动到另一个方向的极限位置，然后再回到平衡位置，这称为一个振动循环。最简单的振动是简谐振动，如图1-1所示。

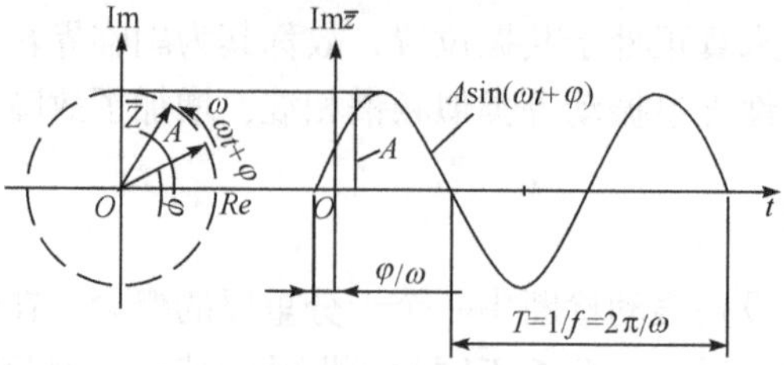

图 1-1　简谐振动

一、周期、频率(Ⅰ级)

周期 T 是物体完成一个完整振动过程所需要的时间，单位一般是秒(s)。例如，一个单摆，它的周期就是重锤从左运动到右，再从右运动回左边起点所需要的时间，如图 1-2 所示。

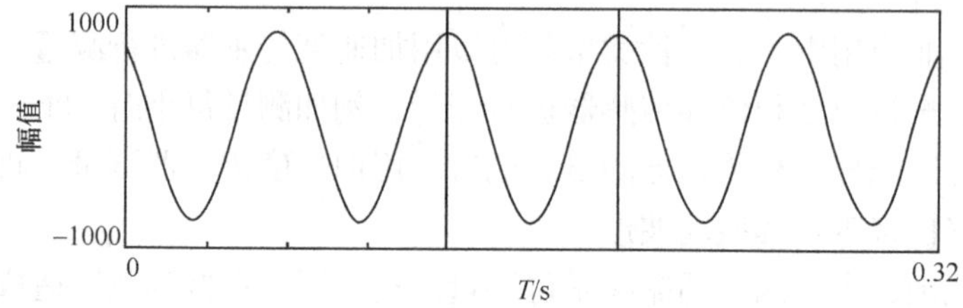

图 1-2　简谐振动的周期 T

对旋转机械来说，转子每旋转一周就是完成了一个振动过程，为一个周期，或者说振动循环变化了一次。

实际应用：图 1-3、图 1-4 为某钢厂高线精轧机增速箱某时刻时域图及频谱图，在

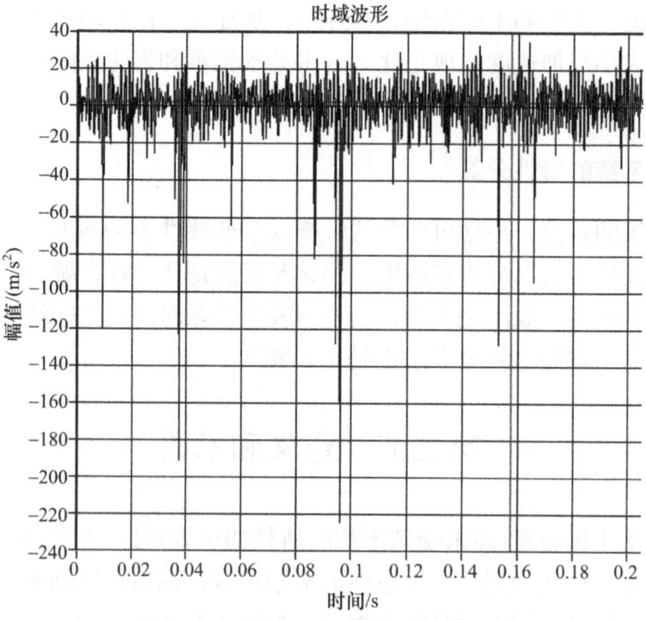

图 1-3　某钢厂高线精轧机增速箱某时刻时域波形图

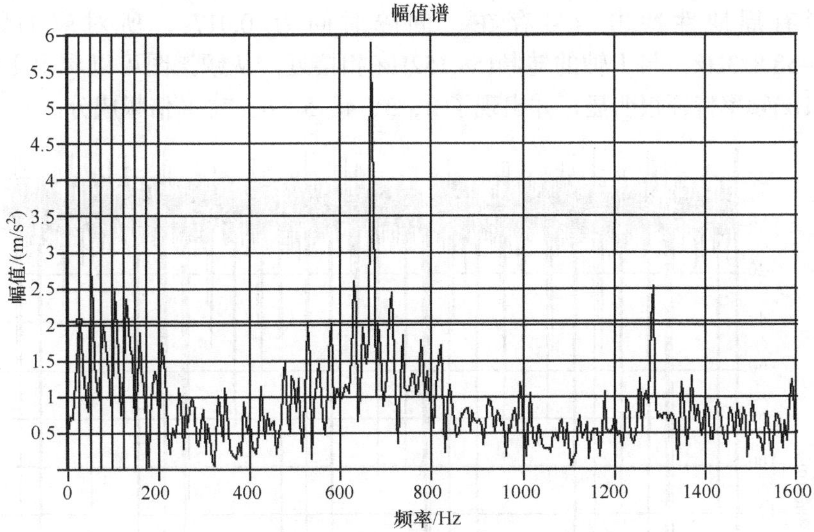

图 1-4　某钢厂高线精轧机增速箱某时刻频谱波形图

时域图中明显存在周期性冲击信号，冲击间隔为 0.058s，即周期 T=0.058s。经分析与 I 轴的转速接近，分析判断 I 轴上的轴承可能有故障隐患，开箱后检查发现轴承已损坏，见图 1-5。

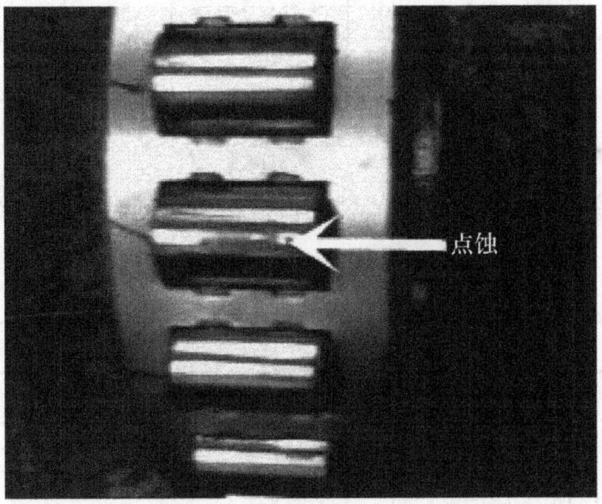

图 1-5　轴承滚动体点蚀

频率是物体在单位时间内(1s)振动循环的次数，用 f 表示，单位是赫兹(Hz)。有时频率也可以用角频率 ω 来表示，即 $\omega = 2\pi f$ 。

振动频率在数值上等于周期 T 的倒数，即 $f = 1/T$ 。

例:一台机器的转速为 1500r/min,其转动频率(简称转频) $f_r = 1500 \div 600 = 25$ (Hz)

频率是振动诊断中一个最重要的参数。确定诊断方案，实施状态识别，选用诊断标准等各个环节都与振动频率有关，对设备的振动信号作频率分析是设备诊断最重要的内容之一。

实际应用：图 1-6、图 1-7 为某钢厂高线精轧机锥箱某时刻时域图、频谱图，时域波形有周期性冲击信号存在，间隔时间为 0.017s，所对应的频率为 1/0.017=58.823Hz，与Ⅰ轴的转频(58.152Hz)相接近。从频谱图可以看出Ⅰ轴转频(58.594Hz)频率特征很明显，并出现了2、3、4、5、6、7、8倍频成分。

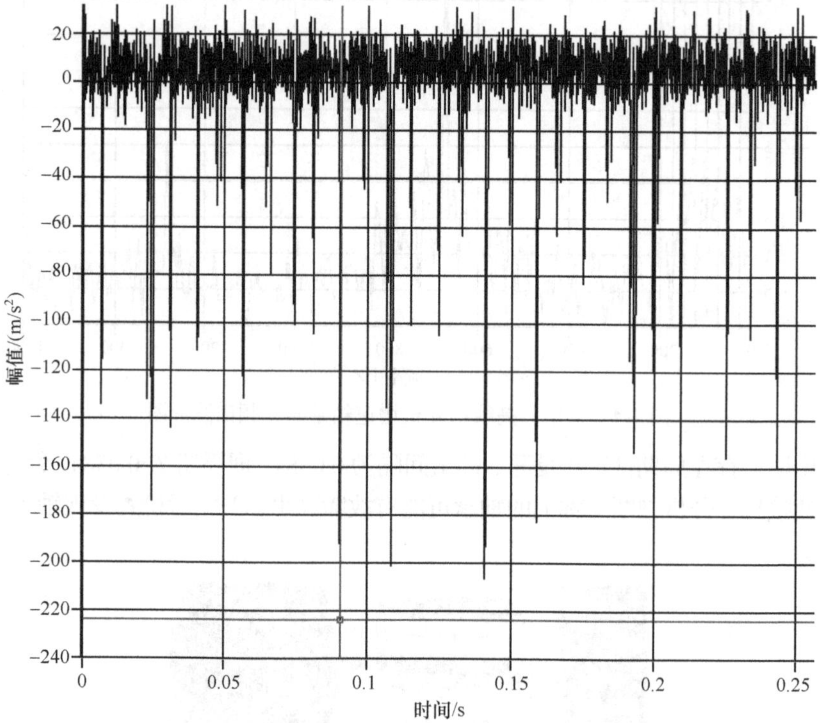

图 1-6　某钢厂高线精轧机锥箱某时刻时域波形图

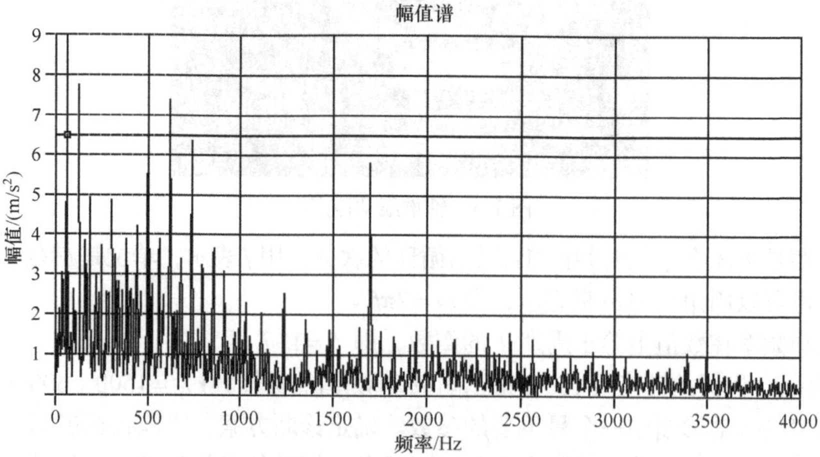

图 1-7　某钢厂高线精轧机锥箱某时刻频域图

通过分析可知Ⅰ轴上的轴承零件有故障，现场开箱检查结果如图 1-8 所示。

图 1-8　轴承内圈有点蚀

二、振幅(Ⅰ级)

构成一个确定性振动有 3 个基本要素，即振幅 s、频率 f、和相位 φ (相对某一时刻或相对转轴上某一预先做出的标志)。即使在非确定性振动中，有时也包含有确定性振动。振幅、频率、相位，这是设备诊断中经常用到的 3 个基本概念。现在以确定性振动中的简谐振动为例来分别说明振幅、频率、相位的概念，它们之间的关系以及在振动诊断中的应用。

振幅：振动幅值反映设备振动的强度，振幅的平方常与设备振动的能量成正比。因此，振动诊断标准都是用振幅来表示的。

简谐振动可以用下面的函数式表示：

$$S(t) = A\sin\left(\frac{2\pi}{T}t + \varphi\right)$$

由于角频率 $\omega = \dfrac{2\pi}{T}$，所以也可以用 $S(t) = A\sin(\omega t + \varphi)$ 表示。式中，A 称为最大振幅，指振动物体(或质点)在振动过程中偏离平衡位置的最大距离。在振动参数中有时也称峰值或单峰值。$2A$ 称为峰-峰值、双峰值或简称双幅。单位常用 μm 或 mm。

振动幅值的表示方法有：峰-峰值(p-p)、峰值(p)、平均值(ap)、有效值(rms)。

(1) 峰-峰值 p-p：是反映波峰到波谷的距离，常用 $2A$ 来表示，它表示了波形的最大偏移量。当机器设备零件允许的振动位移量由零件的最大应力和设备的间隙决定时，峰-峰值就是极有用的参数。

(2) 峰值 p：是峰-峰值的一半。它可以指明瞬时冲击的幅值。例如，峰值的大小可以用来反映滚动轴承某一局部故障点的冲击力大小。

在检测有剥落、裂纹、胶合、压痕、凹坑等原因所造成的冲击性振动时，峰值比有效值更能明显地反映出故障状态。因为这种离散缺陷产生的脉冲波形虽然总能量并不大，但是波形的尖峰度增加了。图 1-9 为一个轴承发生剥落时的趋势分析记录，在剥落期间，峰值比有效值有急剧的增大。

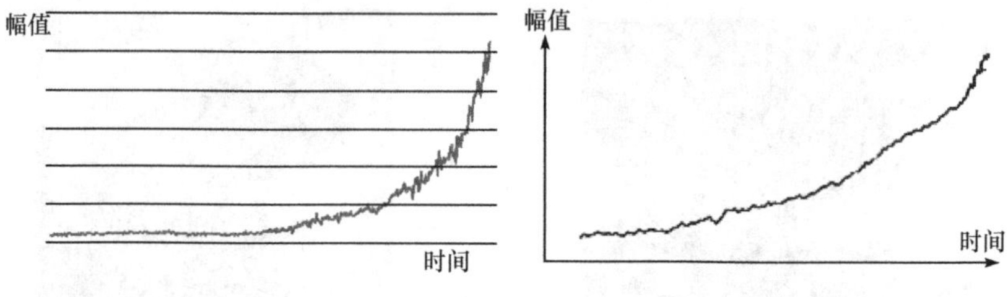

(a) 峰值趋势图　　　(b) 有效值趋势图

图 1-9　轴承发生剥落时的峰值与有效值比较

(3) 平均值 ap：平均值描述了信号的平均变化情况，代表信号的静态分量或直流分量。它考虑了振动波形的时间历程，但它与任何有用的物理量之间都无直接关系，所以平均值在振动测量中较少使用，图 1-10 是某钢厂精轧机 28 架锥箱轴承内圈发生断裂损坏时平均值趋势图。

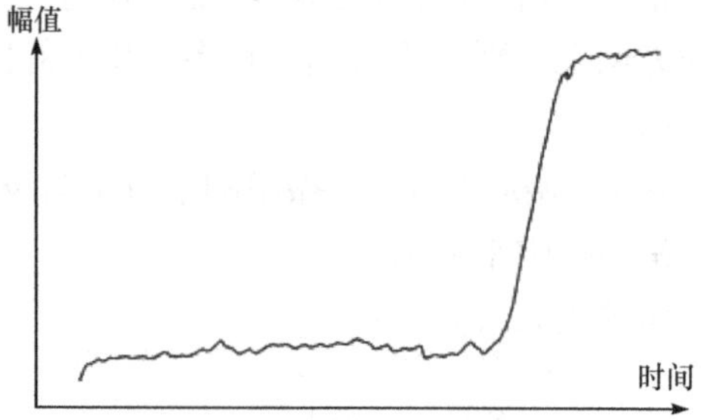

图 1-10　28 架锥箱水平测点 12 月份平均值趋势图

(4) 有效值 rms：有效值即均方根值，它是对幅值最适当的度量，它既考虑了振动波形的时间历程，又给出了与能量直接有关的量值，它代表了振动的破坏能力。

振幅中的峰-峰值、峰值、平均值和有效值之间的关系如图 1-11 所示。

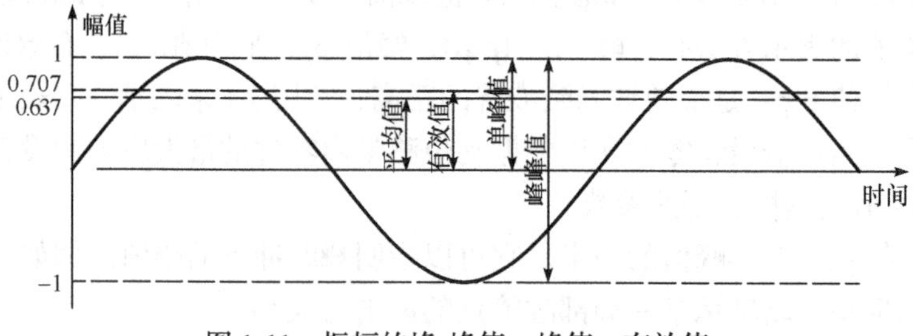

图 1-11　振幅的峰-峰值、峰值、有效值

在纯正弦波(如简谐振动)的情况下：

单峰值等于峰-峰值的 1/2，有效值等于单峰值的 0.707 倍，平均值等于单峰值的 0.637 倍。此处进一步指出，对于一个纯正弦整周期交流信号，其平均值应为 0，一个周期内一半为正，一半为负。只有在将信号取绝对值(绝对平均值)后才会出现 0.637。

它们之间的换算关系是：

$$峰\text{-}峰值=2\times单峰值=2\times\sqrt{2}\times有效值$$

三、振动参数(Ⅰ级)

振幅可用位移、速度和加速度 3 个物理量来描述，这 3 个物理统称为振动参数。在设备振动中可根据研究的对象、内容和方法的不同选用不同的物理量表示。

位移 x：振动物体离开平衡位置的距离，单位常用微米(μm)。

速度 v：振动物体位移的快慢，单位常用毫米/秒(mm/s)。在这里，必须特别说明的是一个物理量即速度有效值 V_{rms}，亦称速度均方根值。这是一个经常用到的振动测量参数，目前许多振动标准都是采用 V_{rms} 作为判别参数，因为它最能反映振动的烈度。

加速度 a：振动物体速度的变化率，单位常用重力加速度 g 或米/秒^2(m/s^2)，1g=9.8m/s^2。

将振动参数随时间变化的状态画出来，可以得到相应曲线，此线叫做振动波形。简谐振动的波形如图 1-12 所示，它是一条正弦曲线。

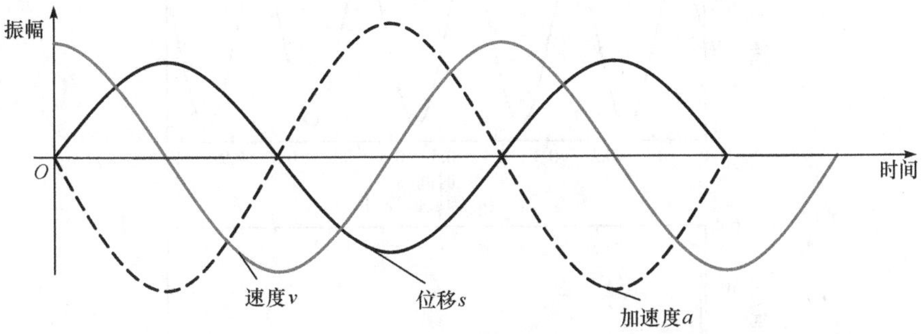

图 1-12　简谐振动波形图

从图 1-12 可以看到：①位移 s、速度 v 和加速度 a 都是同频率的简谐波。②以振动位移 s 的相位为参考基准，振动速度 v 比振动位移的相位超前 90°，振动加速度 a 比振动位移 s 的相位超前 180°，比振动速度 v 超前 90°。③对正弦波信号来说，位移、速度和加速度的幅值之间也具有确定的关系，如位移幅值为 A，则速度的幅值为 $A\omega$，加速度的幅值为 $A\omega^2$。很明显，对于同一振动信号，加速度频谱的高频成分最强，而位移频谱的低频成分最强。习惯上认为：位移是最直接的测量参数，对于低速运动的机械设备，测其位移为宜，而高速振动的机械设备，则应测量其速度或加速度值。

随着工业化的进程，机械设备由简单粗糙向复杂精密发展，其自动化程度不断提高，对机械设备的要求已不断提高，由设备制造厂形成的企业标准逐步为行业所接受遵循，再由国家和国际组织制定统一标准进行限定，并且前后有着继承性。如前述的加速度、速度与位移量纲的信号虽然都可以选择用峰-峰值、有效值和单峰值等来描述。在实际的应用中，人们一般只对位移的峰-峰值感兴趣，只关心在过去的测量时间内，设备振动位移曾到达过的最大和最小值，而不关心这个时间历程中设备的振动是如何在最大和最小值间变化。后来人们又用设备振动速度量纲来定义标准——关心在过去测量期间设备振动的能量大小，既关注振动值的大小又涉及振动期间波形的变化过程，这就是有效值。而用加速度量纲度量时，常用单峰值来度量，已经形成了共同认知的习惯。

四、时域及频域(Ⅰ级)

时域是一个或是多个信号其取值的大小长短范围、相互关系等可以定义为很多不同的时间函数或参数，这些时间函数或参数的集合称为时域，也可简述为描述数学函数或物理信号对时间的关系。

频域是指将周期信号展开为傅里叶级数，研究其中每个正弦谐波信号的幅值和相位等，或者对非周期性信号或各态历经随机信号进行傅里叶变换，变换后的信号是频率的函数，这些函数的集合称为频域。

采用傅里叶变换可将时域信号变换为频域信号，如图 1-13 所示。

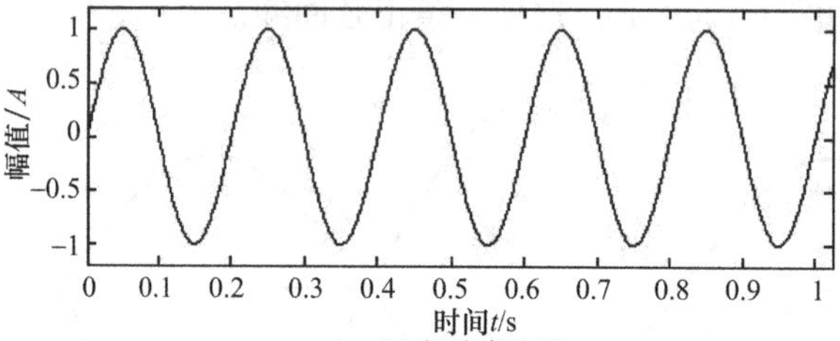

(a) 频域信号图

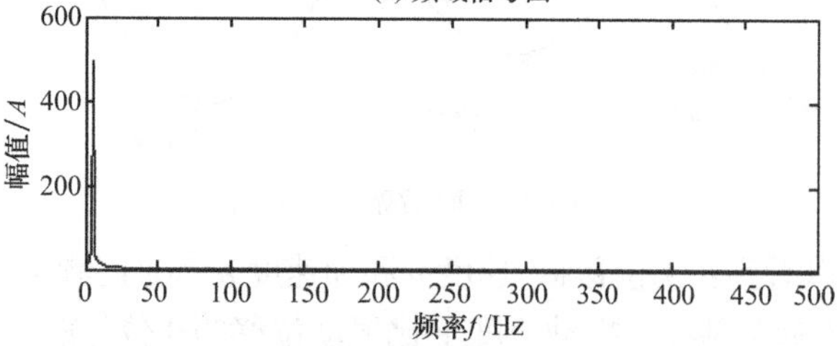

(b) 频域信号图

图 1-13　傅里叶变换的经典图

时域频域的关系：时域分析与频域分析是对模拟信号的两个观察面。时域分析是以时间轴为坐标表示动态信号的关系；频域分析是把信号变为以频率轴为坐标表示出来。一般来说，时域的表示较为形象与直观，频域分析则更为简练，剖析问题更为深刻和方便。目前，振动信号分析的趋势是从时域向频域发展。然而，它们是互相联系，缺一不可，相辅相成的。

从实际应用：图 1-14 时域波形可以看出有明显的周期性冲击信号，间隔为 0.014s，对应频率为 71.428Hz(1/0.014=71.428)，与锥箱Ⅱ轴的转频(71.588Hz)基本一致，图 1-15 锥箱 Z5/Z6 啮合频率 f(2214.844Hz)幅值在 8 月 19 日 16:00 为 7.348m/s^2，并伴有 Z5/Z6 啮合频率 f 的高次谐波成分 $2\times f$，对应幅值为 0.679m/s^2。表明此时精轧机有故障隐患。

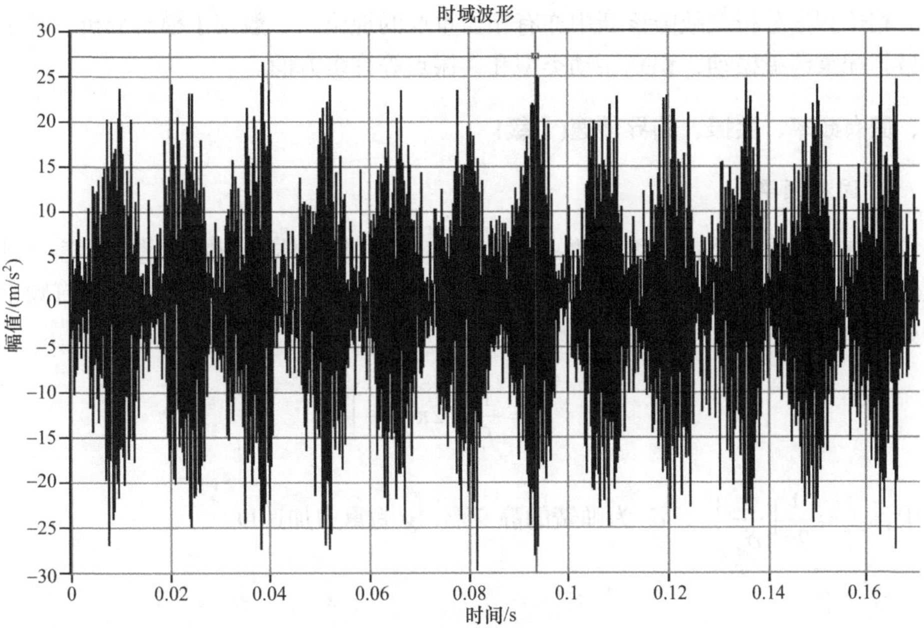

图 1-14　某高线精轧机测点某时刻时域波形

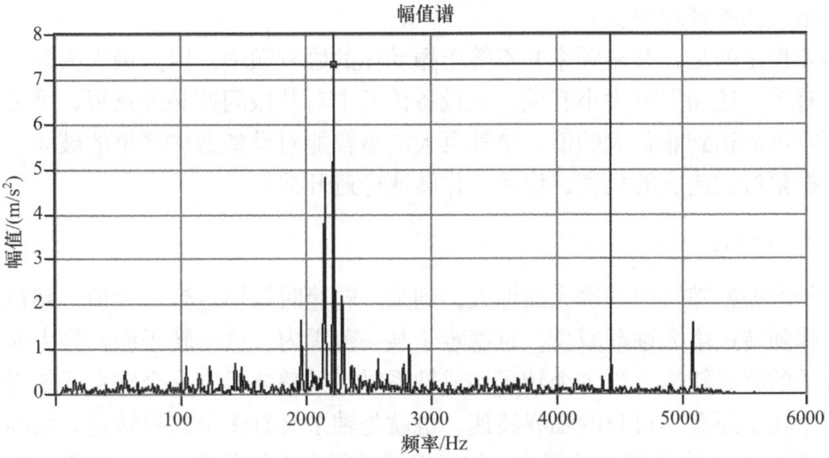

图 1-15　某高线精轧机某时刻频谱图

五、相位(Ⅱ级)

相位是指旋转机械测量中某一瞬间，机器选定的振动信号(如基频)与轴上某一固定标志(如键相器)之间的相对位置。是由转角速度 $\omega(t)$与初相位角 φ 两部分组成。振动信号的相位表示振动质点的相对位置。不同振动信号源都有各自的相位。

相位相同的振动，会引起合拍共振，将产生严重后果；相位相反的振动产生互相抵消的作用，起到减振的效果。由几个谐波分量叠加而成的复杂波形，即使各谐波分量的振幅不变，仅改变相位角，也会使波形发生很大变化，甚至变得面目全非。

相位测量分析在故障诊断中亦有相当重要的地位，一般用于模态分析，动平衡测量与配重消减振动，识别振动类型和共振点等许多方面。

六、固有频率、共振、临界转速(Ⅰ级)

1. 固有频率

固有频率是物体自身固有的一种振动频率，只与物体本身的质量、刚度、外形、几何尺寸和阻尼等物理因数有关，与初始条件无关。称为固有频率或者自有频率。例如，弹簧的固有频率如下：

$$T_n = \frac{1}{f_n} = 2\pi\left(\frac{\delta_{st}}{g}\right)^{\frac{1}{2}}$$

其中，$f_n = \frac{1}{2\pi}\left(\frac{g}{\delta_{st}}\right)^{\frac{1}{2}}$，$\delta_{st}$ 为弹簧的静变形，g 为重力加速度。

2. 共振

当外来激励信号的频率接近零件的固有频率时，如果阻尼很小，会造成零件振动幅值很大的物理现象。

需要指出的是，共振频率并不等于振动体的固有频率，因为最大振幅不单和激励频率有关，还和阻尼大小有关。在设备诊断中对共振问题必须重视，因为共振产生的振幅可能达到非常大的值，这种巨大的振幅能对设备造成严重的破坏。为了避免共振振幅过大造成的危害，设备工作转速应避开共振区。

3. 临界转速

转子的振幅随转速的增大而增大，到某一转速时振幅达到最大值，超过这一转速后振幅随转速增大逐渐减少，且稳定于某一范围内，这一转子振幅最大时的转速称为转子的临界转速。当多个转子构成轴系时，其整体具有一个轴系的临界转速，而每一个转子还有其自身的临界转速，也就是轴系具有多个临界转速。临界转速是高速转子-轴承系统所特有的概念，与机组的运行有密切关系，为了保障大型回转机械平稳运转，在设计时，应考虑轴系工作转速处于临界转速之外。

七、力、响应、阻尼、刚度(Ⅲ级)

1. 力

当物体受其他物体的作用后，能使物体获得加速度(速度或动量发生变化)或者发生形变的都称为“力”。

对任何一个物体，力与它产生的加速度方向相同，它的大小与物体所产生的加速度成正比。

2. 响应

当一个随时间发生改变的力作用到机械构件上，造成机械构件跟随变化的力发生振动，这个物理现象称为对作用力的响应。

3. 阻尼

阻尼是指振动系统中所存在的各种阻碍运动的阻力，阻尼与阻力的不同之处在于，阻尼在阻碍振动的过程中还存在着能量转换(将机械能转换成另一种能量形式，一般是热能)，这种能量转换吸收、消化了振动能量，对振动起到了衰减和抑制作用。

在机械系统中，线性黏性阻尼是最常用的一种阻尼模型。阻尼力 F 的大小与运动质点的速度的大小成正比，方向相反，记作

$$F = cv$$

式中，c 为黏性阻尼系数，其数值须由振动试验确定。

实际的黏性阻尼系数 c 与临界阻尼系数 C 之比称 ξ 为阻尼比：

$$\xi = \frac{c}{C}$$

$\xi<1$ 称欠阻尼，物体作对数衰减振动；$\xi>1$ 称过阻尼，物体没有振动地缓慢返回平衡位置；$\xi=1$ 称为临界阻尼，临界阻尼系数是最小的能够阻止系统震荡的阻尼系数。

材料阻尼是最基本的阻尼形式，由于材料阻尼的影响因素较多，难以建立准确完备的参数表达式来计算出材料阻尼，工程中为确定材料阻尼，通常是针对由该材料制成的标准试件，通过振动响应的测试，在振动理论的指导下，经过数据处理来识别出阻尼。材料阻尼的测试对建立精确的结构动力学模型、结构动态及定性分析、响应预测、新材料研发等都具有十分重要的意义。对阻尼材料的性能测试和评估可参照国标 GB/T 18258—2000《阻尼材料 阻尼性能测试方法》的规定操作。

4. 刚度

使弹性体产生单位变形 y 所需的力 F 称为刚度 k，$k = F / y$。

刚度反映了弹性体自身抵抗变形的能力。

旋转机械转子的刚度包括静刚度和动刚度两个部分，静刚度决定于转子的结构、材质、尺寸；而动刚度既与静刚度有关，也与支座(含轴承)刚度、联轴器连接刚度等有关。

如果将刚度定义式改写成：

$$y = F / k$$

式中，y 为测点的振动幅值；F 为作用在测点上的激振力；k 为测点处的动刚度。

公式表明：在线性系统中，测点呈现出的振动幅值与作用在该点上的激振力成正比，与该点的动刚度成反比。也就是说，在机组振幅值增高时，既要从激发振动的扰动力方面去查找引起故障原因，也要从机组自身的刚度上，如转子刚度、轴承刚度、支座刚度、基础刚度、联轴器刚度等方面去查找引起故障的原因。

因此，一台新的转动设备，投运后振动状态的优劣，往往在很大程度上取决于机器自身的刚度、特别是转子的刚度，而此主要与设计有关；一台刚检修后的转动设备，投运后振动状态反而变差，除了少数为转子初始不平衡外，多数往往在轴承刚度、支承连接刚度等方面发生问题，而此与检修质量有关。

八、倍频

在一个复杂振动信号中，所含的频率中有等于工频(工作频率也可称为基频)的整数倍的信号分量，叫做倍频或是谐波。

例如，当出现 75Hz、150Hz、225Hz、300Hz、375Hz 等以 75Hz 的整数倍出现的频率可以称为倍频带。

实际应用：图 1-16 为某钢厂高线精轧机锥箱某时刻频谱图，图中频率为 90.332Hz，与锥箱Ⅱ(Ⅲ)轴转频轴上轴承滚动体过外圈频率 90.249Hz 接近，并伴有 2×、3×、4×、5×、6×、7×等倍频成分。

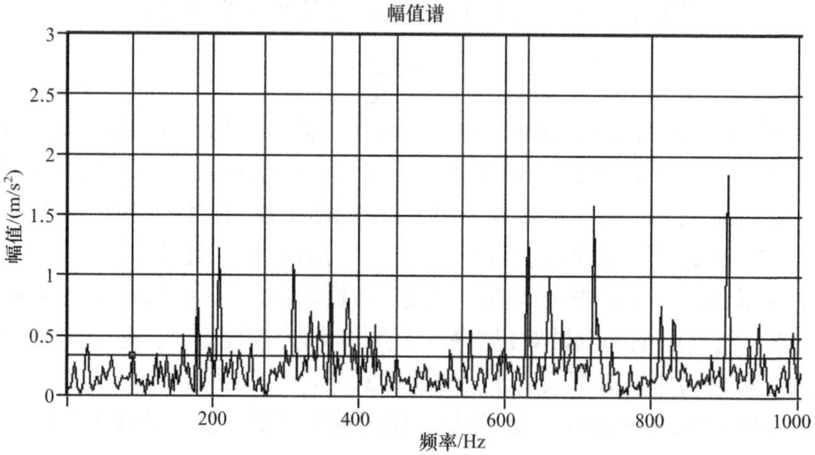

图 1-16 某钢厂高线精轧机锥箱某时刻频谱图

通过分析可知轴承外圈损坏如图 1-17 所示。

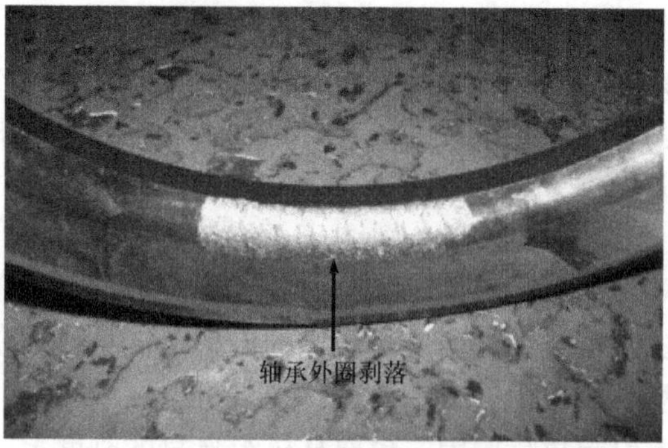

图 1-17 轴承外圈剥落

九、拍振

两个同方向的简谐振动在合成时，由于周期(频率)的微小差别而造成的合成振幅时而加强、时而减弱的现象称为“拍”，如图 1-18 所示。当拍振产生大的振动时，会损坏或导致设备故障。

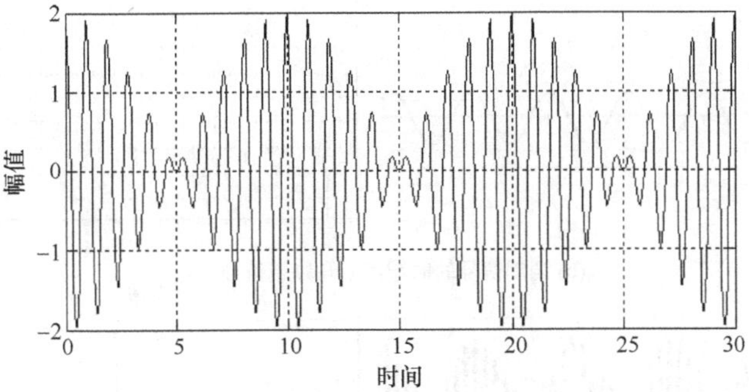

图 1-18　拍振

第三节　向量和调制(Ⅲ级)

一、向量

振动的位移(速度、加速度)等物理量都同时存在着运动方向，附着了运动方向的物理量称为向量。

二、调制

当一个简谐振动信号的幅值或是角频率的变化受到另外一个简谐振动信号的影响，称为调制。前一振动信号称为“载波信号”，后一信号称为“调制信号”，只有对这类信号进行时域和频域分析后，才能获得诊断的结果。

调制
- 幅度调制：改变了“载波信号”的幅度
- 频率调制：改变了“载波信号”的频率

当然还存在相位调制，在振动测试分析与诊断中应用极少，不再详细描述。

1. 幅值调制

齿轮的幅值调制是由于齿面上的载荷波动、齿轮加工误差(如齿距不均)、齿轮偏心以及齿轮故障所产生的局部性缺陷和均布性缺陷等因素引起的。

按信号处理观点，幅值调制相当于两个信号在时域上相乘，转换到频域上，就相当于对应两个频谱的卷积，通常齿轮啮合频率为载波频率，齿轮所在轴的旋转频率为调制频率，如图 1-19 所示。

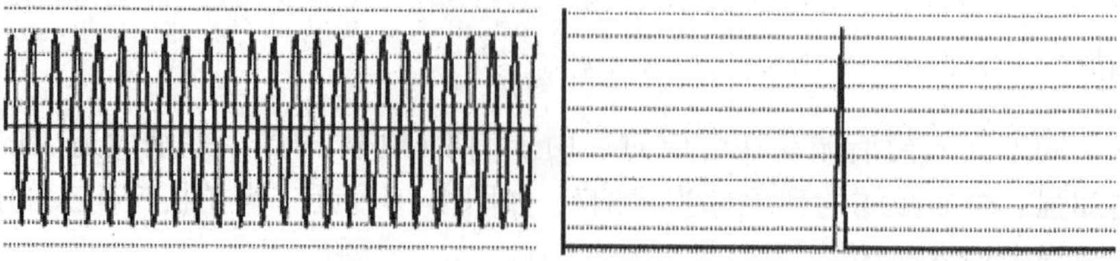

(a) 载波信号的时域信号与频域信号

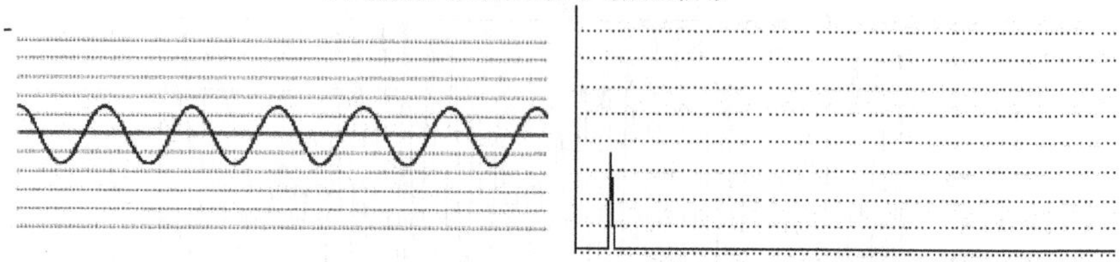

(b) 调制信号的时域信号与频域信号

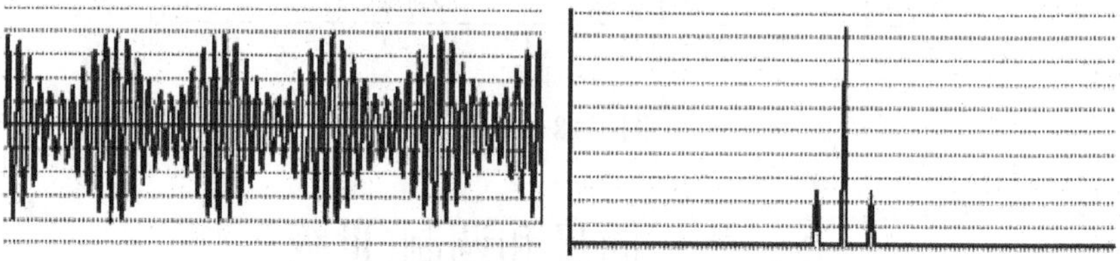

(c) 幅值调制后信号的时域信号与频域信号

图 1-19 幅值调制

如果调制信号 $e(t)$不是一个简谐波，而是由多频率成分构成的周期信号，则 $e(t)$的每一个频率分量都将产生一边带，形成了边带族，如图 1-20 所示。

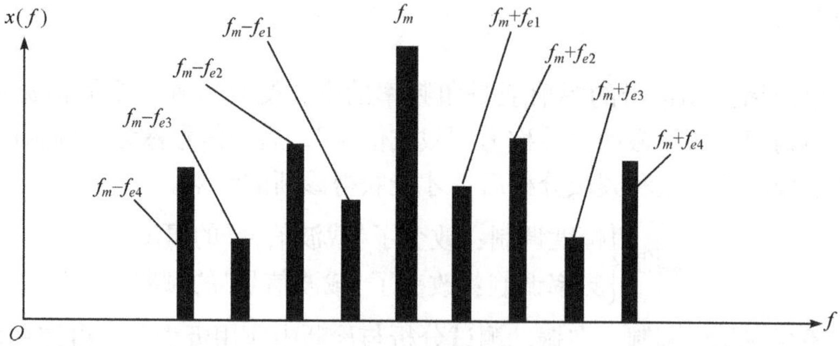

图 1-20 多频率幅值调制

由于系统传递特性的影响，以及还存在频率调制，频谱图上实际的边频成分不会像图 1-20 所示的如此对称。然而，边频带的分布形状主要取决于调制信号，而且正是调制信号反映了齿轮的各种传动误差和故障状况。

2. 频率调制

齿轮的频率调制(也可认为是相位调制)是由于齿轮的扭矩波动使齿轮转速产生

波动，这种波动表现在振动上，即频率调制。

以载波频率 f_m 为中心，以调制频率 f_r 为间隔，形成对称分布的无限多对的边带，如图 1-21 所示。

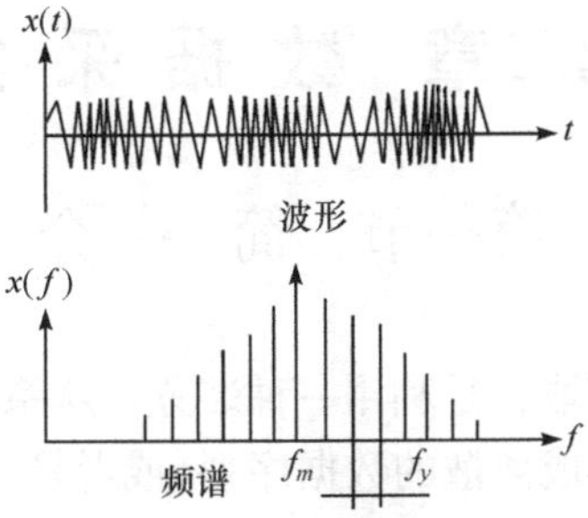

图 1-21　频率调制

利用观察齿轮啮合频率两侧边频判断故障。2007 年 8 月，某钢厂高线 25#精轧机频谱图如图 1-22 所示，在 2214.844Hz 处两侧伴有边频带，边频带宽为 71.588Hz，与 25#精轧机锥箱Ⅱ轴转频较接近。

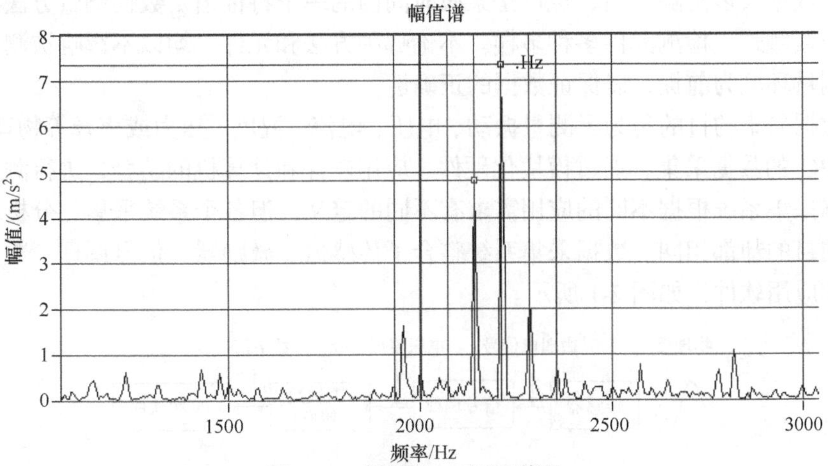

图 1-22　精轧机 25 架频谱图

通过分析判断锥箱Ⅱ轴上齿轮有故障隐患。2007 年 4 月 22 日用户对此架轧机拆箱检查，发现齿轮有裂纹，如图 1-23 所示。

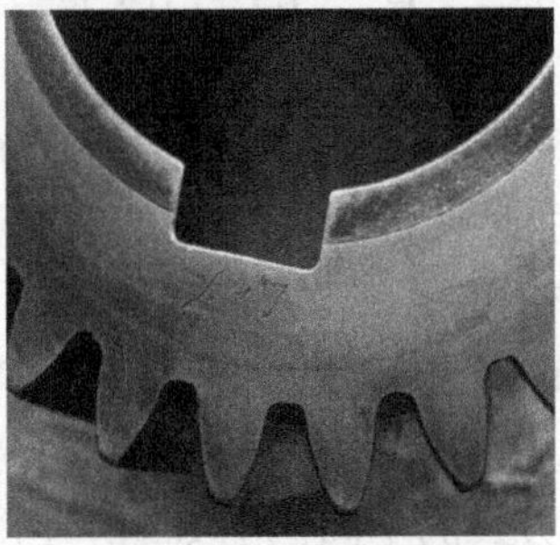

图 1-23　齿轮有裂纹

第二章　数 据 采 集

第一节　简　　介

数据采集，又称数据获取，是利用一种装置，从系统外部将被测量的连续变化的模拟信号经数据采集转换成离散的数据序列，或者是一些代表某种状态的开关量，输入到系统内部的一个接口去存储和处理(分析、诊断、显示等)。数据采集技术广泛应用在各个领域，如摄像头、麦克风，都是数据采集工具，是测量领域数字化自动化的基础。采集的信号被转换为用来描述各种物理量(如振动、温度等)的数据。采集一般是指采样方式，即隔一定时间(称采样周期)对同一点数据重复采集测量。采集的数据大多是瞬时值，也可是某段时间内的一个特征值。数据测量方法有接触式和非接触式，检测元件多种多样。不论哪种方法和元件，均以不影响被测对象状态和测量环境为前提，以保证数据的正确性。

数据采集的目的是为了测量振动、电压、电流、温度、压力或声音等物理信号。基于 PC 的数据采集，通过模块化硬件、应用软件和计算机的结合，进行测量。尽管数据采集系统根据不同的应用需求有不同的定义，但各个系统采集、分析和显示信息的目的却都相同。数据采集系统整合了传感器、激励器、信号调理、数据采集设备和应用软件，如图 2-1 所示。

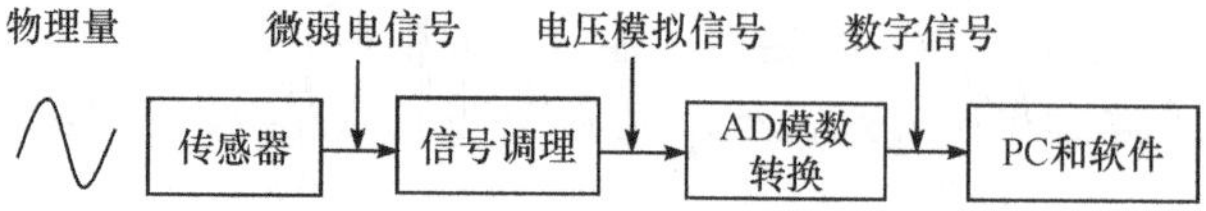

图 2-1　信号采集的一般过程

第二节　信号的类型

数据采集前，必须对所采集的信号的特性有所了解，因为不同信号的测量方式和对采集系统的要求是不同的，只有了解被测信号，才能选择合适的测量方式和采集系统配置，图 2-2 为一个典型的系统数据采集图。

任意一个信号都是随时间而改变的物理量。一般情况下，信号所运载信息是很广泛的，如状态(State)、速率(Rate)、电平(Level)、形状(Shape)、频率成分(Frequency Content)。根据信号运载信息方式的不同，可以将信号分为模拟和数字信号。数字(二进制)信号主要包括开关信号和脉冲信号。模拟信号包括静态信号和动态信号，静态信号指一些像温度、压力等缓慢变化的物理量，而动态信号指一些像振动、噪声等快速变化的物理量，通常静态信号仅需关心其幅值大小，而动态信号还需要在采集后进行一些频谱计算以获取其信号变化的频率特性等，如图 2-3 所示。

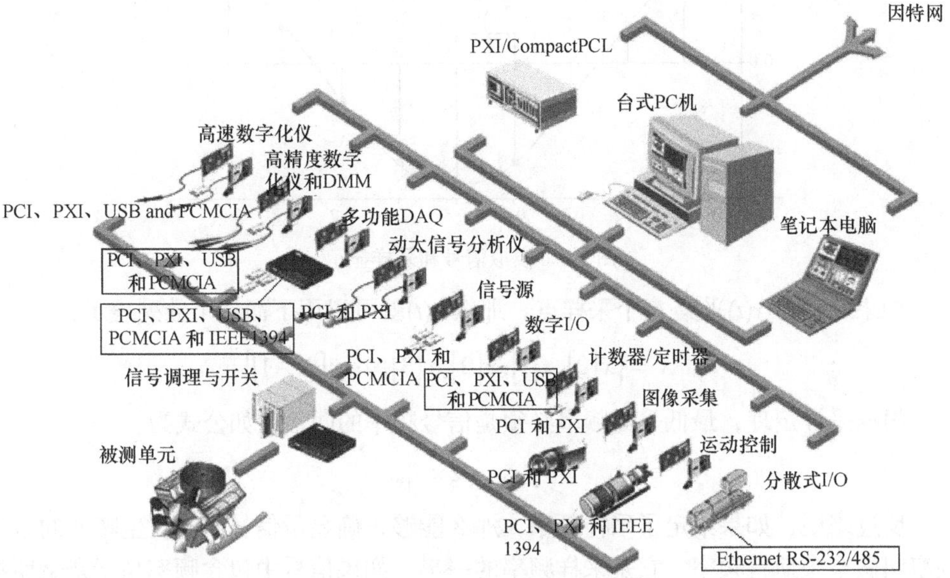

图 2-2　一个典型的系统数据采集

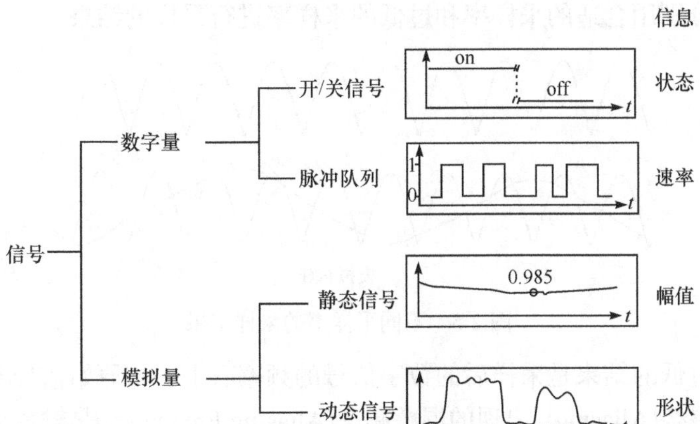

图 2-3　信号的类型

第三节　数据采集的基本原理

假设对一个模拟信号 $x(t)$ 每隔 Δt 时间采样一次。时间间隔 Δt 被称为采样间隔或者采样周期。它的倒数 $1/\Delta t$ 被称为采样频率，单位是 Hz(即采样数/秒)。t=0、Δt、$2\Delta t$、

$3\Delta t$ 等，图 2-4 显示了一个模拟信号和它采样后的采样值。采样间隔是 Δt，注意，采样点在时域上是离散的。

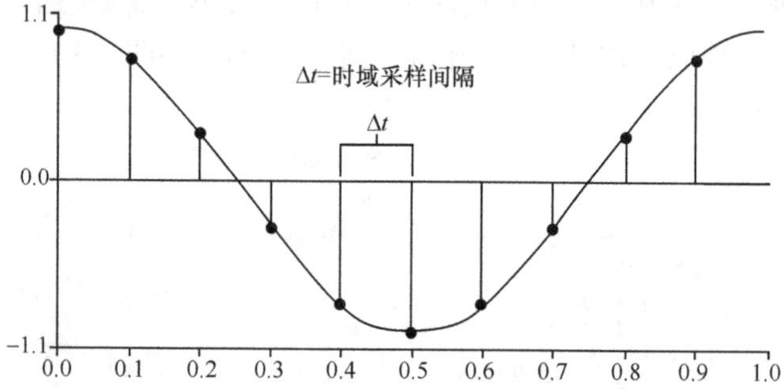

图 2-4　模拟信号和采样显示

如果对信号 $x(t)$采集 N 个采样点，那么 $x(t)$就可以用下面这个数列表示：

$$X = \{x[0], x[1], x[2], x[3], \cdots, x[N-1]\}$$

根据采样定理，最低采样频率必须是信号频率的两倍，如公式为

$$f_{最低} = 2 \times f_{信号}$$

反过来说，如果给定了采样频率，那么能够正确显示信号而不发生畸变的最大频率叫做奈奎斯特频率，它是采样频率的一半。如果信号中包含频率高于奈奎斯特频率的成分，信号将畸变为在直流和奈奎斯特频率之间的另一个信号。图 2-5 显示了一个信号分别用合适的采样率和过低的采样率进行采样的结果。

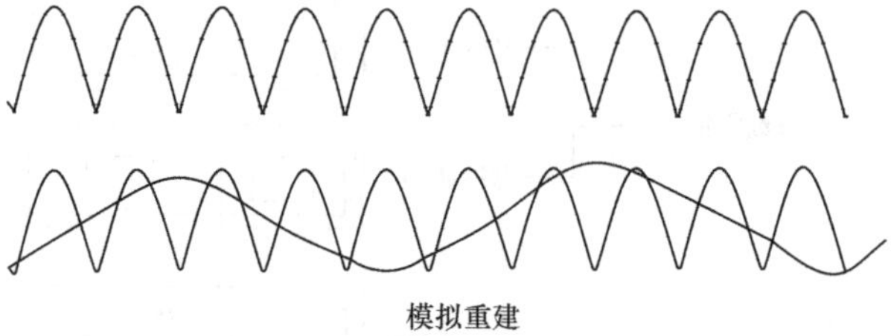

图 2-5　不同采样率的采样结果

采样率过低的结果是采样后的数字信号的频率看上去与原始信号不同。这种信号畸变叫做混叠(Aliasing)。出现的混叠频率(Aliasing Frequency)是输入信号的频率和最靠近的采样率整数倍的差的绝对值。如图 2-6 所示。

假设采样频率 f_s 是 100Hz，被分析信号中含有 25Hz、70Hz、160Hz 和 510Hz 的成分。

最高分析频率应只达 50Hz，那被测信号中的 25Hz 信号可以准确在频谱图上显示，而高于 50Hz 信号中的信号，如 70Hz、160Hz、510Hz 信号不仅不能显示，还会在 0～50Hz 之间反复回折显示，终使频谱图出现错误。

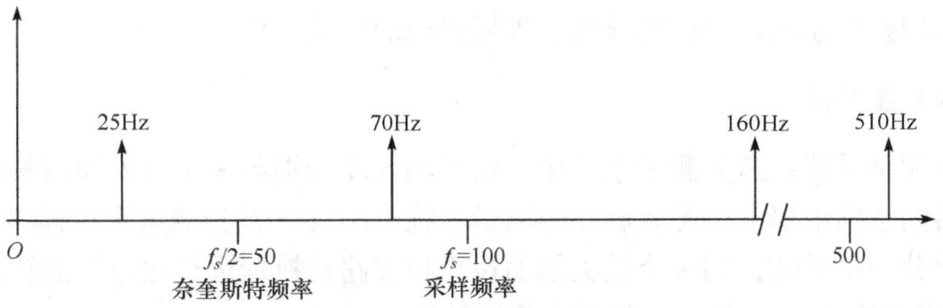

图 2-6　说明混叠的例子

采样的结果将会是低于奈奎斯特频率($f_s/2$=50Hz)的信号 F_1 可以被正确采样。而频率高于 50Hz 的信号成分采样时会发生畸变。F_2、F_3 和 F_4 分别产生了 30Hz、40Hz 和 10Hz 的混叠频率。计算混叠频率的公式是：

混叠频率=|采样频率的最近整数倍－输入频率|

例如：

混叠频率 F_2=|100−70|=30(Hz)

混叠频率 F_3=|2×100−160|=40(Hz)

混叠频率 F_4=|5×100−510|=10(Hz)

为了避免这种情况的发生，通常在信号被采样(A/D 模数转换)之前，经过一个低通滤波器，将信号中高于奈奎斯特频率的信号成分滤去。这个滤波器的截止频率自然是 50Hz(信号中若有 55Hz 信号，要被滤除一部分)。这个滤波器称为抗混叠滤波器。另一个措施，提高采样频率，如此例中采样频率 f_s 选择 2000Hz，此时最高分析频率为 1000Hz，被分析信号中含有最高信号频率仅为 510Hz，分析结果也才完全正确。

第四节　模入信号的连接方式

电压信号可以分为接地和浮动两种类型。测量系统可以分为差分(Differential)、参考地单端(RSE)、无参考地单端(NRSE)三种类型。

一、接地信号和浮动信号

接地信号：将信号的一端与系统地连接起来，如大地或建筑物的地。因为信号用的是系统地，所以与数据采集卡是共地的。接地最常见的例子是通过墙上的接地引出线，如信号发生器和电源。

浮动信号：一个不与任何地(如大地或建筑物的地)连接的电压信号称为浮动信号，浮动信号的每个端口都与系统的地独立。一些常见浮动信号的例子有电池、热电偶、变压器和隔离放大器。甚至一些文献中使用电涡流传感器测量轴振时就明确指出，当信号信噪比好时，可允许前置器中 COM 端强制接地，否则要浮地，后随放大器采用差分输入，可以明显克服现场出现的共模干扰。

二、测量系统分类

差分测量系统：差分测量系统中，信号输入端分别与一个模入通道相连接。具有放大器的数据采集卡可配置成差分测量系统。图 2-7 差分测量系统描述了一个 8 通道的差分测量系统，用一个放大器通过模拟多路转换器进行通道间的转换。标有 AIGND(模拟输入地)的管脚就是测量系统的地。

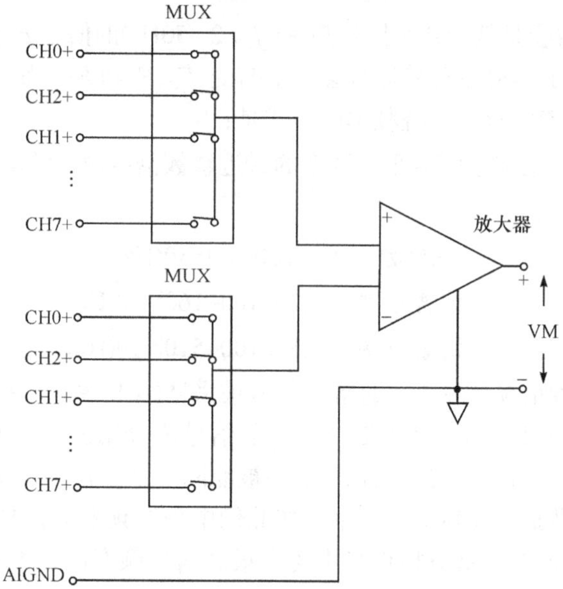

图 2-7　差分测量系统

参考地单端测量系统(RSE)：一个 RSE 测量系统，也叫做接地测量系统，被测信号一端接模拟输入通道，另一端接系统地 AIGND。图 2-8 参考地单端测量描绘了一个 16 通道的 RSE 测量系统。

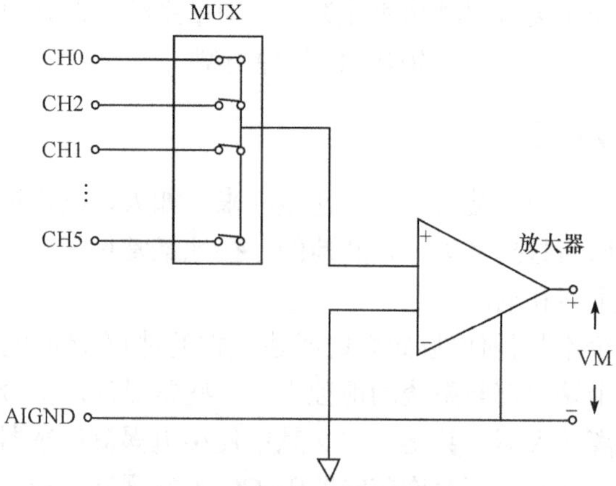

图 2-8　参考地单端测量系统

无参考地单端测量系统(NRSE)：在 NRSE 测量系统中，信号的一端接模拟输入通道，另一端接一个公用参考端，但这个参考端电压相对于测量系统的地来说是不断变化的。图 2-9 无参考地单端测量系统说明了一个 NRSE 测量系统，其中 AISENSE 是测量的公共参考端，AIGND 是系统的地。

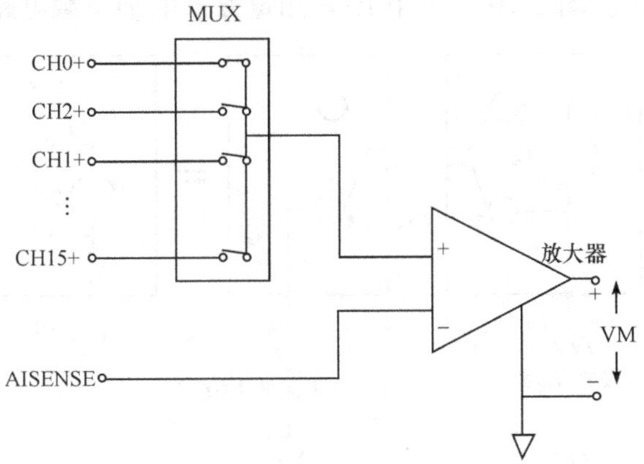

图 2-9 无参考地单端测量系统

三、选择合适的测量系统

两种信号源和三种测量系统一共可以组成六种连接方式，如表 2-1 所示。其中，不带*号的方式不推荐使用。一般说来，浮动信号和差动连接方式可能较好。但实际测量时还要看情况而定。

表 2-1 连接方式

	接地信号	浮动信号
DEF	*	*
RSE		**
NRSE	*	*

四、测量接地信号

测量接地信号最好采用差分或无参考地单端 NRSE 测量系统。如果采用参考地单端 RSE 测量系统时，将会给测量结果带来较大的误差。图 2-10 RSE 测量系统引入接地回路电压，展示了用一个 RSE 测量系统去测量一个接地信号源的弊端。

测量浮动信号可以用差分、RSE、NRSE 方式测量浮动信号。在差分测量系统中，应该保证相对于测量地的信号的共模电压在测量系统设备允许的范围之内。

总的来说，不论测接地还是浮动信号，差分测量系统都是很好的选择，因为它不但避免了接地回路干扰，还避免了环境干扰。相反的，RSE 系统却允许两种干扰的存在，在所有输入信号都满足以下指标时，可以采用 RSE 测量方式：输入信号是高电平(一般要超过 1V)；连线比较短(一般小于 5m)并且环境干扰很小或屏蔽良好；所有输入信号都与信号源共地。当有一项不满足要求时，就要考虑使用差分测量方式。图 2-10 为采用 RSE 测量方式的加负载电路。

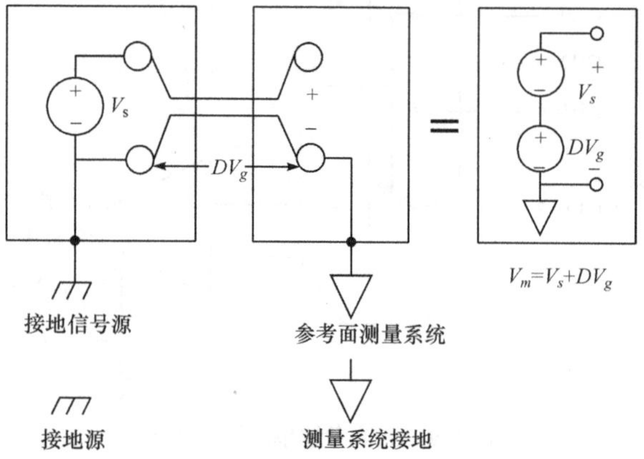

图 2-10　RSE 测量系统引入接地回路电压

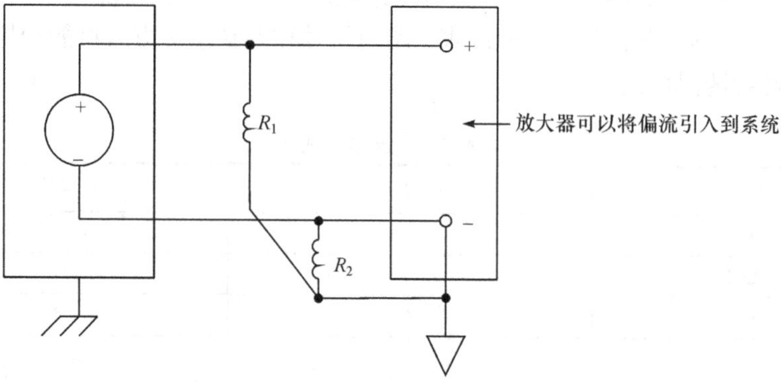

电阻(10kΩ<R<100kΩ)提供一个返回路径到地面而使放大器输入偏流。
输入电流为直流信号源时,电路中电阻值为R_2；若为交流信号源时，电路中电阻值为R_1~R_2。

图 2-11　加负载电阻

第五节　数据采集(DAQ)卡

一个典型的数据采集卡的功能有模拟输入、模拟输出、数字 I/O、计数器/计时器等，这些功能分别由相应的电路来实现。图 2-12 为多路复用方式的 A/D 卡的逻辑结构。

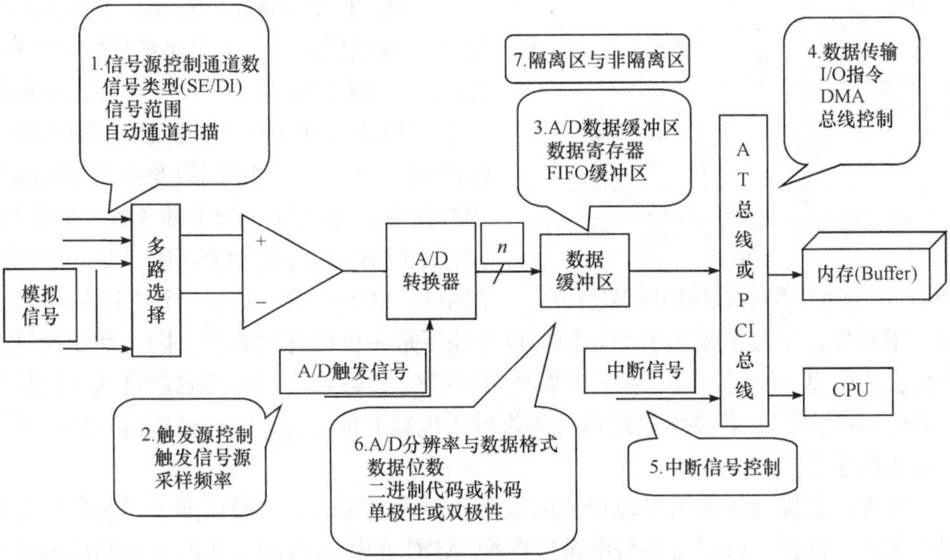

图 2-12　多路复用方式的 A/D 卡的逻辑结构

一、数据采集卡的技术指标

转换时间：指完成一次完整的 A/D 或 D/A 转换工作所需要的时间。

实际信号分析系统的采样时间

=通道切换时间+信号稳定时间+转换时间+数据传送时间

通道数：能同时输入或者输出模拟信号的路数称为通道数。

采样速率：即采样频率，这一参数决定了每秒钟进行模数转换的次数。一个高采样速率可以在给定时间下采集更多数据，因此能更好地反映原始信号的时域波形特性。此外选择采样频率时必须满足采样定理。

多路复用：多路复用是使用单个模数转换器来测量多个信号的一种常用技术。虽然造价较低，用分时巡检来实现缓变量采样测量，或者是提前对迅变量经检波滤波后的直流值进行采样测量，一般可用。但不能保证某路信号出现问题时正好赶上测量，这就会耽误事情。所以高级一点的采样测量装置常常要多个 A/D 芯片(图 2-13)并行无时间延迟采样测量，这对高速快变量的检测，例如机器过临界转速各通道的振动变化更有意义。在一些投保护的闭环系统，采用三取二的冗余单元，至少要独立的监测通道一对一的盯牢各通道采样数值。

图 2-13　A/D 卡

采样精度/分辨率(Accuracy / Resolution)：采样数据最低位所代表的模拟量的值，常见的采样精度包括 8bit、12bit、16bit、24bit。

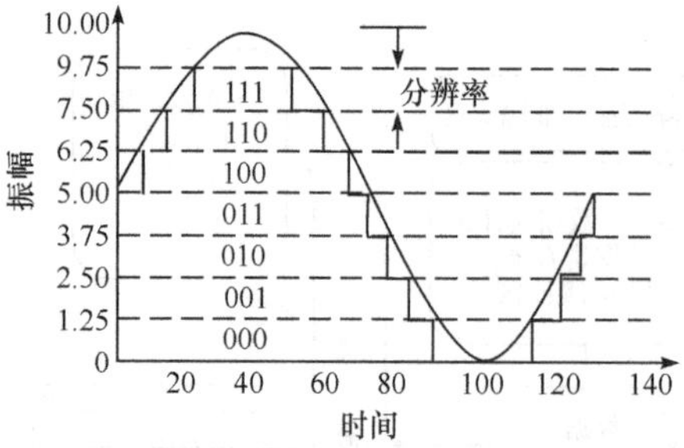

图 2-14　模数转换器获得的相应数字图形

举例：假如 10000/4096=10V 的输入信号用 12 位数据来表示，则最小可分辨的电压为 2.44mV。图 2-14 显示了一个正弦波和使用一个理想的 3 位模数转换器所获得相应数字图像。一个 3 位变换器(此器件在实际中很少用到，在此处是为了便于说明)可以把模拟范围分为 2^3(或 8)个区间。每一个区间都由在 000～111 内的一个二进制码来表示。很明显，用数字来表示原始模拟信号并不是一种很好的方法，因为在转换过程中会丢失信息。然而，当分辨率增加至 16 位时，模数转换器的编码数目从 8 增长至 65536，由此可见，若要恰当地设计模拟输入电路其他部分，需对模拟信号进行非常准确的数字化。

量程：是模数转换器可以量化的最小和最大电压值。一般数据采集设备能对量程范围进行选择，可以使信号的范围匹配 ADC 的输入范围，从而充分利用测量的分辨率。

同步采样与伪同步采样：多通道信号分析系统则要求各通道的采样值都是同一时刻的(A_1, B_1, C_1, …, F_1 是同一时间的信号样本，A_i, B_i, C_i, …, F_i 也是同一时间的信号样本)，即要求同步采样。

因此多通道信号分析系统的 A/D 转换装置有两种硬件策略：一是每通道一个 A/D 转换电路，实现同步采样，这种方案的同步性最好，但成本最高，在现今基于 delta-sigma 原理的 24 位 A/D 的采集中，一般都使用该方式。另一种是带有多通道同步保持器的单 A/D 转换电路，同步保持器类似照相机的快门，将各通道的信号电压拍摄进来并保持，再等待 A/D 电路依次进行转换采样，这只适合缓变量的采样变换，或对某个通道连续采样 n 次再切换通道。

另外，还有一种伪同步采样，它使用普通的高速 A/D 卡，各通道未经采样保持开关直接轮流进入 A/D，从控制软件上实现伪同步采样。其基本思路是：由于设备诊断所需的采样频率在 10kHz 以下，采用 100～500kHz 档次的 A/D 卡(通道数越多，采频档次越高)，在控制软件的采样策略方面采取以最高速度依次对各通道进行一次轮流采样，各通道信号的第一点数据就有了，暂存起该数据块。这个数据块中各通道仍是轮流，有微小时延。等待第二次同步信号到来，再循环开始第二次采样，第三次采样……直到限定的轮流同步采样次数结束。然后将各次轮流获得的数据块(均含各通道某一时刻测量值)按各通道分开独立排序，则各通道伪同步。m 为轮流切换的通道个数，最多相差高速 A/D 卡最高采样速率 m 个时钟延滞，虽然有误差，但延滞最小。只有各通道都串入采样/保持器，并由同步脉冲控制保持/采样，则在同步脉冲到达时，采样保持器处保持状态，再在很短时间内逐一采样测量，就没有上述延滞了。图 2-15 为同步采样与伪同步采样图。

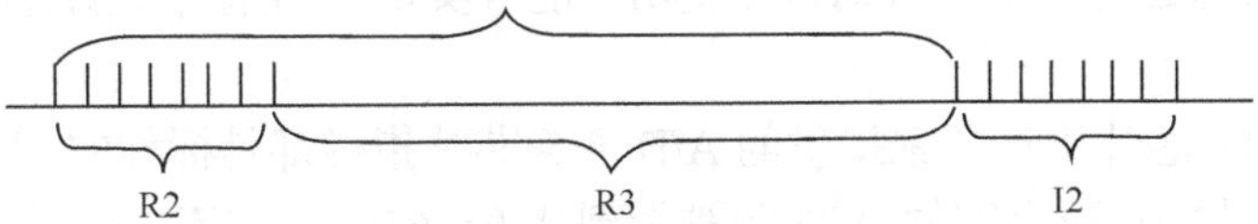

图 2-15　同步采样与伪同步采样

要清楚采样保持器是在开始 A/D 转换时保持住模拟输入不变，再对保持的信号作采样测量，然后释放保持器，为下一次采样测量做准备。若 m 个通道轮流采样一遍过程保持器始终保持未释放，才能同步无时间延迟。A/D 转换虽快也要花费时间，不保持，采样变换过程中输入信号也会有些变化。

二、数据采集卡的功能

模拟输入：是采集最基本的功能。它一般包括放大器和 A/D 转换器，对于多路复用的采集卡，还包括多路开关(MUX)和采样保持电路，通过这些部分，一个模拟信号就可以转化为数字信号。A/D 的性能和参数直接影响着模拟输入的质量，要根据实际需要的精度来选择合适的 A/D。

模拟输出：通常是为采集系统提供激励。输出信号受数模转换器(D/A)的建立时间、转换率、分辨率等因素影响。建立时间和转换率决定了输出信号幅值改变的快慢。建立时间短、转换率高的 D/A 可以提供一个较高频率的信号。如果用 D/A 的输出信号去驱动一个加热器，就不需要使用速度很快的 D/A，因为加热器本身的热惯性就不能很快地跟踪电压变化。应该根据实际需要选择 D/A 的参数指标。

数字 I/O：通常用来控制过程、产生测试信号、与外设通信等。它的重要参数包括：数字口路数(line)、接收(发送)率、驱动能力等。

第六节　数据采集软件

软件使 PC 和数据采集硬件形成了一个完整的数据采集、分析和显示系统。

大部分数据采集应用实例都使用了驱动软件。软件层中的驱动软件可以直接对数据采集硬件的寄存器编程，管理数据采集硬件的操作并把它和处理器中断、DMA 和内存这样的计算机资源结合在一起。驱动软件隐藏了复杂的硬件底层编程细节，为用户提供容易理解的接口。

一、驱动程序

关于 A/D 采集卡，是自己设计还是外购的，都应提供最基本层面的编程驱动说明与定义，用户根据这些个范例说明可以实现自己需要的采集测量程序，通常是用子程序方式实现，在需要时调用即可。要注意通道切换、放大器状态稳定需要时间，高速 A/D 变换常用对分搜索，也需要时间完成，各用到的存储单元、状态寄存器输入输出前的状态必需清楚，否则这测量功能能否实现，测量精度能否保证都会因疏忽受到影响。

需要指出：芯片生产厂家提供的A/D变换芯片指标都是标称的，在选型时不必太追求位数，如16位字宽的A/D很难做到从0～65535一字不差，一般能做到15位就很理想了，通常能做到14位。

在前台进行处理时可以在后台采集数据，使用可编程I/O，中断和DMA来传输数据，把数据存入硬盘和从硬盘提取数据同时执行多个功能，集成多个数据采集设备和信号调理设备无缝地集成。

二、应用软件

另一种对数据采集硬件编程的方法是使用应用软件。然而，即使使用应用软件，由于应用软件用驱动软件来控制数据采集硬件，应用软件的优势是为驱动软件增加了分析和显示的功能，同时它也可以把数据采集和仪器控制集成在一起。甚至有数据库的支持和强大的人工智能诊断方法。

第七节　传感器(Ⅰ级)

一、传感器的分类

传感器的分类方法很多，根据被测物理量进行分类，将传感器分成位移传感器、速度传感器、温度传感器及压力传感器等。根据工作原理将传感器分成热电式、电势式、电容式、应变式等。根据能量传递方式将传感器分成有源传感器和无源传感器。根据输出信号的性质将传感器分为模拟式传感器和数字式传感器。各种分类方法各有优缺点。本书传感器类型的介绍就是以工作原理为分类依据进行编写的。这种分类方法的划分类别较少，有利于我们从原理与设计上作归纳性的分类研究。

二、常用传感器类型简介

1. 电涡流传感器

电涡流传感器是测量转子轴颈振动位移的传感器，其最大的特点是可以实现非接触测量。电涡流位移传感器具有很宽的使用频率范围，从0Hz到10kHz。因此，它不仅可以测量较高频率的振动位移，还可以非接触测量转子轴的微小静位移和作为键相传感器使用。电涡流传感器还具有线性范围宽和在线性范围内灵敏度不随初始间隙变化等优点。这给振动测量带来极大的方便，因而得到广泛的应用，特别是在旋转机械振动监测方面。

1) 组成和工作原理

(1) 组成

电涡流传感器由探头、延伸电缆和前置器组成，如图 2-16 所示。

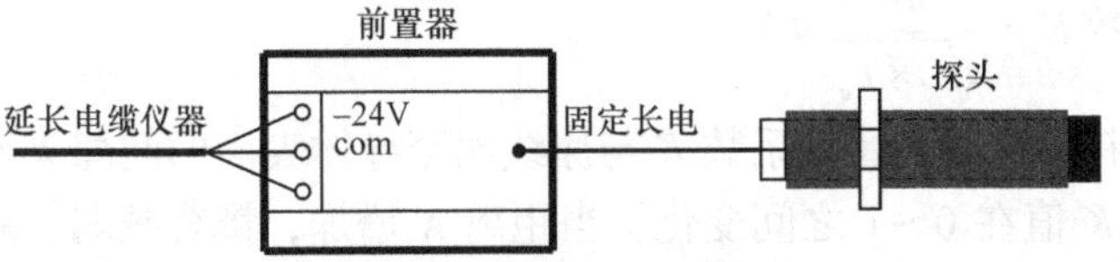

图 2-16　电涡流传感器组成

探头的外观与普通螺栓十分相似，前端部有固定在绝缘骨架上的扁平线圈，固定在不锈钢螺栓的一端，感应线圈的引线从螺栓另一端与高频电缆相连。高频电缆与前置器连接，它的长度是固定的。带屏蔽的延长电缆的三根线分别接在前置器的 –24V 直流电源、com 公共端、output 信号输出端上，另一端接到测试仪器上。德国 SCHENCK 公司把电涡流传感器的测量电路(前置器)微化置入到探头内部。这样就省去了传感器的探头与前置器之间的电缆连接和匹配。这不仅方便了传感器的安装和使用，还提高了传感器使用的可靠性，并且降低了传感器的制造成本。

(2) 工作原理

传感器探头前端线圈的电感为 L 与一个电容 C 并联构成并联的 LC 谐振回路。传感器的线圈通常以 1～2MHz 的高频电流 i 激励。当线圈靠近导体表面时，高频交变电流穿过导体的交变磁通链 ψ 将在导体表面感应出一个交变电流 i_e。该电流在导体表面形成一个闭合回路，称为电涡流。

根据焦耳-楞次定律，电涡流产生电磁场与感应线圈的电磁场方向相反，这两个磁场相互叠加，改变了线圈的电感。电感的变化与线圈的外形尺寸 r；线圈与导体之间距离 d；导体的电阻率 ρ、导磁率 μ；激励电流强度 i、频率 f 等参数有关。线圈电感可用如下函数表示 L：

$$L=F(\rho, \mu, i, f, r, d)$$

当被测材料一定时，ρ、μ 为常数，具体仪表中 i、f 为定值，探头制成后 r 也为常数。这样电感就成为距离 d 的单值函数。

如果传感器与被测导体之间的距离 d 保持不变，则传感器的输出值与被测材料的电阻率、导磁率成函数关系，利用这个关系可测量金属材料的导电率、导磁率、硬度等参数，以及检测裂纹。

2) 机电变换原理

电涡流 i_e 所形成的磁通链 ψ_e 又一次穿过原线圈。这样，原线圈与涡流“线圈”形成了有一定耦合的互感。耦合系数的大小与两者之间的距离及导体的材料有关。其等效线路图如图 2-17(a)所示。图中 R、L 为原线圈的电阻和自感；R_e 和 L_e 为电涡流回路的等效电阻和自感；M 为互感系数。这一等效电路又可进一步简化为图 2-17(b)所示电路。可以证明，当输入电流 i 的频率为 1MHz 以上时，R'、L' 近似为

$$R'=R+(L/L_e)K^2R$$

$$L' = L(1-K^2) \tag{2-1}$$

式中，偶合系数$K = \dfrac{M}{\sqrt{L \times L_e}} \leqslant 1$。 (2-2)

当导体材料给定时，偶合系数K与原线圈至导体表面的间隙X有关，即K是X的函数$K(X)$。K值在0～1之间变化。当距离X增加，耦合减弱，K值减小。因此变化关系如下：

$$X\uparrow \rightarrow K\downarrow \rightarrow L'\uparrow$$

这样，X的变化反映如图2-18(b)中的L'的变化，因此，测定L'的变化，也就是间接测定X的变化。

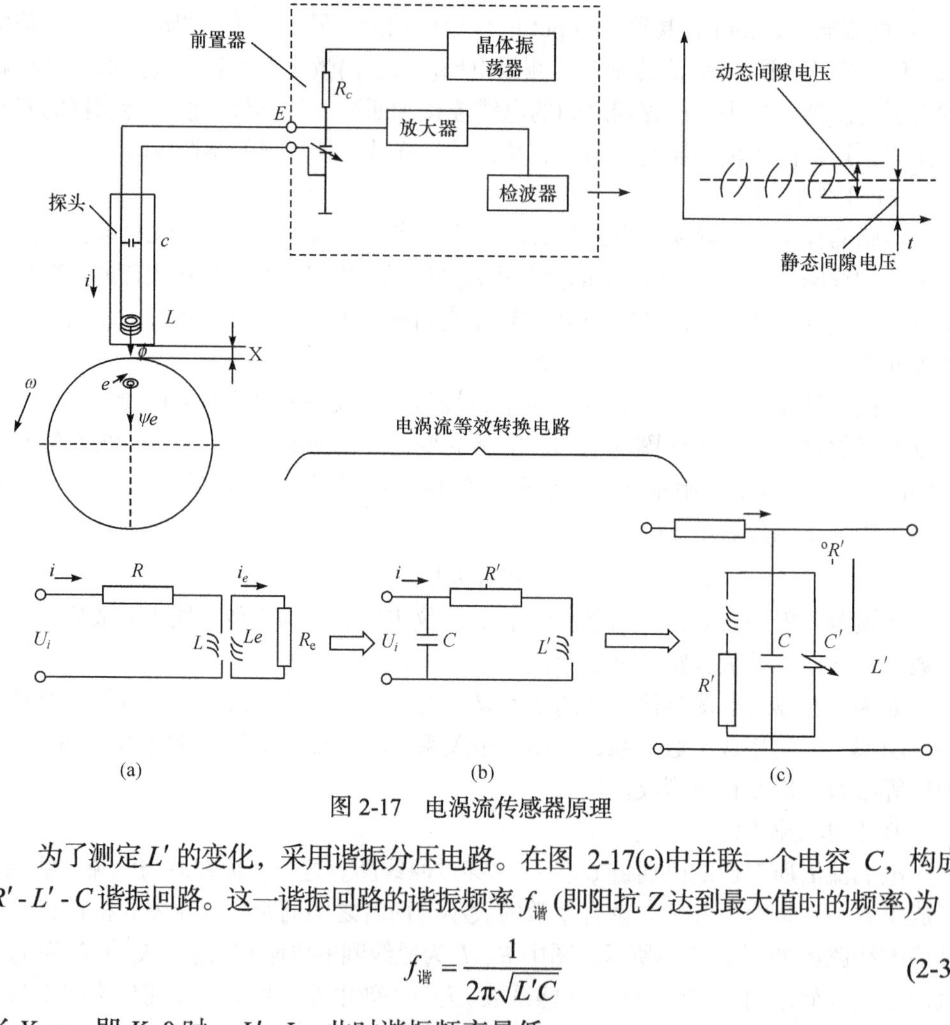

图2-17 电涡流传感器原理

为了测定L'的变化，采用谐振分压电路。在图2-17(c)中并联一个电容C，构成R'-L'-C谐振回路。这一谐振回路的谐振频率$f_{谐}$(即阻抗Z达到最大值时的频率)为

$$f_{谐} = \frac{1}{2\pi\sqrt{L'C}} \tag{2-3}$$

当X=∞，即K=0时，L'=L，此时谐振频率最低：

$$f_{谐（X=\infty, K=0）} = \frac{1}{2\pi\sqrt{LC}} \tag{2-4}$$

由式(2-1)、式(2-3)、式(2-4)得

$$f_{谐} = \frac{f_{谐(X=0,\,K=0)}}{\sqrt{1-K^2}} \tag{2-5}$$

这样得到谐振频率 $f_{谐}$ 与间隙 X 的变化关系：

$$X\uparrow \to K \to L'\uparrow \to f_{谐}\downarrow$$

为了将这一谐振频率的变化转变为输出电压的变化，在电路中引入一分压电阻 R_c，如图 2-17(c)所示。引入的分压电阻要足够大，使谐振回路的阻抗 $|Z| \ll R_c$，这样近似有

$$E = (Z/R_c)U_i \tag{2-6}$$

在输入 U_i 的频率 f_i 等于谐振频率 $f_{谐}$ 时，阻抗 Z 具有极大值，由式(2-6)可知，这时输出 E 的幅值也达到极大值。而当 f_i 大于或小于 $f_{谐}$ 时，输出 E 都将减小。对应不同的间隙 K(或 X)的输出，就有相应的 $K(X)$ 和 $f_i(K)$，输出电压 E 随输入的振荡频率 f_i 的变化曲线如图 2-18(a)所示。当输入的振荡频率固定在某一个值上 f_c=1MHz，则当间隙从 $X_1, X_2, \cdots$ 增加到∞时，输出电压 E 分别对应于图 2-18(a)曲线上 a_1，a_2，⋯，a_∞ 诸点的幅值 $E_1, E_2, \cdots, E_\infty$。在图 2-18(b)上，以间隙 X 为横坐标描绘出输出电压 E 随 X 的变化曲线。这一曲线称为间隙——电压曲线，它反映了被测机械量与输出电压的基本关系。曲线的两端部都偏离直线为非线性区，中间部分非常接近直线为线性区，输出电压与间隙成正比变化。它是我们感兴趣的使用间隙范围。为了获得传感器的最佳线性范围，在图 2-17(c)的电路上并联一个微调小电容 C'，用以调整对应各间隙 X 的谐振频率值的分布，得到最宽的线性范围。E 还不是我们最后所要的电压，因为它是载波频率为 f_c 的调幅信号。为了实现电涡流位移测量，必须有一个专用的测量电路。

3) 前置器测量电路

如前所述，测量电路应提供一个稳定性很高的振荡信号，它是由前置器内的石英晶体振荡器产生的。前置器是电涡流传感器的测量电路，主要包括石英晶体振荡器、放大器和检波器等电路。由晶体振荡器产生一个稳定性很高的振荡信号，提供给装在探头上的感应线圈，使其获得高频电流。这样在高频振荡回路的输出端，便可以获得与 X 有关的高频谐波信号，经放大和检波后，便可得到一个与 X 值成正比的输出电压 u。输出电压的直流分量正比于传感器与被测对象的静态(初始)间隙；如传感器与被测对象之间存在相对振动，则有交流电压输出(动态间隙电压)，正比于被测对象与传感器之间的振动位移，称这种传感器为振动位移传感器。

需要指出的是，市售的电涡流位移传感器不都是要用晶体振荡器。也不是都用单一−24V 电源，造成测振时输出含有−10V 的间隙电压，甚至有±电源供电，测振时，输出不出现这个偏置。

4) 安装使用注意的问题

安装涡流传感器时要注意平均间隙电压(传感器顶部与转子轴之间的间隙)的选

取。要求安装间隙电压处在线性段中间位置，这样在安装器间隙两侧允许有最大的动态振幅。保证振动电压波形在线性范围内，否则超出线性范围的灵敏度变化将带来测量上的误差和波形失真，如图 2-18(b)所示。

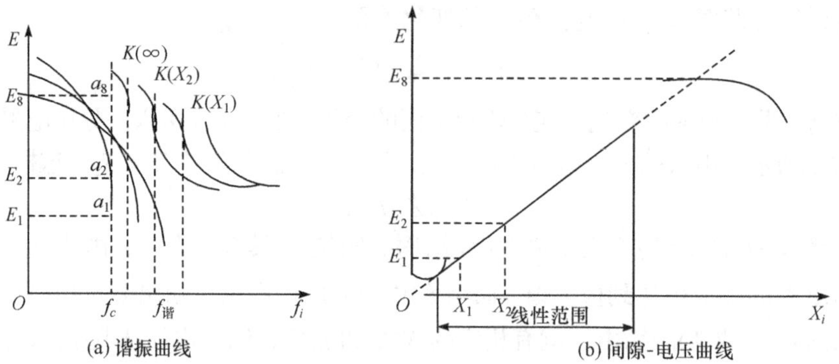

图 2-18　谐振分压电路的输入输出关系

一般测振常用的电涡流位移传感器的直流电源是–24V 间隙电压，线性范围在–2V～–16V 之间，工作间隙在 0.3～2.8mm 范围内。考虑到最大振幅和原始晃动值传感器的安装间隙电压应在–10V 左右。因为安装传感器是在转子静止状态下进行，所以还要考虑转子旋转后的油膜浮起和轴心位置的变化量如图 2-19 所示。油膜浮起不是垂直上下方向，而是依据转子的旋转方向偏斜向上浮起。随着转子转速的变化轴心位置发生变化导致间隙电压变化。另外，还要考虑转子旋转方向与传感器的安装位置。所以涡流传感安装的初始间隙电压要根据现场的情况而定。图 2-19 所示实线圆是转子静止时的位置，虚线圆是转子旋转时的位置。在安装传感器时，转子是静止状态，所以传感器安装的间隙 *a* 比 *b* 要大(即 *a* 的初始间隙电压比 *b* 的初始间隙电压大)，这样才能保证转子轴旋转以后两个传感器的间隙电压基本一样，都在线性范围内工作。

涡流传感器安装要避免交叉感应和过小的侧向间隙。当两个传感器相互靠近时，它们之间将产生交叉感应，使传感器输出灵敏度降低。为了避免交叉感应，两个传感器不能靠得太近。一般常用于测振的涡流传感器之间的安装距离 *A* 应大于 40mm 如图 2-20(a)。

过小的侧向间隙主要是传感器头部两侧存在导体，这样传感器头部线圈的磁通有一部分从其他导体穿过，改变了传感器线圈与被测物的耦合状态，我们不能得到正确反映间隙变化的输出，如图 2-20(b)所示。一般侧向间隙 *b* 大于传感器头部直径 *d*。

传感器头部外露高度 *c* 太小也会影响传感器的正确输出，一般应使 *c* 大于传感器直径的 2 倍。传感器安装的非测量间隙不仅要考虑冷态还要考虑热态工况的膨胀量。

固定传感器的支架要有足够的刚度避免共振，否则会因为支架共振而使测量结果失真。传感器和支架紧固要牢靠，不能松动。

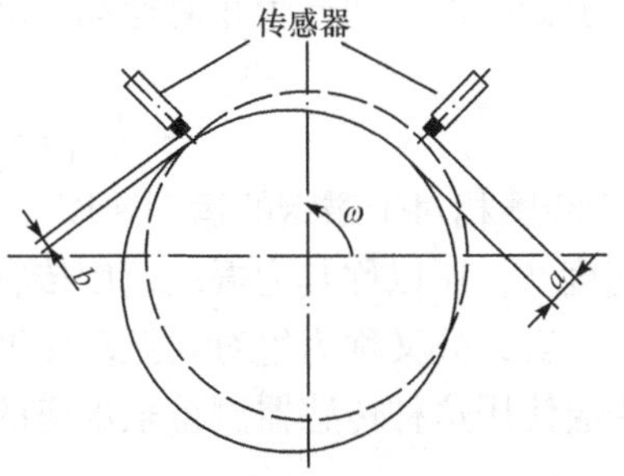

图 2-19　位移传感器安装考虑轴心位置

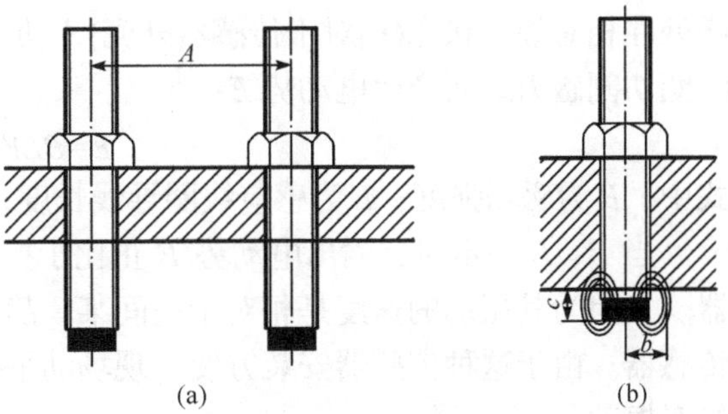

图 2-20　涡流传感器安装位置

由于电涡流位移传感器安装比较复杂，所以常用涡流传感器作为永久性测量。把便携平衡测试仪带到具有永久安装涡流传感器的机器现场，动平衡测试仪器的输入端与传感器的输出端连接起来，就可以进行动平衡。

利用电涡流位移传感器作现场振动或动平衡测量处理时，要考虑转轴不圆度和表面材质不均造成的输出，好的动平衡仪应在测量时扣除这些影响。

2. *磁电式振动速度传感器*

1) 组成和工作原理

磁电式振动速度传感器按其支撑系统工作原理分为绝对式和相对式两种。绝对式速度传感器的结构如图 2-21 所示。当传感器的外壳 6 固定在振动物体上时，整个传感器随着振动物体一起振动，圆柱形的永久磁钢 2 通过支架 4 固定在外壳 6 中，借助外壳的导磁性形成闭合磁路，并在两端建立两个环行气隙。绕在骨架上的动线圈 7，置于右边的气隙中。阻尼环 3 置于左边的气隙中。它们通过连接杆 5 连起来。连接起来的动线圈 7 和阻尼环 3 借助于很软的弹簧片 1、8 支撑在外壳上。

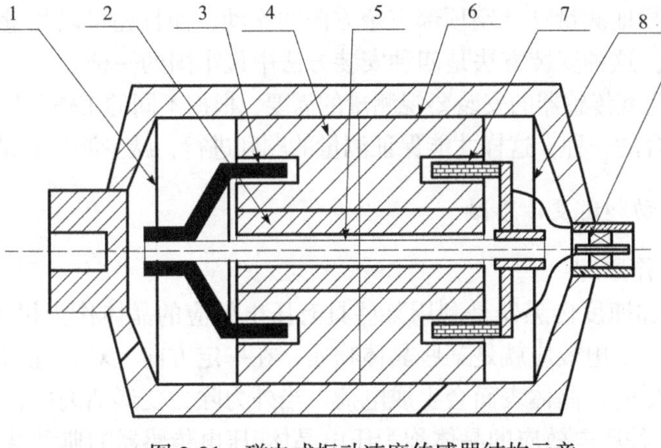

图 2-21　磁电式振动速度传感器结构示意

1-弹簧片；2-永久磁钢；3-阻尼环；4-支架；5-连接杆；6-外壳；7-动线圈；8-弹簧片；9-引出线衔头

由于动线圈的固有振动频率 ω_n 很低，当振动物体的振动频率 $\omega>1.5\omega_n$ 时，动线圈处在相对静止状态(相对于传感器外壳)，动线圈与磁钢 2 之间产生相对运动，动线圈切割磁力线而产生电动势 E：

$$E=BLV \tag{2-7}$$

式中，B 为磁场强度；L 为感应线圈导线长度；V 为线圈相对于磁钢的运动速度。

当 B、L 一定时，输出电动势 E 正比于振动速度 V，所以称其为振动速度传感器。又因为其振动的速度是相对于空间某一静止点而言，故又称为绝对式振动速度传感器。由于这种传感器安装方便，现场动平衡普遍使用这种传感器测量轴承座的绝对振动。

相对式速度传感器的工作原理和绝对式速度传感器基本相同，不同的是连接动线圈 7 和阻尼环 3 的连接杆伸出传感器外壳，测量振动时，连接杆 5 作为测量振动探杆直接固定在振动物体上，而传感器外壳固定在相对静止的支架上，测量的振动表示振动物体相对于支架的振动速度，所以称其为相对式速度传感器。

2) 安装使用注意的问题

安装通常采取在现场用手扶、橡皮泥粘、承磁吸盘固定、螺栓固定等四种方式。在临时性振动测量中，大多数采用手扶传感器的方式，这种方法测量灵活、使用方便，特别是当振动速度传感器数量缺少和传感器互换性不好时，有着特殊的优点，缺点在于测试误差相对较大，而且工作强度也大。用橡皮泥粘粘传感器也比较方便，测量结果正确性相对于手扶效果会好得多。需要注意的是，橡皮泥不能将振动速度传感器粘贴到垂直平面上，只能固定于水平面上，例如测量轴承座顶部垂直、水平、轴向振动。在粘接牢靠，频率在 50Hz 时，该方法最大能量 300μm 振动。永磁吸盘固定速度传感器较橡皮泥的方式会更方便，缺点在于一般机组轴承座表面都涂有泥子或者油漆，这会导致吸盘的吸力降低，所以当吸附在垂直平面上、振幅较大时，还需扶手辅助一下，避免传感器脱落而摔坏。用螺栓直接将速度传感器固定在轴承上，不仅可以可靠地测量轴承座顶部三个方向的振动，而且还可以测量垂直平面上两个方向的振动。这种安装方法是四种安装方法中最牢固的一种。

总之，振动速度传感器的安装要视测量的需要，根据不同的工作环境，选择以上四种方式中最适合的一种，这样才能保证测量的顺利进行，减少测量和试验误差。

3. 压电式振动加速度传感器

1) 组成和工作原理

压电式振动加速度传感器是利用某些具有压电效应的晶体作为机-电转换元件而构成的传感器。压电效应就是某些晶体物质，在一定方向上对其施加拉力、压力或剪力而产生变形时，晶体表面会生成电荷。当外力除去变形消失后，表面电荷也随之消失。具有这种压电效应的晶体称为压电晶体。压电传感器的典型结构如图 2-22 所示，主要由弹簧片 1、惯性质量 2、压电晶体片 5、底座等部件组成。

测量振动时，传感器固定在被测对象上，随被测对象一起振动。质量块的惯性力作用在压电晶体上，由于压电效应的结果，晶体表面便产生电荷信号输出。当振动频率远低于传感的固有频率时，传感器输出电荷 q 正比于作用力 F：

$$q = dF \tag{2-8}$$

由于 $F=ma$，则

$$q = dma \tag{2-9}$$

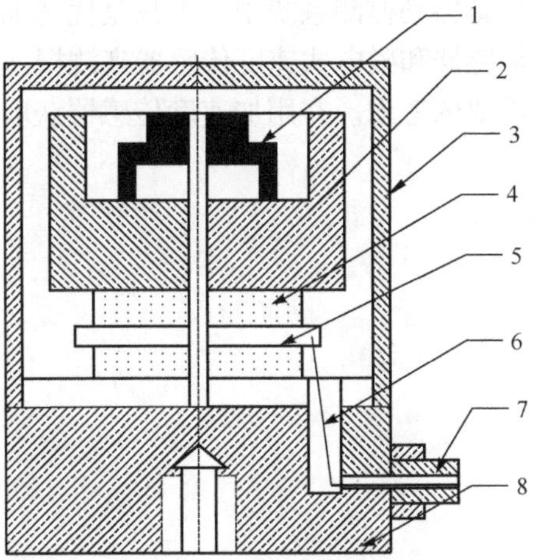

图 2-22 压电加速度传感器结构示意

1-弹簧片；2-质量块；3-外壳；4-导电片；5-压电晶体片；6-导线；7-引线接头；8-底座

式中，d 为压电晶体的压电常数；m 为质量块质量；a 为被测对象的振动加速度。

由此得出传感器输出的电荷信号与被测对象的振动加速度成正比，所以称其为加速度传感器。

为了将正比与加速度的电荷信号转变为后续仪器能接收的一般电压信号，必须设置专用的测量电路，这一电路称为电荷放大器。电荷放大器的作用是将输入的正比于加速度的电荷量转变为正比于加速度的电压输出。现在电荷放大器电路已经微型化被置入到传感器内部，取消了高频电缆连接外部电荷放大器的麻烦。

这种加速度传感器具有极宽的频带(0.2Hz～10kHz)和很大的动态范围。因此比较适合轻型高速旋转机械的滚动轴承和气流脉动引起的高频振动测量。在旋转机械振动中，频率越高其相应的振动位移幅值也就越小，而其加速度幅值仍有一定量级，此时用振动速度传感器或振动位移传感器显得灵敏度不足，而振动加速度传感器比较适应这种情况下的测量。所以用其来作滚动轴承故障和齿轮啮合故障类测量与分析有优势。

2) 安装使用注意的问题

加速度传感器的具体安装方法需要注意几点：首先是振动测试设备安装表面的加工要求，为了获得较高的安装共振频率，尽可能的是测试样品表面清洁而光滑是非常重要的。用于加速度传感器安装的双头螺栓也要安装螺纹标准进行攻丝。其次是加速度传感器安装位置，在许多情况下，加速度传感器的安装位置是十分明显的，可以根据测量要求安装振动测量。加速度传感器的安装应使它的主灵敏度轴和所测量的振动方向成一条直线。

为了精确测量振动用户必须确保以下准则：首先是加速度传感器安装不要限制有用频率和振动范围。其次是加速度传感器的附加质量不改变振动物体的振动特性。最后是能精确和重复的固定测量点，这保障了测量能够重复进行。

在已有的大型旋转设备振动监测系统中，不只是优选加速度传感器来测振，还有大量使用电涡流位移传感器和磁电式速度传感器来测振。这不仅仅是历史的传承，还有现场实际测量任务需要的考虑。在用加速度传感器获取低转速位移时，也会有些误差。

第三章　信 号 处 理

第一节　峰值、均方根值检测(Ⅳ级)

一、峰值检测

峰值表示某时间段内信号的最大值。在振动测试中，该参数的获得有三种方法，大部分简易仪器先通过均方根值检波电路得到均方根值，再将均方根值通过比例放大电路，放大$\sqrt{2}$倍或$2\sqrt{2}$倍，从而获得峰值或者峰-峰值。另有一部分简易仪器是通过峰值检波电路来检测峰值；而具有波形分析功能的仪器则往往从波形数据序列中直接查找最大值或对查找出的多个最大值计算平均值来得到峰值。由于峰值是一个时不稳参数，不同的时刻变动较大。所以，在设备振动诊断中采取如下方式以提高检测峰值的稳定性，在一个信号样本的序列中，对十个绝对值最大的振动信号瞬值进行提取并取算术平均值，作为峰值。峰值可以指明瞬时冲击的幅值。即指出振动信号中已出现的最大值。可以根据峰值大小判断设备状态。

二、均方根值检测

信号的均方根值也称为信号的有效值。工程上一般用 R.M.S(Root Mean Square)来表示。在振动信号中，无论是加速度、速度还是位移信号都可以计算它们的均方根值。均方根值的数学表达式可表示为：$x_{\mathrm{rms}}=\sqrt{\dfrac{1}{T}\int_0^T x^2\mathrm{d}t}$。在振动检测仪表中均方根值的获取一般有两种方法：一种是小型简易测振仪表一般用真均方根值转换器计算而得；另一种是具有波形分析功能的仪器仪表通过对数据序列的计算而得到。

均方根值描述的是振动信号的能量，稳定性、重复性好，当这项指标超出正常值较多时，可以判断机械设备存在故障隐患或故障。若均方根值的物理参数是速度(mm/s)，就成为判定机械设备状态等级的振动烈度值(关于振动烈度值的定义详见第十二章第一节)。

第二节　模拟量/数字量转换(Ⅳ级)

一、模拟信号

模拟信号是指信息参数在给定范围内表现为连续的信号，或在一段连续的时间间隔内，其代表信息的特征量可以在任意瞬间呈现为任意数值的信号。

二、数字信号

数字信号指时间轴和幅度轴的取值是离散的。在时间轴上进行采样，即每隔一个固定的采样间隔进行一次取值，幅值轴上进行量化，一般用二进制量化电平来表示幅值。

三、模拟量/数字量(A/D)转换过程和原理

从传感器获取的测试信号中大多数为连续的模拟信号，无法直接为计算机所利用，必须进行离散采样和截断处理使之转变为有限的离散信号，便于计算机进行数据处理，在设备诊断测试工作中的数字信号处理系统，如图 3-1 所示。

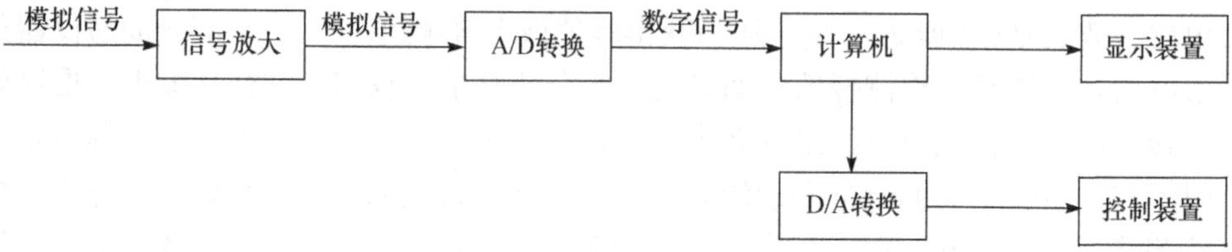

图 3-1　测试中的数字信号处理系统流程图

把连续时间信号转换为与其相对应的数字信号的过程称为 A/D(模拟/数字)转换过程。一般在进行 A/D 转换之前，需要将模拟信号经抗频混滤波器预处理，变成有限带宽信号即带限信号，再经 A/D 转换成为数字信号，最后送入数字信号分析仪或数字计算机完成信号处理。

A/D 转换包括了采样、量化、编码等过程，其工作原理如图 3-2 所示。

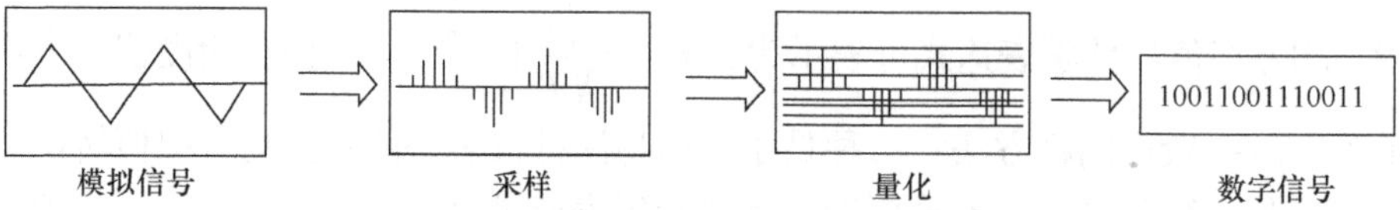

图 3-2　A/D 工作原理图

采样：即按照一定的时间间隔 Δt 在模拟信号 $x(t)$上逐点采取其瞬时值。

量化：又称幅值量化，是对模拟信号的幅值进行离散化，即把振动的幅值用二进制量化电平来表示。量化电平是按级数变化，实际的振动幅值是连续的物理量，对振值采用舍入法归到靠近的量化电平上，由此将产生量化误差。设量化电平的步长(量化增量)为 R，($R=A/D$，其中 A 是信号的最大幅值，D 是将最大幅值分为若干间隔的数量)，如图 3-3 所示。经推导得知，量化误差的方差 $\sigma_{\tau}=0.29R$，由此可见量化误差与量化步长有关，一般取决于计算机的 A/D 卡的位数，位数多，量化步长 R 就较小。例如，对 8 位 A/D 卡来说，量化级数为 $2^8=256$，则量化步长 R 便为所测量的最大电平(电压)幅值的 1/256。可见，位数越多，量化精度越高。

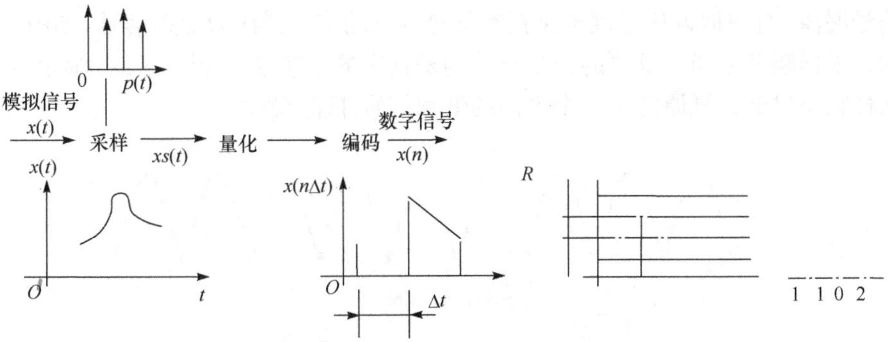

图 3-3　振动信号采样、量化过程示意图

编码：将离散幅值经过量化以后变为二进制数字的过程。

模拟信号 $x(t)$ 经过上述变换以后，即变成了时间上离散、幅值上量化的数字信号。

第三节　模拟采样与采样定理(Ⅱ级)

一、模拟采样

模拟采样也称抽样，是振动信号在时间上的离散化，即按照一定的时间间隔 Δt 在模拟信号 $x(t)$上逐点采取其瞬时值。它是通过采样脉冲 $g(t)$和模拟信号 $x(t)$相乘来实现的，如图 3-4 所示。

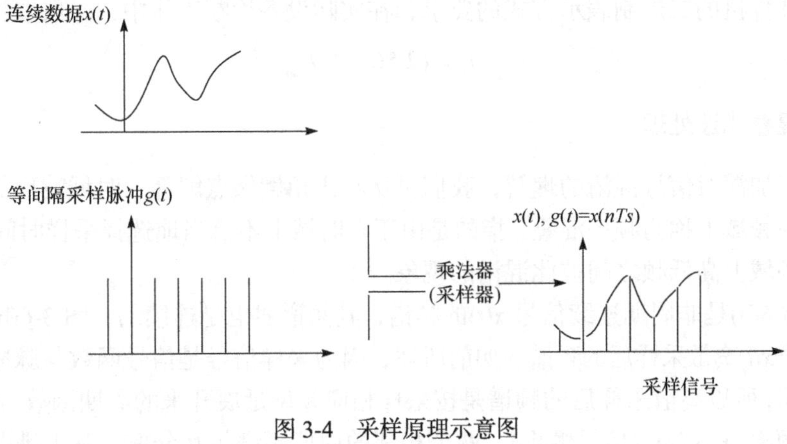

图 3-4　采样原理示意图

二、采样定理及采样频率

一般而言，采样频率越高(即采样时间间隔 Δt 越小)，采样点数就越密，所得离散信号就越逼近于原信号。但过高的采样频率并不可取，对固定长度(T)的信号，采集到过大的数据量($N=T/\Delta t$)，将会给计算机增加不必要的计算工作量和存储空间。采样频率过低，即采样点间隔过宽，则离散信号不足以反映原信号的波形特征，造

成信号混淆，直观地说信号混淆是把本该是高频的信号误认为低频信号。如图 3-5(a)显示，采样频率适当，复原的信号反映的是真实的原信号；而图 3-5(b)显示的是由于采样频率过低，复原的是一个虚假的低频信号(粗曲线)。

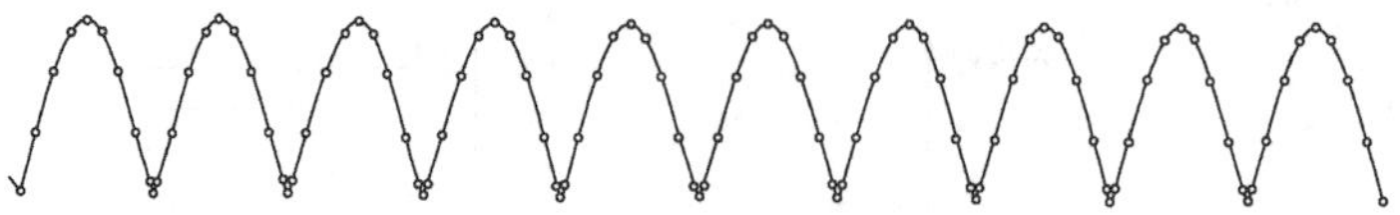

(a) 采样频率正确

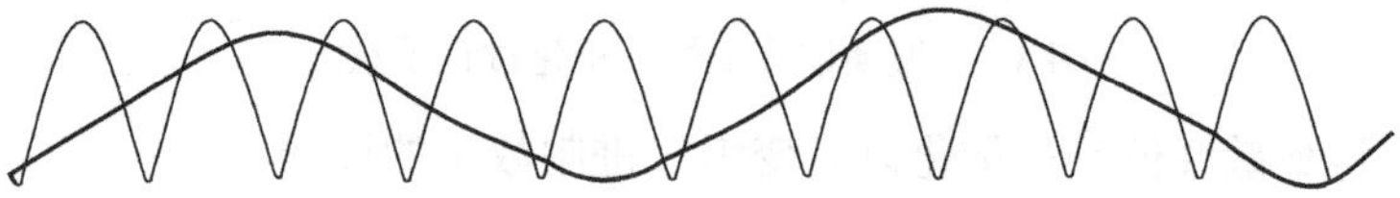

(b) 采样频率过低

图 3-5　信号混淆

由图 3-5 可知，合理地选择采样时间间隔 Δt 即采样频率涉及许多需要考虑的技术因素。为保证采样后信号能真实地保留原始模拟信号信息，信号采样频率 f_s 必须至少为原信号中最高频率成分的 2 倍。这是采样的基本法则，称为采样定理，也称香农定理(奈奎斯特定理)，即

$$f_s > 2f_{\max}$$

合理的采样间隔应该是：既不会造成信号混淆又不过度增加计算机的工作量，考虑到计算机的二进制表示方式的要求，在实际设备诊断工作中，一般取：

$$f_s = (2.56 \sim 4)f_{\max}$$

三、抗混叠滤波处理

为了加深对信号混淆的理解，我们再从频谱角度做点解释。时域波形的信号混淆反应在频域上称为频率混叠。指的是由于在时域上不恰当地选择采样时间间隔 Δt 而引起频域上高低频之间彼此混淆的现象。

图 3-6(a)是非周期连续信号 $x(t)$的频谱，其频谱线也是连续的；图 3-6(b)、(c)是连续信号 $x(t)$离散采样后的频谱。如前所述，因为采样信号是信号函数与脉冲采样函数的乘积，所以离散采样后的频谱是按采样相应频率延展开来的周期函数。图 3-6(b)的采样频率 $\omega_s > 2\omega_m$ (信号频率)，两个相邻的周期频谱相互分离，基本谱图保持原形，没有频率叠。图 3-6(c)的采样频率 $\omega_s < 2\omega_m$ (信号频率)，两相邻的周期频谱之间产生了部分频率重迭，如阴影区域所示，基本谱图的高频混入了部分低频成分，由于频率混叠，信号无法复原。如果据此进行设备故障分析诊断，将会导致不正确的判断结果。

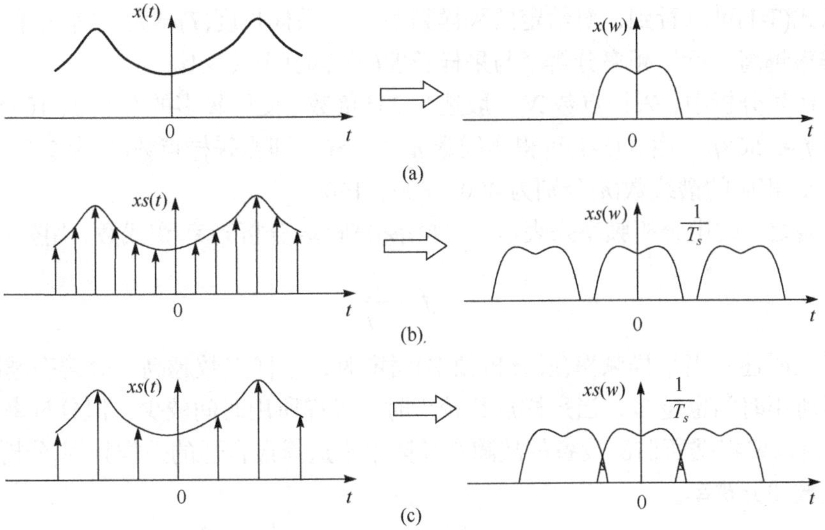

图 3-6 表示频率混叠的机理

需要指出的是：采样定理保证要分析的频率能够复现，抗混滤波要保证其他频率不折叠到分析频率范围内。否则传感器输出的信号中含有的比分析信号频率还高的频率成分，会混入分析信号中。故在采样前，应把比最高分析信号更高的频率成分滤掉，使其成为带限信号，这就是抗混叠滤波预处理。

在工程实践中还可以采用提高采样频率(f_s)，让被测设备信号的频率完全包含在最高分析频率(f_{max})范围内，从而避免率叠的出现。所以，一般频谱分析仪器的采样频率可以根据需要人为设置。

四、带宽、采样长度与频率分辨率

带宽：频带的两个端频率之间的差值。

采样长度(T)：即采样时间的长短。采样时，首先要保证能反映信号的全貌，对瞬态信号应包括整个瞬态过程；对同期信号，理论上采集一个周期信号就可以了，实际上，考虑信号的平均的要求因素，采样总是有一定的长度的，为了减少计算时，采样长度也不宜过长。

频率分辨率：信号采样要有足够的长度，这不但是为了信号的完整，而且是为了保证有较好的频率分辨率。频率分辨率是指：将两个相邻的谱峰分开的能力，在实际应用中是指：分辨两个不同频率信号的最小间隔。设：采样长度为 T，采样频率为 f_s，分析频率 f_c 为 $f_s/2.56$，采样点数为 N，采样间隔为 Δt，谱线数为 n，则频率分辨率 Δf=采样频率/采样点数，用公式表示频率分辨率与上述各参数的关系如下：

$$\Delta f = f_s/N = 1/t = 1/(N\times\Delta t) = 1/(\Delta t\times 2.56n) = f_s/2.56n \qquad (3\text{-}1)$$

从式(3-1)可以看到，对给定的采样频率(f_s)，采样长度(T)越大，则 Δf 便越小，即分辨率越高，可见频率分辨率与采样长度(采样时间)成反比。

在信号分析中，采样点数 N 一般选为 $2M$ 倍数，使用较多的有 512、1024、2048 等，且 $f_s=2.56\times f_c$，由式(3-1)可得谱线数 $n=N/2.56$，即当采样点数(N)为 512、1024、2048 时，相应的谱线数(n)分别为 400、800、1600。

换言之，改用分析频率来表示，则频率分辨率=分析频率/谱线数，用公式表示：

$$f=\frac{f_c}{n} \tag{3-2}$$

综上所述：当采样频率(或分析频率)固定时，采样点数越高，分辨率越准确，但采样所用时间也越多，当采样点数较少时，采样所用时间较少，但分辨率也随之下降，所以要根据所监测设备的故障特征频率来选择最合适的采样频率(分析频率)、采样点数和分辨率。

第四节　滤波技术(Ⅱ级)

一、滤波器

滤波器是一种选频装置，可以使信号中特定的频率成分通过，而极大地衰减其他频率成分。在设备诊断工作中，利用滤波器的这种选频作用，可以滤除干扰噪声或进行频谱分析。

二、滤波器的分类

滤波方法有模拟滤波和数字滤波两种方式，按所通过信号的频段分为：低通、高通、带通和带阻等四种基本类型。低通、高通、带通和带阻滤波器的作用如表 3-1 所示，幅频特性如图 3-7 所示。

表 3-1　各种模拟滤波器的作用

滤波器种类	作用
低通滤波	(1) 允许信号中的低频和直流分量通过，去掉信号中不必要的高频成分或干扰信号，常用作抗混滤波； (2) 提取趋势项(如果原始信号中包含有机器本身缓慢发展的故障状态信息，应加以提取利用)
高通滤波	(1) 允许信号中的高频分量通过，去掉低频干扰分量(通常外界的机械振动干扰的频率较低)； (2) 去除趋势项(消除采样系统本身缺陷等引起的线性趋势误差)以得到较平稳的数据
带通滤波	(1) 抑制感兴趣的频带以外的频率成分，提高信噪比，进行谱分析； (2) 用窄带滤波器从噪声中提取周期性成分(但需预先知道信号的频率)； (3) 调制信号的检测
带阻滤波	抑制某一特定的频率信号的干扰，如电源信号的干扰

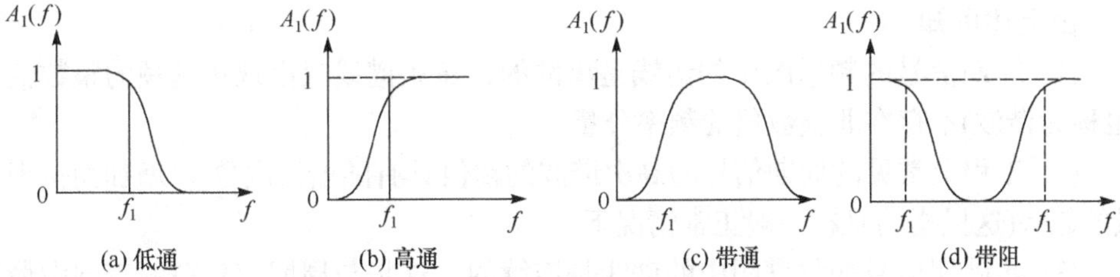

图 3-7　四种滤波器的幅频特性

第五节　快速傅里叶变换(Ⅲ级)

一、振动信号的时域描述

振动信号的时域描述只能反映振动信号的幅值随时间变化的特征，而不能揭示信号各频率成分的组成结构，而这恰恰是设备故障诊断分析中极为需要的。要识别机械设备的运动状态，就必须把相关的时域振动信号从叠加在一起复杂的时域振动信号中分离出来，并转变成以频率成分表示的结构形式，即进行频谱分析，因为故障发生、发展时往往会引起信号频率结构的变化，而通过频率信息的分析，可以对许多故障原因作出解释和阐述。而傅里叶变换提供了这个重要的数学依据。图 3-8 描述了信号的时域与频域关系。时域信号与频域信号之间可通过傅里叶级数或傅里叶积分变换互相转换。

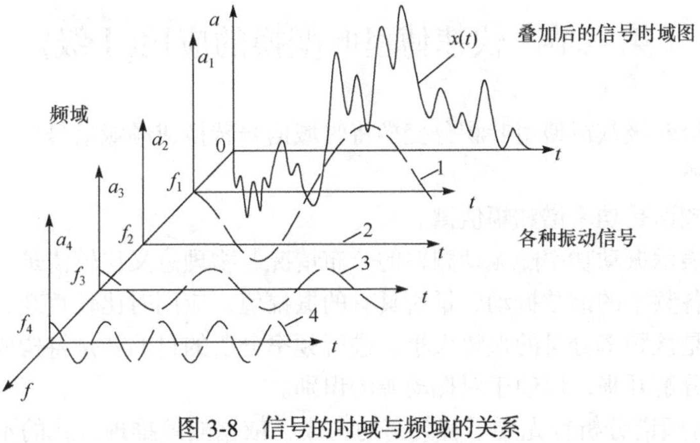

图 3-8　信号的时域与频域的关系

对于周期信号，可以通过傅里叶级数实现这种转换，得到的是离散的幅值谱。

对于瞬态信号，可以通过傅里叶积分得到连续的频谱。与离散频谱对应的是连续谱的幅值谱采用谱密度的概念。

对于随机信号，由于信号本身是无限继续下去的，不能满足变换存在的条件，一般要先对信号进行相关处理，再转换成频谱的形式(即对经过时间平均的信号平方的傅里叶变换)，这时得到的谱图称为功率谱密度函数。

由上述可知：

(1) 周期信号的频谱图中的谱线是离散的，每条谱线只出现在基频的整数倍上(也称为谐波)不存在非整数倍的频率分量。

(2) 工程上常见的周期信号的高次谐波的幅值具有随谐波次数 n 增加而呈现衰减的趋势(这里指的是在一般正常情况下)。

(3) 非周期信号的频谱图中的谱线是连续的，这是与周期信号在频谱图中最显著的区别。需要指出的是：也属于非周期信号范畴的准周期信号虽然是由一系列正弦波信号叠加组成，但由于各正弦波信号的频率比不是有理数，因此叠加后的时域波形的周期性不明显，在频谱图中虽然谱线是由若干离散谱线构成，但谱线之间的分布没有一定的比例，不具备谐波关系。

二、快速傅里叶变换

快速傅里叶变换(Fast Fourier Transform，FFT)：是实施离散傅里叶变换的一种快速算法，它是根据离散傅里叶变换的奇、偶、虚、实等特性，通过仔细选择和重新排列中间结果，能使计算机计算离散傅里叶变换所需要的乘法次数大为减少，特别是被变换的抽样点数 N 越多，FFT 算法计算量的节省就越显著，在速度上较之离散傅里叶变换有明显的优点。忽略数学计算中精度的影响时，无论采用的是 FFT 还是 DFT，结果都一样。快速傅里叶变换的理论并没新的发现，但是对于在计算机系统或者说数字系统中应用离散傅里叶变换，可以说是进了一大步。

第六节　快速傅里叶变换的应用(Ⅰ级)

通过傅里叶级数或傅里叶积分变换将时域信号转换成频域信号后，我们就可以进行频谱分析了。

常用的频谱是功率谱和幅值谱。

功率谱表示振动功率随振动频率的分布情况，物理意义比较清楚。幅值谱表示的是对应于各频率的谐波振动分量所具有的振幅值，应用时比较直观，幅值谱中谱线的高度就是该频率分量的振幅大小。进行频率分析的目的就是将构成信号的各种频率成分都分解开来，以便于对振动源的识别。

(1) 进行频谱分析首先要了解频谱的构成，依据故障推理方式的不同，可按不同层次进行。

① 按频率成分的来源分析，实际频率图往往很复杂，除故障成分以叠加的方式呈现在频谱图上外，还有零部件共振频率成分、随机噪声干扰成分等非故障成分，弄清振动频率的来源有利于进一步进行故障分析。

② 按特征频率进行分析，振动特征频率是各振动零部件运转时必定产生的一种振动，如不平衡必定产生工频，齿轮啮合有啮合频率等，对照已知设备零部件的

故障特征频率查找，大体上即可掌握机械设备的各构成部件的振动情况。

(2) 对主要振动成分进行分析，首先应抓住幅值较高的谱峰进行分析，因为它们的量值对振动的总水平影响较大，需要分析一下产生这些频率成分的可能因素。

(3) 作频谱对比发现异常状态，在分析和诊断过程时应注意从发展变化中得出准确的结论，在机械设备振动中，有些振动分量虽然较大，但是很平稳，不随时间的变化而变化，而一些较小的频率成分，特别是对那些增长很快的分量常常预示着故障的发展，应该给予足够的重视。需要注意的是：一些在原来谱图不存在的或是比较微弱的频率分量突然出现并迅速增大，可能预示着机械设备在短时间内会发生严重故障或是事故。因此在分析幅值谱图时不仅要注意各分量的绝对值大小，还要注意其发展变化的趋势。

第七节　时间窗函数(Ⅱ级)

在故障诊断的信号分析中，需要对信号采样，而真实的振动信号的时间历程是无限长的，采样就是对无限长的信号进行截取，计算机每次只能对截取下来的有限长度(如 1024 点)的离散数据一段段进行分析。如本章第三节所述，因为截取相当于用一矩形窗函数 $\omega(t)$与信号 $x(t)$相乘，由于窗函数 $\omega(t)$在频谱中是连续无限的函数，它与信号 $x(t)$在频域的卷积必然造成信号的能量分散到窗函数 $\omega(t)$的谱线上，这就是所谓的谱泄漏，意思是说原先集中的频率信号泄漏到旁边的频段上去了。换句话说，使得在频谱图中出现了不属于信号 $x(t)$的谱线，它不仅影响谱分析的精度，并且干扰对频谱的识别。

为了减少谱泄漏，在设备诊断监测工作中采用两种措施：

第一种措施，加大矩形窗的时间长度，即增大采样的样本点数。

第二种措施，加窗，加窗是相对于矩形截断函数而言，人们通常把矩形窗处理称为未加窗处理，加窗的主导思想是用比较光滑的窗函数代替矩形窗函数，使被截波形两端突变变得平滑些，以此压低谱窗的旁瓣，因为旁瓣泄漏最大，旁瓣小了，泄漏相应也就减少了，常用的采样窗函数有三角窗、汉宁窗等。

部分窗的特点如图 3-9～图 3-11 所示。

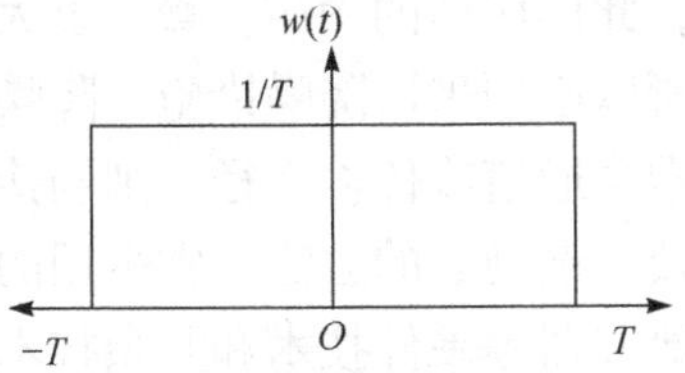

(a) 矩形窗的时域

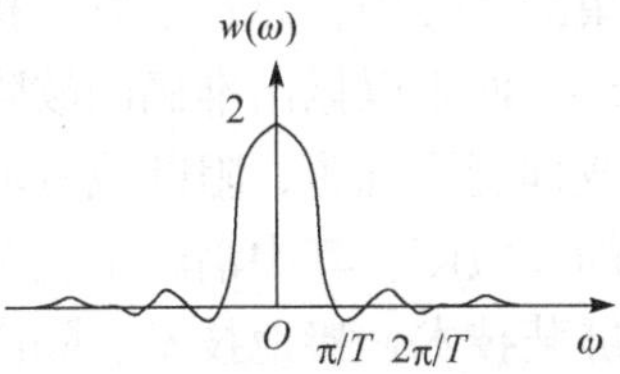

(b) 截取函数后的频域图

图 3-9　矩形窗

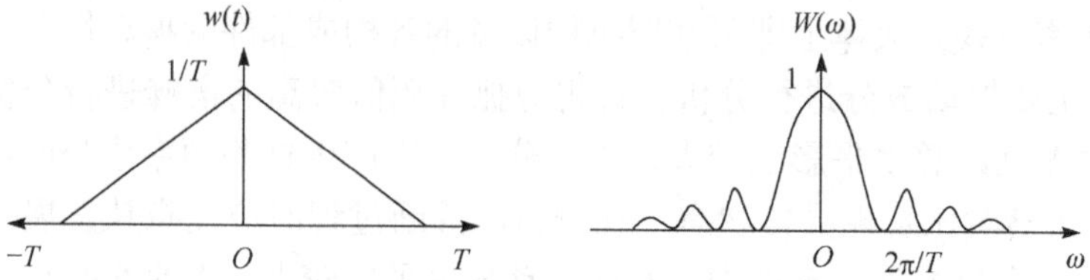

(a) 三角窗的时域　　(b) 截取函数后的频域图

图 3-10　三角窗

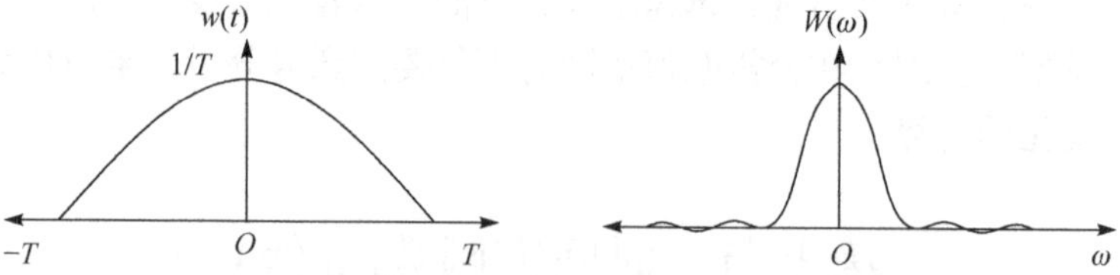

(a) 汉宁窗的时域　　(b) 截取函数后的频域图

图 3-11　汉宁窗

矩形窗使用较多，这种窗的优点是主瓣比较集中，缺点是旁瓣较高，并有负旁瓣，导致变换中带进了高频干扰和较大的泄漏，甚至出现负谱现象。三角窗与矩形窗比较，主瓣宽约等于矩形窗的两倍，但旁瓣小，而且无负旁瓣。汉宁窗与矩形窗的谱图对比，汉宁窗的主瓣加宽，并降低，旁瓣则显著减少，从减少泄漏角度出发，汉宁窗优于矩形窗，但汉宁窗主瓣加宽，相当于分析频率加宽，频率分辨率下降。

此外尚有多种窗函数，如海明窗、高斯窗、平顶窗等。关于窗的选择，应当考虑被分析信号的性质与处理要求。如果仅要求精确读出主瓣频率，而不考虑幅值精度，则可选用主瓣宽度比较窄而便于分辨的矩形窗，如测量物体的自振动频率等；如果分析窄带信号，且有较强的干扰噪声，则应选用旁瓣幅度较小的窗函数，如汉宁窗、三角窗等。

第八节　降噪(Ⅳ级)

在采集的信号中，总是混有干扰成分的，此即所谓的噪声。噪声过大，有用的信号不突出，便难以做出准确的故障诊断，所以必须采取降噪措施。降噪措施主要有：消除或抑制干扰源，阻断或减弱干扰的耦合通道或传输途径，削弱接收电路对干扰信号的灵敏度。其中消除干扰源是最有效、最彻底的方法。常采用的噪声控制技术有：屏蔽技术、接地技术、隔离技术和滤波器等硬件技术和冗余技术、陷阱技术等微机软件技术。在此只简单介绍接地技术、屏蔽技术和平均技术，滤波技术详见本章第四节的内容。

一、接地技术

“地”是电路或系统中为各个信号提供参考电位的一个等电位点或等电位面，所谓“接地”就是将某点与一个等电位点或等电位面之间用低电阻导体连接起来，构成一个基准电位。接技术的基本目的就是消除各电路电流流过公共地线时产生的噪声电压，以免受电磁场和地电位差的影响。在设备故障监测系统中的地线有以下几种：

信号地：在设备故障监测系统中，原始信号是用传感器从被测物体上获取的，信号地是指传感器本身的零电位基准线。

模拟地：模拟地是模拟信号的参考点，所有组件或电路的模拟地最终都归结到供给模拟电路电流的直流电源的参考点上。

数字地：是数字信号的参考点，所有组件或电路的数字地最终都与供给数字电路电流的直流电源的参考地相连。

负载地：负载地是指大功率负载或是感性负载的地线。

系统地：为避免地线公共阻抗的有害耦合，模拟地、数字地、负载地应严格分开，并且要最后汇合在一点，以建立整个系统的统一参考电位，该点称为系统地。系统或设备的机壳上的某一点通常与系统地相连接，供给系统各个环节的直流稳压或非稳压电源的参考点也都接在系统地上。

二、屏蔽技术

屏蔽技术主要是用来抑制电磁感应对检测装置的干扰，它是利用铜或铝等低阻材料或磁性材料把元件、电路、组合件或传输线等包围起来以隔离内外电磁的相互干扰。屏蔽包括静电屏蔽、电磁屏蔽、低频屏蔽和驱动屏蔽等。

静电屏蔽：一般采用导电性能良好的金属盒做屏蔽盒，并将它接地，静电屏蔽能防止静电场的影响，用它可以消除或削弱两电路之间由于寄生分布电容耦合而产生的干扰。

电磁屏蔽：采用导电性能良好的金属材料做成屏蔽层，利用高频干扰信号电磁场在屏蔽体内产生的涡流，来消耗高频干扰磁场的能量，从而削弱高频电磁场的影响。电磁屏蔽层如果接地，还有静电屏蔽的作用，如现场的金属电缆线管、金属软管就起到了这样的作用。

低频磁屏蔽：电磁层屏蔽的措施对低频磁场的干扰的屏蔽效果是很差的，因此对低频磁场的屏蔽，要用导磁材料做屏蔽层，以便将干扰磁通限制在磁阻很小的磁屏蔽体内。防止其干扰。通常用坡莫合金等对低频磁通有高磁导率的材料做成磁环体，使低频磁场的磁力线上至磁场环内。

三、信噪比

在设备故障诊断中，常用信噪比来衡量信号和噪声的比例关系，用符号 S/N 表示。提高信噪比的途径主要是时域平均和滤波两种方法。

这里主要简介时域同步平均方法(TDA)，回转机械在运行中，反映其运行状态的各种信号地随机械运转而周期性重复的，其频率是机械回转频率的整倍数。但这些信号又往往被伴随产生的噪声干扰，在噪声较强时，不但信号的时间历程显示不出规律性，而且由于常用的谱分析不能略去任何输入分量，在频谱图中这些周期分量很可能被淹没在噪声背景中。时域同步平均可能消除与给定频率(如某轴的旋转频率)无关的信号分量，包括噪声和无关的同期信号，提取与给定频率有关的同期信号，因此能在噪声环境下工作，提高信噪比，平均结果清楚地显示信号在给定周期内的图像中。

综上所述，TDA 能使随机分布的噪声相互抵消，周期故障信号则不受影响，经过 M 次平均，可使 S/N 提高，是一种很有用的信号分析和预处理技术。

图 3-12 是一个混有很强随机噪声的正弦信号进行同步平均的效果示意图。

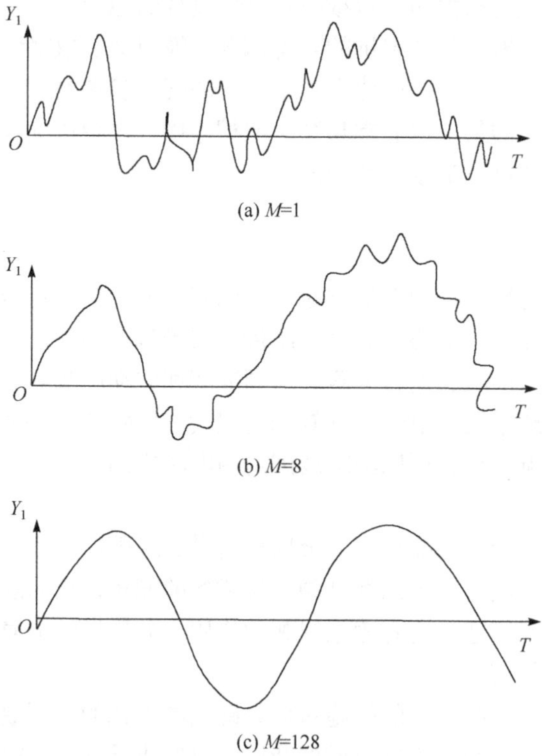

图 3-12　同步平均的降噪效果示意图

在齿轮箱故障诊断中，采用与轴转动同步的脉冲作为采样触发信号，经过 TDA 处理后，该周期分量将得到加强，去除其他非周期成分以及与轴频脉冲不同步的周期成分，从而使信噪比大大提高。由于时域平均后的信号包含着齿轮故障的特征信息，所以在齿轮故障诊断中 TDA 作为辅助分析手段应用是很普遍的。

第九节 动态范围(Ⅱ级)

动态范围，是指在大的信号中能够区分小信号的测量能力，它是所测量的信号中最小信号与最大信号的比值，通常用分贝(dB)，如动态范围=20 × log(最小信号/最大信号)。

扩大动态范围，意味着我们能够在有大信号出现时仍能区分很小的信号。以传感器为例，作为传感器的性能指标之一，动态范围即可测量的量程，是指传感器的灵敏度随幅值的变化量不超出给定误差限值的输入机械量的幅值范围。在此范围内，输出电压和机械输入量成正比，所以也称为线性范围。动态范围一般不用绝对量数值表示是因为用 dB 做单位，这是因为被测量振动值变化幅度过大的缘故，以 dB 表示使用更方便一些。振动检测系统的动态范围受多种因素限制，如系统电子元器件的适用电压范围、ADC 器件的动态范围、传感器的线性范围等。下面以 ADC 为例说明其动态范围的计算方法：

N 位 ADC 的动态范围(DR)计算方法为

$$\mathrm{DR}=6.021N+1.763(\mathrm{dB})$$

例如，14 位 AD 的动态范围

$$\mathrm{DR}=6.021\times 14+1.763(\mathrm{dB})$$

第十节 频谱图像(Ⅲ级)

一、频谱图

在机械设备故障诊断系统中频谱图是用于回答故障的部位、类型、程度等问题的。

恒速运动的机械，其各部件之间的运动关系在结构设计制造完成后是不变的，同样，运动速度不随时间变化，则运动部件所激发的振动频率也是固定的，(只是由于傅里叶变换数值计算的误差，该运动部件的特征频率在频谱图中的位置与理论频率可能会出现一定的偏差)。当机械状态劣化时，首先表现的是运动平稳性变坏，由此造成振动幅值的增大。这样，根据测得的振动参数与预先制定的标准或是计算的设备零部件的故障特征频率之间的差异，就可以监视机构设备的运行状态并判断机械设备零部件的故障。所以关注频率与振动幅值的变化是机械设备故障分析工作的指导原则之一。

图 3-13 是幅值谱示意图，它表现了幅值谱图最基本的图形要素。它的横坐标是频率，纵坐标是振幅。纵横坐标都必须标明物理量单位。

横坐标的量通常是频率(Hz)也有用角频率 ω 或阶比(频率与基频之比)的。

纵坐标的量有电压(mV)、加速度、速度、位移，电压是测系统最直接的参数，其他量意味着需要将测量系统提供的测量值，经过测量系统灵敏度转换后所标识的振动物理量。

有的机械故障诊断系统还有一个特征频率对应表，表中列举了机械设备的所有特征频率，谱图中自动识别的对应频率，对应的机械零部件名称以及该频率在频谱图中的振幅。给使用者识别存在故障的特征频率所对应的零部件提供了很大的方便。

在实际使用中，频谱图有三种，即线性振幅谱(图 3-13)、对数振幅谱、自功率谱。其中线性振幅谱(幅值谱)的纵坐标有明确的物理量，是最常用的。

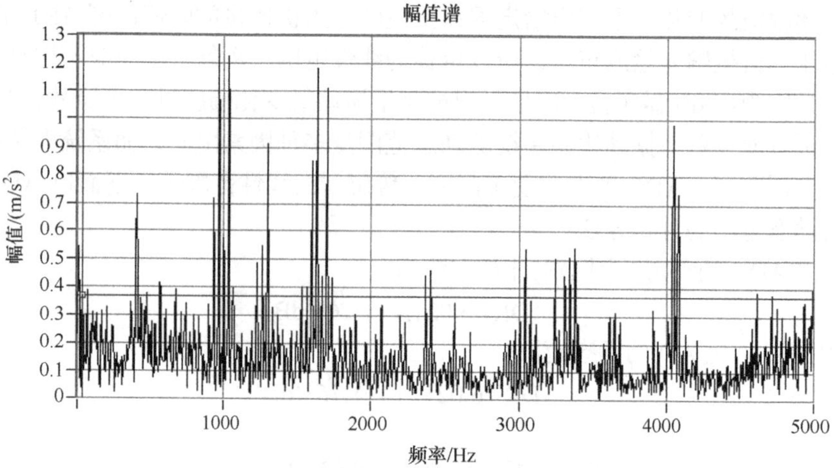

图 3-13　振幅-频谱示意图

二、机械谱图的识别步骤

(1) 频率计算：在对机械设备进行频谱分析时，一般是在频谱上找出机械设备零部件的特征频率成分，利用频率分析找出根源，即设备的故障点。所以在看频谱图前，需对机械设备的转频、倍频和主要零部件的特征频率以及可能发生的故障频率进行计算。

(2) 读频率：根据计算结果，找出频谱图上对应的机械设备的转频、倍频及特征频率(如齿轮的啮合频率等)。

(3) 读幅值：根据上述的频率，分别读出它们的幅值，其振动参数可以是加速度，也可以是速度或位移。

(4) 频谱图上的故障识别。在观察频谱图作故障诊断分析时，应注意以下几点：

① 注意那些振幅比过去相比有了显著变化的谱线，它们的频率对应的是那个零部件的特征频率。

② 观察那些量值较大的谱线(它们是机械设备振动的主要因素)以及这些谱线频率所对应的零部件。

③ 注意与转动频率有固定比值关系的谱线(它们是与机械运动状态有关的状态信息)，它们之中是否存在与过去相比发生了变化的谱线。

实际应用：某轧钢厂高线精轧机增速箱Ⅱ轴(双)上的轴承故障在发展过程中，频谱图像中有关的特征频率所发生的变化。

如图 3-14 所示，(在转速为 1169r/min 时)，在上午 9 时的频谱图中，增速箱Ⅱ轴(双)转频 63.533Hz 处的倍频成分开始出现，转频的幅值达到了 0.192m/s^2，表明Ⅱ轴(双)上的零部件出现了故障征兆。

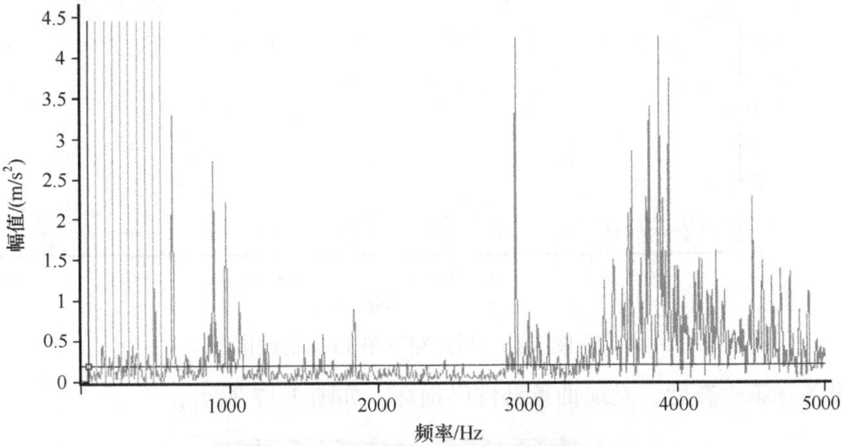

图 3-14　增速箱上午 9 时的频谱图

如图 3-15 所示，(在转速为 1154r/min 时)，中午 11 时的频谱图中，增速箱Ⅱ轴(双)转频 62.717Hz 处的倍频成分幅值明显升高，同时转频幅值也达到了 1.092m/s^2，是上午 9 时测量的转频幅值的 5 倍多，表明故障在向严重程度发展。

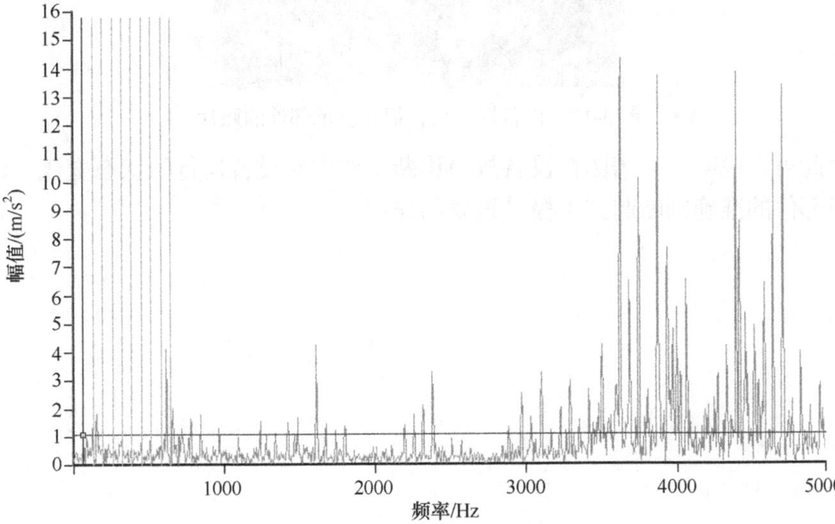

图 3-15　增速箱中午 11 时的频谱图

如图 3-16 所示，(在转速为 1169r/min 时)，下午 13 时频谱图中，增速箱Ⅱ轴(双)转频 63.533Hz 处的倍频成分幅值继续升高，同时转频幅值也达到了 $3.528\mathrm{m/s^2}$，在短短的 4h 内，转频及其各倍频成分的幅值增速如此之快，说明Ⅱ轴(双)上零部件的故障发展趋势非常快，设备运行状态已到达危险临界值。

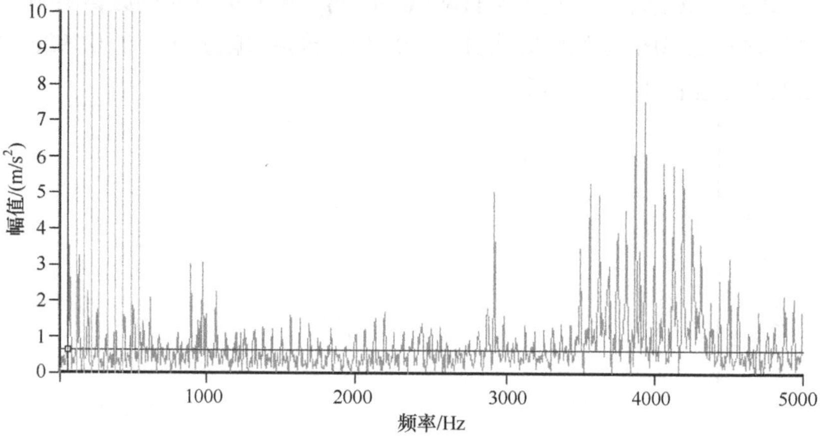

图 3-16　增速箱下午 13 时的频谱图

设备开箱检查后，发现轴承部件已损坏，如图 3-17 所示。

图 3-17　设备拆箱后，损坏轴承部件的照片

由此可以说明，频谱图在设备故障诊断工作中对设备运行的状态变化，以及故障隐患部件的准确判断起到了极其重要的作用。

第四章　状 态 监 测

第一节　计算机数据库建立和维护(Ⅲ级)

为了更有效地对区域内设备的状态监测数据进行管理和分析，当前较为有效地方法是进行基于数据库的管理和分析。通过建立监测设备的数据库，可以实现状态监测设备测点的管理、采集定义的设置、采集路径的下载及上传，同时方便实现对历史数据的检索、查看、分析及趋势描述。

一、计算机数据库的建立

状态监测数据库通常采用层级管理的模式，即将监测设备按照企业、厂级、车间级、生产线及设备等进行分级管理和设置。设备级下面即包括监测的具体测点布置及采集定义(又称数据获取，是利用一种装置，从系统外部采集数据并输入到系统内部的一个接口)，这样便形成树形数据库管理结构，如图 4-1 所示。其他结构只要满足要求就可以。

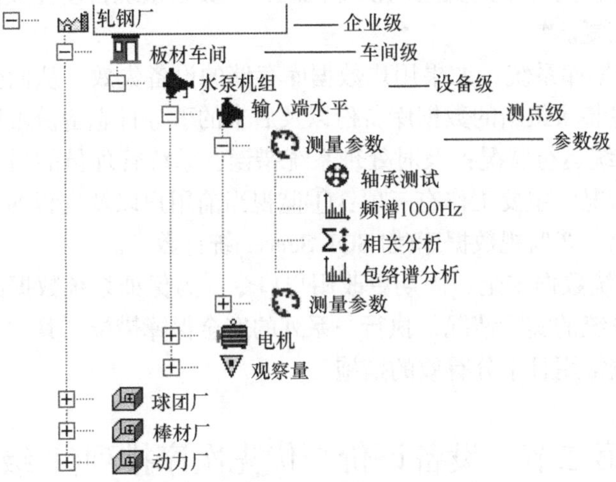

图 4-1　数据库设备管理树形层级结构

各种数据采集器的 PC 软件，支持多种流行的数据库格式，如 SQL Server、ORACLE 以及微软的 Access。各款软件数据库的建立和维护各有不同，但基本思路一致。下面以某设备状态巡检和管理系统为例，介绍设备状态监测数据库的建立和维护。

在正式实施状态监测之前，需要对监测范围内的设备进行统一管理，纳入数据库的范畴。数据库的建立，包括数据库命名、数据库配置(类型、名称修改、权属设置等)、企业设备信息树的配置、设备信息的建立、巡检路径的设置等方面内容。数据库的命名，就是设置数据库的文件名，通常是以企业或分厂名称命名。如果监测多家企业设备，可以针对每家企业分别建立数据库。

在此基础上，需要进一步完善设备的相关信息，如设备类型、传动结构、功率、转速、轴承型号、齿轮齿数、叶片数等，为后续的数据分析和状态评估提供参考，多数软件可以通过已知转速和相关参数，自动计算设备的特征频率。

二、计算机数据库的维护

建立数据库后，在日常的监测过程中，由于设备的增减、各种设备维修、运行、故障信息的记录等，需要对数据库进行维护。

维护的主要内容是：设备资料的变更、采集定义的更改和设置、设备信息的添加、报警限的设置及更改、备份系统数据、恢复数据库系统、监视系统运行状况，及时处理系统错误、保证系统数据安全、周期更改用户口令。

(1) 设备资料的变更：可以通过简单的复制、粘贴和删除等软件操作实现。采集定义的设置和更改，需要基于测量设备关心的频率范围、分辨率等信息，一般会有专门的软件模块实现该设置。同样报警限也是通过专门的模块进行设置更改。

(2) 设备信息的添加：可以通过数据库中相应的模块进行文本编辑和添加来实现。

(3) 备份系统数据：定期备份事务日志和数据库是一项十分重要的日常维护工作。一般需要提供两种不同类型的恢复机制：一类是系统自动完成的恢复；另一类是人工完成的恢复。

(4) 恢复数据库系统：如果用户数据库存储的设备失效，从而数据库被破坏或不可存取，通过装入最新的数据库备份以及后来的事务日志备份可以恢复数据库。

(5) 监视系统运行状况：及时处理系统错误：系统管理员的另一项日常工作是监视系统运行情况。主要工作有三项：①监视当前用户以及进程的信息；②监视目标占用空间情况；③监视数据库(如 SQL Server)统计数字。

(6) 保证系统数据安全、周期更改用户口令：为保证系统数据的安全，系统管理员必须依据系统的实际情况，执行一系列的安全保障措施。其中，周期性地更改用户口令是比较常用且十分有效的措施。

第二节　设备评价与优先次序排列(Ⅱ级)

在制订详细的监测计划之前，应确定哪些设备需要监测以及监测的优先次序。根据设备对生产影响的关键程度，将设备归入不同的等级，一般分为四个级别，分别是 A 类——很关键、B 类——关键、C 类——较关键(有备件)、D 类——不关键。这四类设备的具体含义如下。

1. A类——很关键

(1) 关键性、无备用的设备，这些设备的意外停机或故障，将快速影响生产和经营秩序并造成重大生产损失和其他损失；

(2) 一旦发生故障，将危及人身安全和环境的生产设备；

(3) 维修或修复费用高、维修周期长的设备；

(4) 大型、精密生产设备。

2. B类——关键

(1) 意外的停机或故障，会造成减产的损失，但不至于对企业生产产生重大干扰，产生的影响较A类设备较小；

(2) 有故障倾向的设备。

3. C类——较关键

(1) 有备用的关键设备；

(2) 轻载设备，设备的异常会带来操作的不适，不对生产产生较大影响，会带来较明显的维修成本。

4. D类——不关键

(1) 发生突发性故障对生产影响不大的设备；

(2) 结构简单，维修方便，发生故障可以很快恢复生产的设备。

周期性状态监测，开始要重点关注A、B类设备。根据实际情况，可选择后期将C类设备也纳入监测范围内。状态监测设备优先次序的选择，从本质上是基于状态监测的成本和效果考虑，如果投入产出比得到管理层的认可，将有助于这项工作的进一步开展。

第三节 监测方案设计(Ⅱ级)

监测方案的设计主要包括三个阶段，分别是准备阶段、预监测阶段、实施阶段。

一、准备阶段

监测实施前的准备阶段：包括设备资料的收集整理、设备监测路径的规划、设备监测周期的设定、设备测点及测量类型(振动参数)的定义、报警设置以及测量仪器的选择等。

1. 设备资料的收集整理

对一台列为诊断对象的设备要着重掌握五个方面的内容，①设备的基本组成及其连接关系，各主要零部件的型号、规格、结构参数等；②机械设备的工作原理(生产工艺)和运行特性，包括设备正常运行时的工艺参数值，如转速、压力、流量、温度、电流、功率等；③设备的工作条件，包括载荷性质(均载、变载还是冲击负荷)、工作介质、周围环境；④设备基础形式及状况；⑤主要技术档案资料。这些信息了解得越多，则对设备故障诊断越有利。

2. 设备监测的周期

又称监测的频次，频次的确定，主要根据机械零部件故障的平均时间、设备的关键程度、备件的数量、生产状况、维修成本、可用人员数量以及监测成本等因素来决定。

3. 设备测点及测量类型(振动参数)的定义

测点的位置最好选在尽量靠近振动源，避开或减少振动信号在传递通道上的界面、空腔或隔离物(密封填料等)，让振动信号成直线传播，减少信号在传递途中的能量损失。对回转机械的设备来说，建议把测点选在轴承处。如果条件不允许，也应使测点尽量靠近轴承，以减少测点和轴承座之间的机械阻抗。有关测点的选择可参考 ISO10816 国际标准的相应部分。

由于设备振动特征有明显的方向性，因此每一个测点一般都应测量三个方向的振动，以免遗漏设备故障。铅垂方向标注为 V，水平方向标注为 H，轴线方向标注为 A，如图 4-2 所示。数据采集的目的是评估设备的状态，而不是为了满足硬性的规程要求，当所测数据量足够多时或受测量条件的限制时，可以适当减少测点数。

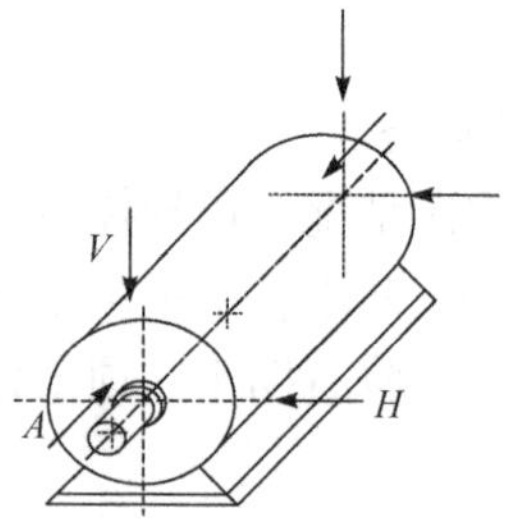

图 4-2　测点位置选择

测点的标注秩序应从驱动器非驱动侧的轴承座开始，朝着被驱动设备，按秩序排列，直到第一根轴线的最后一个轴承。在多根轴线的机器上，轴承座的秩序从驱动器开始，按数字秩序继续沿着第二根轴线到被驱动器往下排列，接着再沿着第三根轴线往下排列，直到机组的末端为止。关于测量类型(振动参数)的设置，要求选用对故障反映最敏感的振动参数来进行测量，即当机械设备状态发生最小量变化时特征参数却发生较大变化。通常对于低频振动，采用位移和速度；对于中低频振动，采用速度和加速度；对于中高频振动，采用加速度。例如，对于低速重载滑动轴承采用位移或速度；对于中高速齿轮、滚动轴承等采用加速度；对于一些特殊的情况要根据设备结构及测量要求来选择测量参数。

4. 选择仪器遵循的原则

(1) 根据本单位的设备情况，确定监测设备、内容和监测方法，选择合适的监测仪器。

(2) 监测仪器的选择要充分考虑仪器的精密度、动态范围、频响范围、信噪比、环境适应性、便携性、可靠性和仪器供应商的信誉等。

通过以上工作，最终形成设备状态监测计划表，表 4-1 所示。

表 4-1　状态监测计划表

	设备位号	设备描述	机器分类	测量位置	轴承类型	传感器	分析方法	监测周期	转速	设定振动报警值	设定振动跳车值
测量点			重要的基本的常规的		斜垫轴承、套筒轴承、耐磨(滚动)轴承	接近探头、加速度计、冲击脉冲	频谱分析、冲击脉冲分析、无	一年、半年、三个月、连续、连续(趋势)、根据需要	r/min		
	1-C1161	主空压机	重要的	1 级轴承座 *V*	套筒轴承	接近探头、加速度计	频谱分析	三个月	5100	97μm 4.5mm/s	117μm 7.1mm/s
				1 级轴承座 *H*							
				1 级轴承座 *A*							

二、预监测阶段

预监测阶段，主要包括设备基线数据的建立、测点测量定义的评价与修订等两方面的内容。

三、实施阶段

经过以上两个阶段，便可以正式开始设备的周期状态监测工作。在实施状态监测的过程中，可以进一步对监测方案的有关方面和内容进行完善和修订。

第四节　报警设置(Ⅲ级)

在设备状态趋势分析中，通常会根据状态评估标准，设置 2～3 个报警线，如图 4-3 所示。

图 4-3 中设有三个报警线，分别是注意、危险、故障。

注意：表示要对目前的设备状态进行进一步的分析评估，根据分析诊断的结论，采取进一步措施，或实施维修保养，或增加监测的频次，或继续进行正常的状态监测。

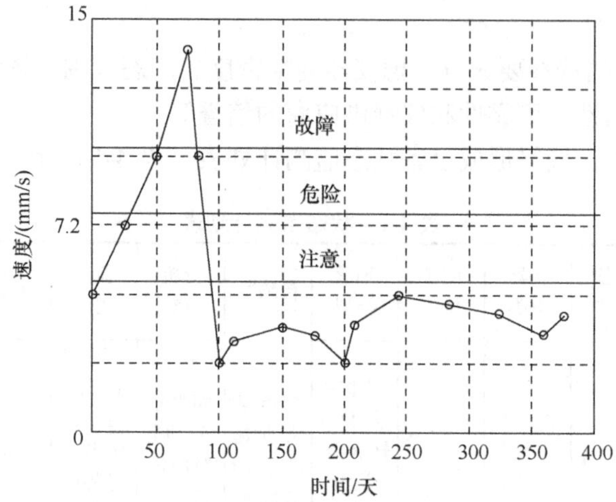

图 4-3　趋势报警线设置

危险：意味着更严重的问题，应进行更加全面的分析和维修保养。

故障：表示如果不采取停机维修保养措施，可能会即将失效，造成意外停机。

以上介绍主要是对振动总值的趋势报警分析。另外，常用到的报警设置，还包括窄带报警和包络线报警。

窄带报警：是指对频谱的整个频率范围划分不同的频段，对每个频段设置对应的报警值。图 4-4 按照故障频率对应的范围，可以对关心的频段分别设置报警值，以区别不同的故障类型，并避免不同频段振动能量的干扰和覆盖。

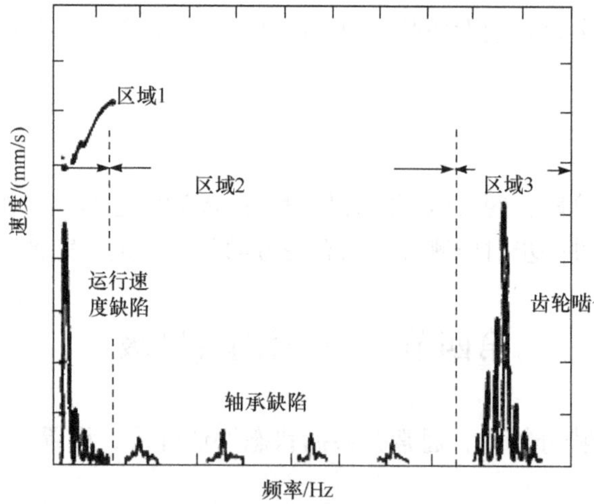

图 4-4　窄带报警设置

包络线报警：(也被称分频报警或护罩报警，但不要与用在轴承分析上的包络检波相混淆)采用的是完全不同的方法，其极限报警值包括整个频谱，而不仅仅是频谱中的某个频段。这种方法的好处是可以覆盖所有的频率，并且对那些很少注意到的频率上出现的峰值点很敏感。

第五节　基线评估、趋势分析(Ⅱ级)

一、基线评估

具有相同设计结构的设备，其投入使用时的振动水平可能不同，这就需要设置具体设备的基线数据，或初始数据，实现对设备将来运行状态的有效评估。设备的对中状态、管道的安装及基础安装等方面的差异，会使得同种类型的设备，表现出不同的振动状态。

在进行振动测量前，对所测量的设备振动信号的频率范围和幅值大小要作一个基本的估计，为选择传感器、测量仪器和测量参数、分析频带提供依据，同时防止漏检某些可能存在的故障信号而造成误判或漏诊。预估振动频率和幅值可采用如下几个方法：

(1) 根据长期各界的现场诊断经验，对各类常见多发故障的振动特征频率和振动幅值作一个基本估计。

(2) 根据设备的结构特点、性能参数和工作原理计算出某些可能发生的故障特征频率。

(3) 利用便携式测量仪器，在正式测量前进行分区多点测试，发现一些振动烈度较大部位，再通过改变测量频段和测量参数进行多次测量，也可以大致确定其敏感频段和幅值范围。

(4) 广泛搜集诊断知识，掌握一些常用设备的故障特征频率和相应的幅值大小。

基线数据为趋势类型的选择以及趋势数据库的建立提供了初始数据，同时也为报警设置提供了参考信息。振动峰值、有效值趋势是典型的趋势类型，但同时可能需要窄带趋势，所以应当记录每个测点的频谱和波形数据。

二、趋势分析

任何振动量或与振动有关的工艺参量，均可以按照分钟、小时、天、月、年等时间间隔进行记录，从而形成不同周期形式的数据趋势，数据趋势图一般有两种表达方式，如图 4-5 中折线图和拟合曲线图，折线图反映了状态的运行变化情况，而拟合曲体则是对折线图进行数据拟合，反应数据变化趋势有时可以用来进行状态趋势预测。通常按照设定状态监测周期进行数据采集，以此间隔形成趋势，如图 4-5 所示某轴流风机振动速度均方根值的趋势图。

可以将不同的振动量(如速度均方根值 R.M.S、峰值 P；加速度均方根值 R.M.S、峰值 P 等)以及某些工艺参量(如压力、温度、载荷、转速等)同时进行记录，进行趋势的比较分析。若某些振动量受工艺参量的影响较大，建议进行无量纲化处理，如脉冲指标、歪度指标、峭度指标、裕度指标、转速等，如图 4-6 某轧机齿轮局部剥落故障时及修复后振动速度均方根值趋势图，说明无量纲参量受工况状态的影响较小，对状态的辨识更为清晰。

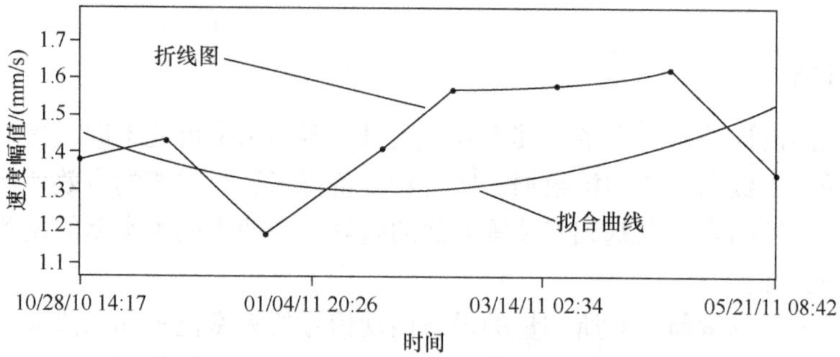

图 4-5　某轴流风机测点振动速度均方根值趋势图

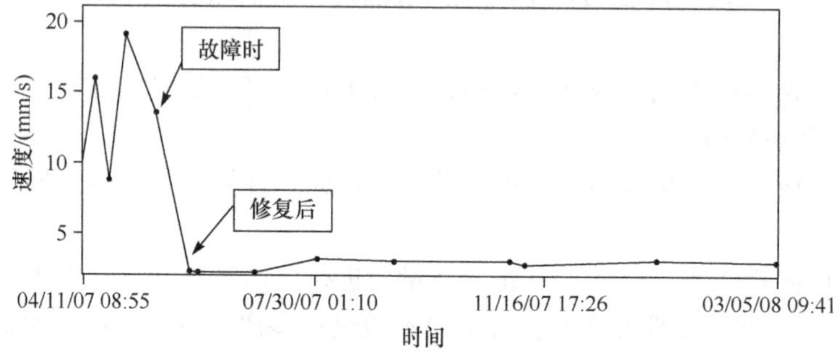

图 4-6　某轧机齿轮有故障时与修复后的振动速度均方根值的趋势图

第六节　巡检路径规划(Ⅱ级)

在实施人工离线点巡检的设备状态检测的过程中，要对检测的路径进行合理的规划，这样可以有效地提高检测的效率。在决定数据采集路径的设置时，通常要基于厂房布置、机组(生产流程)、设备类型和采集定义类型等四个因素来考虑，其中厂房布置和机组是最常考虑的因素。

基于厂房布置的路径：就是按照建筑平面图，逐台设备进行监测。有时需要按区域来进行路径设置。

基于机组的路径：是指对某条生产线的设备进行状态检测，通常按线上生产顺序进行检测，如冶金行业中的棒、线材生产线，一般按照粗轧、预精轧、精轧等生产顺序对设备按序检测；还有，某汽轮发电机组的路径，按照汽轮发电机、锅炉给水泵、油泵、引风机、送风机和循环水泵等设备顺序进行检测。

无论主要基于何种因素设置路径，厂房布置和到达设备的物理通道，都是路径选择程序的一部分。路径应当根据生产、设备和操作的需要进行调整。

第七节　可选用的技术(Ⅲ级)

对设备状态进行监测除了主要采用振动测试外，还可选用油液分析、红外热成像、电机电流分析和声发射等技术，下面简要介绍。

一、油液(脂)分析

在机械设备的磨损故障中，润滑不良是导致设备磨损失效的主要原因。随着设备现代化程度的提高，对设备的可靠性、耐久性提出了更高的要求，设备的磨损失效问题也日益受到重视。油液分析技术是监测、诊断设备润滑系统故障的重要手段，尤其是对设备早期磨损隐患的发现与识别，更是其他分析诊断方法难以取代的一种技术。

油液(油脂)分析的内容有：理化指标及污染度检测、磨粒成分及浓度的分析、磨粒形态及数量的分析、添加剂的分析等。

下面对各种油液分析技术进行简述。

(1) 理化指标及污染度分析：即对油液的黏度、闪点、酸值、水分、机械杂质(包括清洁度)、抗乳化性、抗泡性、抗氧化安定性、腐蚀等理化性能进行检测，根据指标的变化来判断油液运行性能。当其理化指标超过一定限值后，应及时更换以保证设备正常运转。我国已经制订了各种品牌的润滑油(脂)的各项理化指标的国家标准、部颁标准和行业标准，也包括各种品牌的润滑油的换油标准。

(2) 光谱分析：包括原子吸收和原子发射分析两种方法，油液分析普遍采用的是发射光谱分析技术。它通过测量物质发出特定的光及相应的光强度来检测磨粒的元素成分及含浓度。

光谱分析的优点：①分析迅速，不需进行样品处理；②结果准确度高，精度可达到 10～6 级(ppm)。

不足之处是：①对油液中的大磨损颗粒不敏感，无法反映油中大磨损颗粒的真实情况；②不能对油液中的磨损颗粒的几何尺寸和形态做出分析。

(3) 铁谱分析：借助于强磁场高磁梯度的铁谱仪将油液中的铁磁金属磨粒有序分离出来，并使非磁性磨粒随机沉淀于谱片上，通过对谱片上磨粒的大小、形态、数量等信息的定性、半定量分析，判断设备的磨损形式和磨损部位。它是设备失效原因分析比较有效的方法，在油液分析工作中占有十分重要的地位，特别对设备磨损类故障原因分析、早期故障的发现是其他监测方法无法取代的一种技术。其缺点是分析速度慢，磨粒识别在很大程度上依赖于人们的经验，重复性较差。下面是几种典型的磨损颗粒的铁谱分析图。图 4-7～图 4-11 分别显示了正常磨损和切削类磨损、轴承疲劳点蚀磨损和滑动磨损等多种情况的铁谱分析图片。

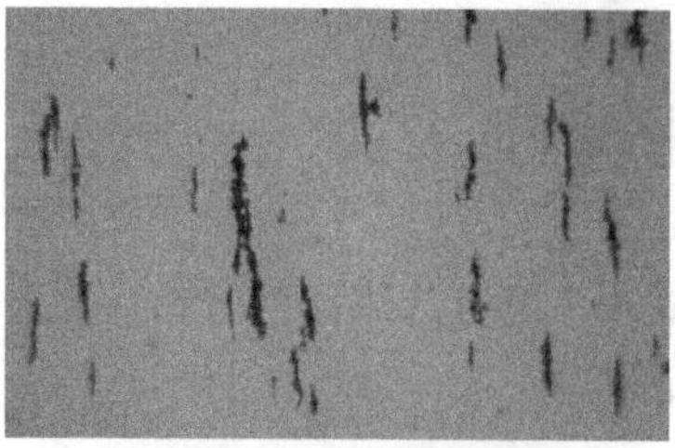

图 4-7　正常磨损的铁谱分析图片

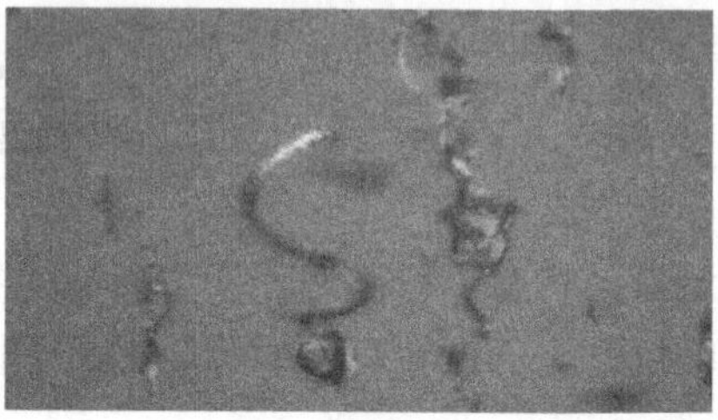

图 4-8　切削磨粒(异常磨损)铁谱分析图片

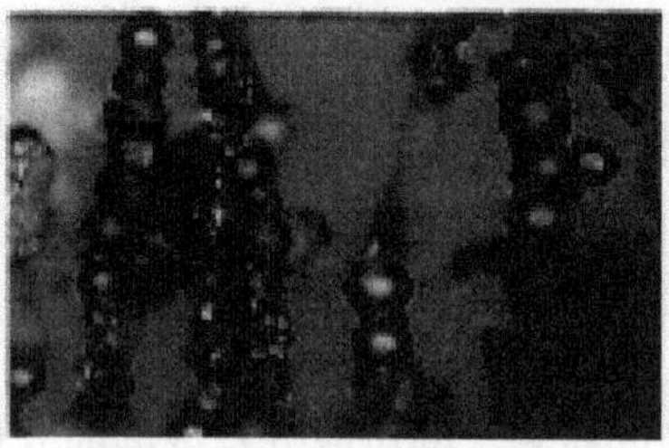

图 4-9　球状磨粒(轴承疲劳磨损)铁谱分析图片

图 4-10　滑动磨粒(异常磨损)铁谱分析图片

(4) 红外光谱分析：是一种对物质分子结构和化学成分进行定性分析的技术。主要是检测油液中无机或有机化合物的分子官能团的性质，而不是像光谱分析或铁谱分析那样去检测油中的各类游离金属磨粒、其他碎屑或添加剂。它是从另一个侧面来监测设备在用油液的状态，检测油液的变质、是否含有有机聚合物等有害物质。通过与标准库中的光谱进行比对，可以判定未知化合物的成分并控制其他外来有害物质的存在。图 4-11 是某铁厂高炉炉顶齿轮箱的润滑脂的红外光谱分析图(新油与在用油的对比)。

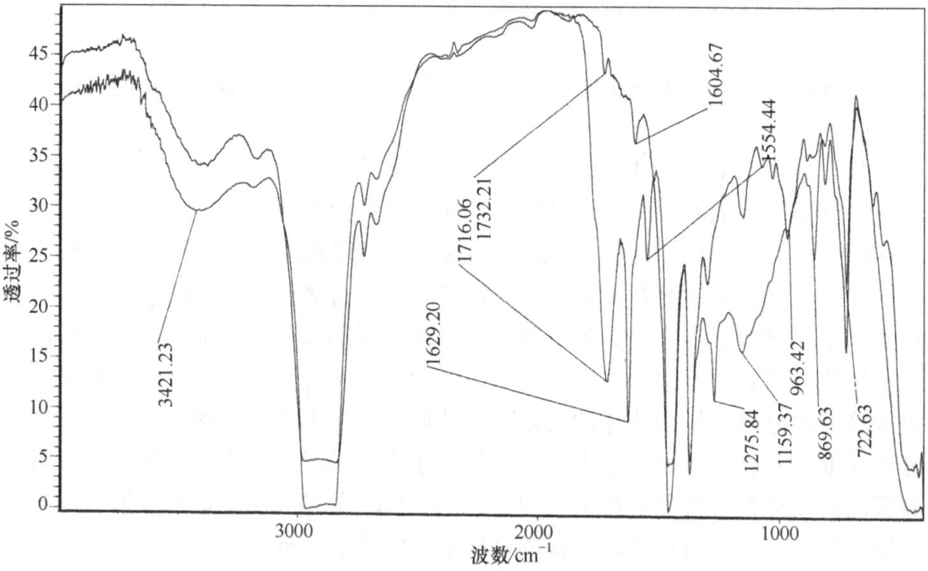

图 4-11　红外光谱分析图

需要指出的是：到目前为止，国内、外光谱分析、铁谱分析和红外光分析均无统一的评判标准。这还需要广大科技人员和专家做大量的艰苦工作。

二、红外热成像

在许多场合，温度的变化是设备故障的征兆。因此监测设备温度，可以提前发现设备缺陷，避免设备事故。

根据温度测量方法的不同，可以分为接触法温度测量和非接触法温度测量。接触法温度测量的特点是保持温度计与被测量物体的良好接触，使两者达到热平衡。非接触法测量是一种非妨碍性测量，即不接触被测量物体，而是利用物体的红外辐射来测量温度。

温度测量的主要仪器有：温度计、红外点温仪、红外热电视、红外热像仪等，如图 4-12 所示。

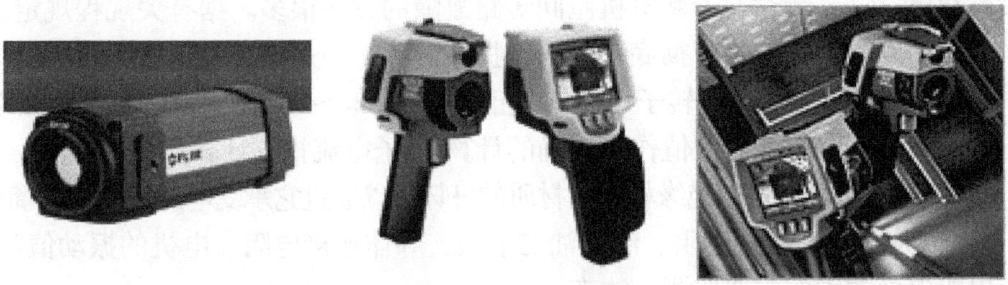

图 4-12　红外热像仪

红外诊断技术在各个领域都有广泛的应用。在设备预测性及预防性工业维修保养方面主要用于：

(1) 检查电气设备，如变压器、配电盘、连接器、开关装置等的温度；

(2) 检查旋转机械，如轴承、结构的温度；

(3) 检查工业炉、窑、管道、阀门等的温度，如图 4-13 所示。

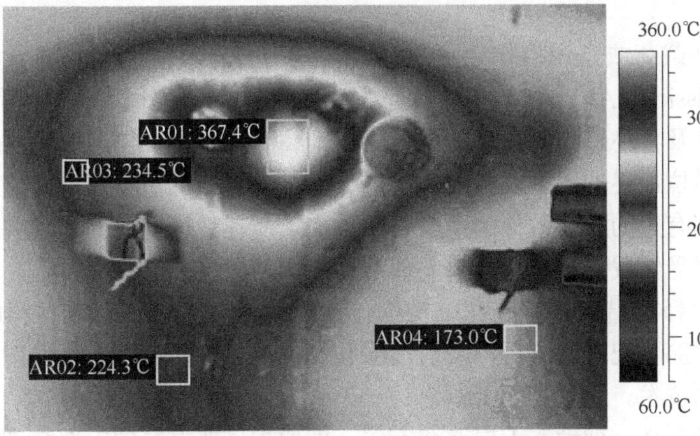

图 4-13　工业炉、窑、管道、阀门等的温度

三、电机电流分析

电气设备主要包括电机(电动机、发电机)和输变电设备(电缆、变压器)等。电气设备故障的情况很复杂，除了电机具有机械性故障外，还存在电气设备独特的电气故障，如电气击穿放炮、短路、过热烧损等。

影响电气故障的参数很多，关键参数主要有：

(1) 绝缘电阻：是电气设备的一个主要参数。绝缘电阻不符合要求是大部分电气故障的主要根源，或与它直接相关。

(2) 温度：是电气设备的另一个主要参数。必须严格监测电气设备的温度。当达到最高允许温度后，必须立即停机检查。

(3) 电流：电流是电气设备发热升温的主要因素。电流的增加直接导致温度的升高，因此应把电流作为主要参数监测。例如，电机转子匝间短路故障是电机转子频发性故障之一，测试、诊断电机匝间短路故障的方法很多。据有关规程规定，对转子匝间短路是否需要进行彻底大修的判据有两种：一是因其引起的振动超过规定值；一是在同一运行工况下转子电流超过正常值的 5%～10%。后者的判断需要对各运行工况下转子电流的正常值作出准确的计算(转子电流指纹计算)。

(4) 电压：电气设备的绝缘材料其材质的好坏可以通过它承受电压的能力来衡量。

(5) 其他参数：接地电阻、绝缘油的油质、导体连接电阻、电机的振动值等。

电机电气故障的主要监测方法有：

(1) 监测电源电压的变化。电压变化范围不应超过或低于额定电压的 10%，任意两相电压的差数不应超过 5%，否则都会使电动机发热过快。

(2) 监测电动机的运行电流。任意两相间的电流差值不应大于额定电流的 10%，否则说明电动机有故障。

另外，还需要注意电机振动、声音、温度的变化。

四、声发射

材料在外载荷或是内力作用下以弹性波的形式释放应变能的现象称为声发射(Acoustic Emission，AE)，有时也称为应力波发射。材料受外载荷作用时，由于内部结构不均匀性及各种缺陷的存在造成应力集中，材料在应力的作用下发生范性流变、微观龟裂、错位最终造成裂纹产生与扩展，是结构失效的重要机制。这种直接与变形和断裂机制有关的源，被称为声发射源。由上所述：声发射的出现要具备两个条件：①材料要受外载作用；②材料内部结构不均匀或有缺陷。

声发射源释放出的弹性波在结构中传播时携带有大量结构或材料缺陷处的信息，用仪器检测、记录、分析声发射信号和利用声发射信号推断声发射源的技术称为声发射检测技术。

声发射检测是一种动态无损检测方法，即使构件或材料的内部结构，缺陷或潜在缺陷处在运动变化的过程中进行无损检测。因此，裂纹等缺陷在检测中主动参与了检测过程。如果裂纹等缺陷处于静止状态，没有变化和扩展，就没有声发射产生，也就不可能实现声发射检测。而且由于声发射信号来自缺陷本身，因此可用声发射法判断缺陷的严重性。

声发射检测到的是一些电信号，根据这些电信号来解释结构内部的缺陷变化往往比较复杂，需要丰富的知识和其他试验手段的配合。另一方面，声发射检测环境常常有很强的噪声干涉，虽然声发射技术中已有多种排除噪声的方法，但在某些情况下依然会使声发射技术的应用受到限制。

第八节　故障状态识别(Ⅰ级)

设备诊断的实质就是状态识别。通过数据采集器获得被监测设备的振动测量数据，接下来，就需要对测量数据进行分析，以确定设备运行状态是正常还是异常，对存在异常状态的设备要确诊故障的原因、部位、程度和发展趋势，在这个基础上提出恰当的维修决策，对设备实行科学管理。

判断设备的运行状态正常还是异常，一般可以采用两种方法。

一、标准识别法

常用的振动诊断标准有绝对标准、相对标准和类比标准三种类型。在对设备运行状态进行判别时，要根据设备的具体情况，来分别采用其中某一种或是同时采用两种、三种标准。

(1) 绝对标准：将实测到的数据与标准规定值比较，把设备运行状态归入某一个级别，作出判断结论。目前已有国际标准和国家标准。

(2) 相对标准：是指采用相同的测试方法把设备的正常状态下测得的振动值作为初始值，将设备运行中实际测得的值与初始值比较，按实测值达到初始值的倍数来判别设备的运行状态。这类标准一般是由用户自已根据设备的具体情况来建立的。

(3) 采用类比标准：这是将数台同型号、同规格的设备，在相同的测试条件下，采用相同的测试方法测得的振动值互相比较，从它们之间的差别来判别设备的运行状态。

有关各类设备的故障状态识别标准参看第十章参考标准的内容。

二、图像识别法

如果我们平时积累了设备在正常运行状态下的标准振动频谱图或者时域图，那么把同一条件下的测得的频谱图或者时域图与标准频谱图或者时域图进行比较，从它们的变化中也可以大致判断设备运行状态是正常或是异常。

目前，振动信号的频谱图像识别已经实现了自动化。相应的计算机软件可以自动识别特征频谱开展故障诊断。

第五章 故障分析

第一节 谱分析、谐波、边带(Ⅱ级)

大多机械设备都是在固定转速下工作，在工作过程中发生的振动都有特定频率，这些包含各个运动零部件——机械零件运动特性的频率，一般称为特征频率。当某个零件的运动状态发生恶化，其特征频率的振动幅值也随之变化。为了准确地观察设备的振动特征频率及其幅值，我们大量地采用频谱分析技术，简称谱分析技术。

频谱分析技术中最重要的频率是某个轴的转频，通常采用电动机驱动的第一根工作轴的转速频率(工频)为主频，称为基准频率(基频)。相对基准频率的多个自然数倍频的振动频率通称为谐振频率，其振动波形称为谐波。常见1倍频(自身)、2倍频(2×)、3倍频(3×)等，谐振倍数越高，其振幅衰减越快。除非受到结构或其他故障因素的影响，才有可能保持较高倍数的谐振振幅。

频谱分析的目的就是将构成信号的各种频率成分都分解开来，便于振源的识别。

(1) 进行频谱分析首先要了解频谱的构成，依据故障推理方式的不同，对频谱构成的了解可按不同层次进行。振动信号中很多分量都与转速频率有密切的关系，往往是工频的整数倍或分数倍，所以一般均先找出工频成分，随后再寻找其谐波关系，弄清它们之间的联系，故障特征就比较清楚了。

(2) 对主要振动成分进行分析，做频谱分析时，首先抓住幅值较高的谱峰进行分析，因为它们的量值对振动的总水平影响较大。需要分析一下产生这些频率成分的可能因素。如工频成分突出往往是不平衡所致，要加以区分的原因还有轴弯曲、共振、基础松动、定转子同心度不良等故障。2倍频突出往往是平行不对中以及转轴存在着横向裂纹。1/2分频过大，预示着滑动轴承存在涡动失稳。啮合频率成分高是齿轮表面接触不良，出现边频是齿轮啮合被轴转频所调制；谐波丰富通常是松动，等等。

(3) 作频谱对比发现状态异常，在分析和诊断过程时应注意从发展变化中得出准确的结论，单独一次测量往往难于对故障做出较有把握的判断。在机械设备振动中，有些振动分量虽然较大，但是随时间发展比较平稳。对设备的正常运行也不会构成多少威胁。而一些较小的频率成分，特别是那些增长很快的分量常常预示着故障的发展，应该给予足够的重视。

应用实例：某钢厂铁矿排岩车间破碎机。

(1) 传动链图及测点布置(图 5-1)

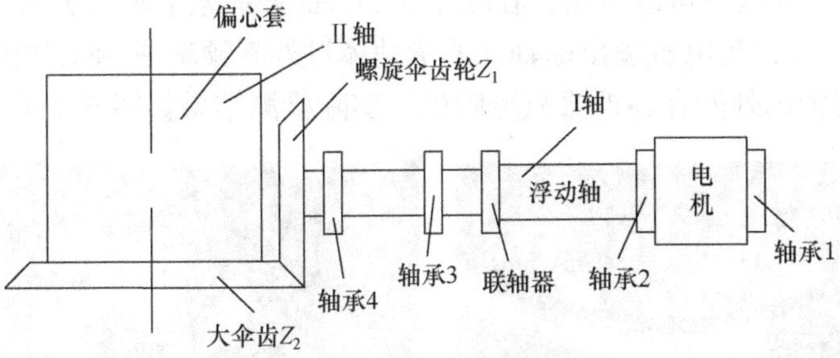

图 5-1　破碎机传动结构示意图

注：本次测试点为 3 个轴承，轴承 1 为电机非负荷端，轴承 2 为电机负荷端，轴承 3 为小伞齿输入端。

(2) 特征频率计算(表 5-1)

图 5-1 的破碎机电机轴承、传动轴和传动齿轮的主要结构参数、工作转速和特征频率如表 5-1。

表 5-1　电机轴承和主要传动件特征频率

	名称	参数值	转速/(r/min)	频率名称	频率值/Hz	备注
电机轴承	内径	(160)	598.8	内圈旋转频率 F_r	9.98	安装电机轴
	外径	(290)		滚动体过内圈频率 F_i	107.87	
	节径	(225)		滚动体过外圈频率 F_o	81.75	
	滚动体个数	(19)		滚动体过内外圈频率 F_b	35.53	
	滚动体直径	(31)		滚动体旋转频率 F_c	4.3	
	宽度	(80)				
结构件	Ⅰ轴		598.8	转频	9.98	电机轴
	Ⅱ轴		164.6	转频	2.54	大伞齿轮等部件旋转频率
	Z_1 齿数	（22）	598.8	啮合频率	216.333	
	Z_2 齿数	(80)	152.4	啮合频率	216.333	

注：根据现场人员反映的齿轮和轴承参数用括号表示，有关特征频率根据以上参数计算。

(3) 谱图分析(图 5-2)

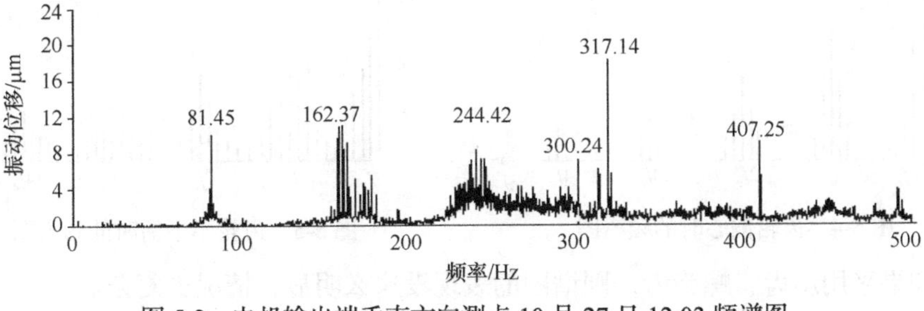

图 5-2　电机输出端垂直方向测点 10 月 27 日 12:03 频谱图

(4) 诊断结论

从图 5-2 的频谱图可以看出，在频率 81.45Hz 处的幅值较为突出，并伴有其 2、3、4 倍高次谐波，与电机输出端轴承的滚动体过外圈频率 F_o=81.75Hz 相接近，说明电机输出端轴承外圈存在严重故障隐患。实际检测结果如图 5-3 所示。

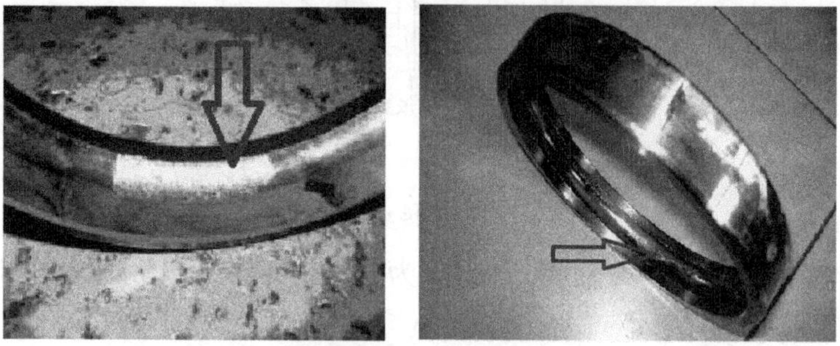

图 5-3　电机输出端轴承的外圈磨损相片

某些零件除了自身所在轴的转动频率外，还有其自身的特征频率，如齿轮的啮合频率，同时还受到自身转动频率的调制，在其啮合频率的上下两边产生多根调制频谱线，其频率间隔是所在轴的转频，一般称为边带。边带的情况与齿面的情况相关。

在齿轮箱的振动频谱中，常见到啮合频率或其高阶谐频附近存在一些等间距的频率成分，这些频率成分称为边频带(边带)。边频带的产生主要与振动信号被调制有关。

一般情况下，当齿轮箱发生某些故障时，故障的特征频率的谐波会大量出现，同时其周边会存在许多边频带，利用振动信号的边带特征，可以对齿轮箱某些故障进行有效诊断。

(1) 当齿轮出现偏心故障时，实质是磨损造成齿面形状破坏。偏心故障在频谱图上出现的边频带比较窄，如图 5-4 所示。

(2) 当齿轮出现不平衡故障时，实质是齿轮侧间隙过大，边频带展宽，有断齿、打齿的危险。不平衡故障在频谱图上反映出在啮合频率及其谐波两侧产生的边频带簇，如图 5-5 所示。

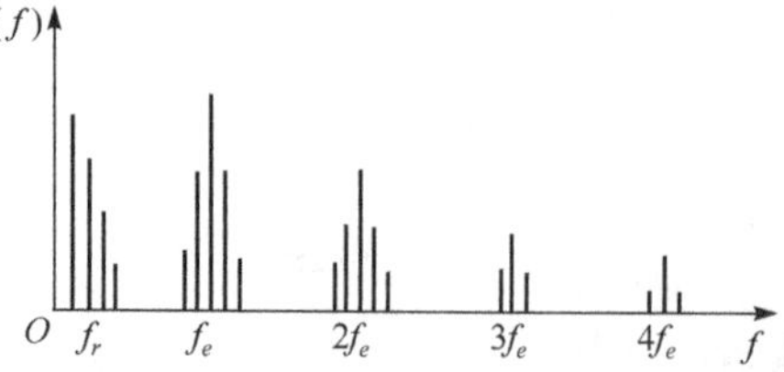

图 5-4　齿轮偏心时的频谱图

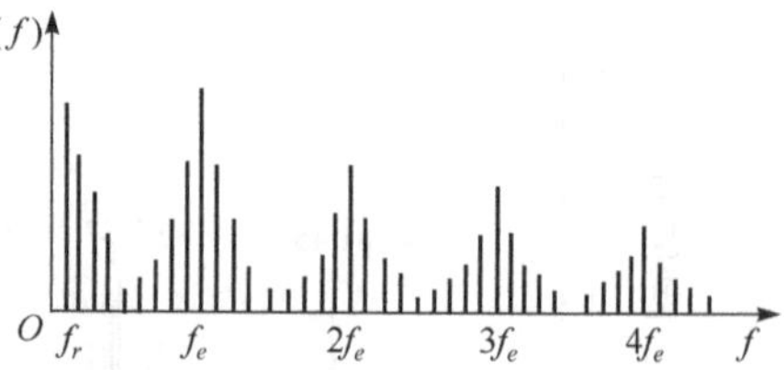

图 5-5　齿轮不平衡时的频谱图

如果采用斜齿、螺旋齿，则谱图的表现没这么明显，情况更复杂。

第二节　质量不平衡(Ⅱ级)

一、质量不平衡

质量不平衡故障主要发生在风机、泵等旋转设备的转子上，转子组件是旋转机械的核心部分，由转轴及固定安装的各类盘状零件(叶轮、齿轮、联轴节、轴承等)组成。

从动力学角度分析，转子系统分为刚性转子和柔性转子。转动频率低于一阶横向固有频率的转子为刚性转子，如电动机、中小型离心式风机等。转动频率高于一阶横向固有频率的转子为柔性转子，如燃气轮机转子。

在工程上，我们把对应于转子一阶横向固有频率的转速称为临界转速。当代的大型转动机械，为提高单位体积的做功能力，一般将转动部件做成高速运转的柔性转子(工作转速高于其固有频率对应的转速)，采用滑动轴承支撑。由于滑动轴承具有弹性和阻尼，因此其作用不仅是作为转子的承载元件，也是转子动力系统的一部分。考虑到滑动轴承的作用后，转子—轴承系统的固有振动、强迫振动和稳定特性就和单个振动体不同了。

由于柔性转子在高于其固有频率的转速下工作，所以在启动、停车过程中，需要通过固有频率位置。此时机组将因共振而发生强烈振动，而在低于或高于固有频率转速下运转时，机组的振动是一般的强迫振动，幅值都不会太大，共振点是一个临界点。故此，机组发生共振时的转速也被称为临界转速。

转子的临界转速往往不止一个，它与系统的自由度数目有关。实际情况表明：带有一个转子的轴系，可简化成具有一个自由度的弹性系统，有一个临界转速；转轴上带有两个转子，可简化成两个自由度系统，对应有两个临界转速，依次类推。其中转速最小的那个临界转速称为一阶临界转速 n_{c1}，比之大的依次叫做二阶临界转速 n_{c2}、三阶临界转速 n_{c3}……工程上有实际意义的主要是前几阶，过高的临界转速已超出了转子可达到的工作转速范围。

为了保证大机组能够安全平稳的运转，轴系转速应处于该轴系各临界转速的一定范围之外，一般要求：

刚性转子：　$n<0.75n_{c1}$

柔性转子：　$1.4n_{c1}<n<0.7n_{c2}$

式中，n_{c1}、n_{c2} 分别为轴系的一阶、二阶临界转速。

机组的临界转速可由产品样本查到或在起停车过程中由振动测试获取。需提出的是，样本提供的临界转速和机组实际的临界转速可能不同，因为系统的固有频率受到多种因素影响会发生改变。这样，当机组运行中因工艺需要调整转速时，机组转速很可能会落到共振区内。一般地说，设备除非受到损坏，其结构不会有太大的变化，因而其质量分布、轴系刚度系数以及固有频率都是确定的。但实际上，现场设备结构变动有许多情况，如更换轴瓦、转子，尤其不可避免的是设备维修安装后未能准确复位等，这些因素都会影响到临界转速的改变。多数情况下，这种临界转速的改变量不大，在规定必须避开的转速区域内，因而被忽略。

旋转机械的转子由于受材料的质量分布、加工误差、装配因素，以及运行中的冲蚀和沉积等因素的影响，致使其质量中心与旋转中心存在一定程度的偏心距。偏心距较大时，静态下，所产生的偏心力矩大于摩擦阻力矩，表现为某一点始终恢复到水平放置的转子下部，其偏心力矩小于摩擦阻力矩的区域内，称为静不平衡。偏心距较小时，不能表现出静不平衡的特征，但是在转子旋转时，表现为一个与转动频率同步的离心力激发转子振动。这种现象称为动不平衡。静不平衡的转子，由于偏心距较大，表现出更为强烈的动不平衡振动。

虽然做不到质量中心与旋转中心绝对重合，但为了设备的安全运行，必须将偏心所激发的振动幅度控制在许可范围内。

二、不平衡的故障特征

实际工程中，由于轴的各个方向上刚度有差别，特别是由于支承刚度各向不同，因而转子对平衡质量的响应在 x、y 方向不仅振幅不同，而且相位差也不是 90°，因此转子的轴心轨迹不是圆而是椭圆，如图 5-6 所示。

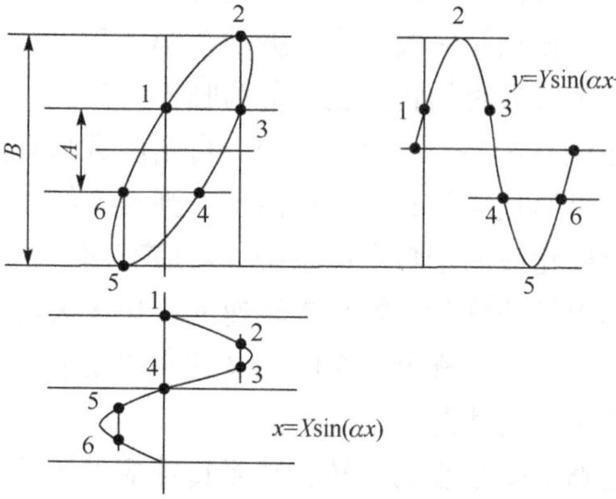

图 5-6　不平衡轴心轨迹

转子不平衡故障的主要振动特征如下：

(1) 振动时域波形近似为正弦波。

(2) 频谱图中，谐波能量集中于基频，并且会出现较小的高次谐波，使整个频谱呈现图 5-7 所示的“枞树形”。

(3) 当 $\omega < \omega_n$ 时，即在临界转速以下，振幅随着转速的增加而增大；当 $\omega > \omega_n$ 后，即在临界转速以上，转速增加时振幅趋于一个较小的稳定值；当 ω 接近于 ω_n 时，即转速接近临界转速时，发生共振，振幅具有最大峰值。振动幅值对转速的变化很敏感，如图 5-8 所示。

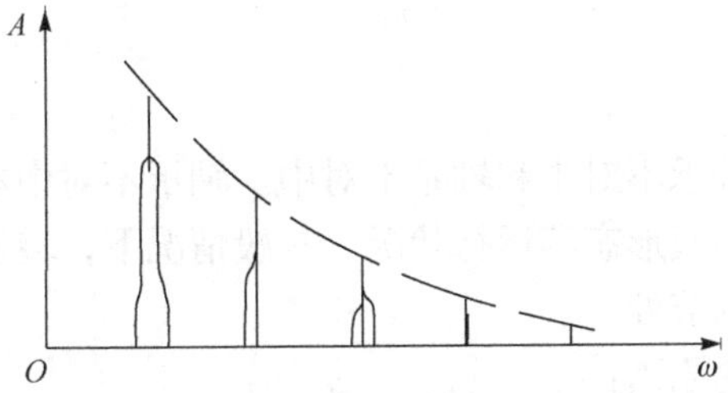

图 5-7　转子不平衡故障谱图

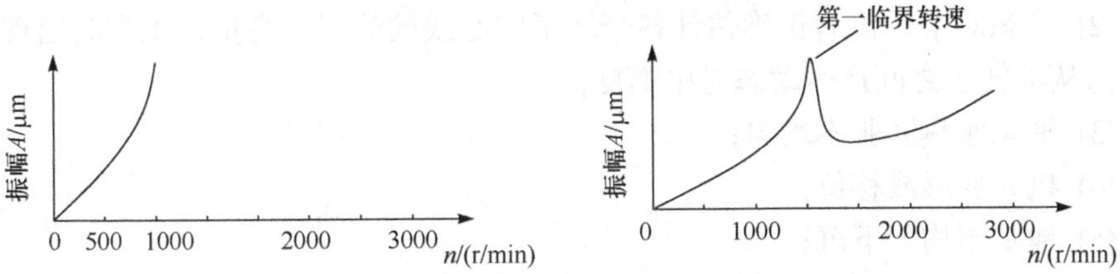

(a) 刚性转子　　(b) 柔性转子

图 5-8　转子不平衡振动

(4) 当工作转速一定时，相位稳定。
(5) 转子的轴心轨迹为椭圆。
(6) 从轴心轨迹观察其进动特征为同步正进动。

三、不平衡治理措施

1. 初始不平衡

(1) 按技术要求对转子进行动平衡；
(2) 按标记对位安装转子上的零部件；
(3) 消除转子上松动的部件。

2. 渐变不平衡

(1) 转子除垢，进行修复；
(2) 定期检修；
(3) 保证介质清洁，不带液，防止结垢和腐蚀。

3. 突发不平衡

(1) 停机检修，更换损坏的转子；
(2) 停机清理流道异物；
(3) 消除应力，防止转子损坏。

第三节　不对中(Ⅱ级)

一、不对中机理

转子不对中包括轴承不对中和轴系不对中。轴承不对中本身不引起振动，它影响轴承的载荷分布、油膜形态等运行状况。一般情况下，转子不对中都是指轴系不对中，故障原因在联轴节处。

引起轴系不对中的原因：

(1) 安装施工中对中超差；

(2) 冷态对中时没有正确估计各个转子中心线的热态升高量，工作时出现主动转子与从动转子之间产生动态对中不良；

(3) 轴承座热膨胀不均匀；

(4) 机壳变形或移位；

(5) 地基不均匀下沉；

(6) 转子弯曲，同时产生不平衡和不对中故障。

轴系不对中可分为三种情况：

(1) 轴线平行不对中，如图 5-9(a)所示；

(2) 轴线交叉不对中，如图 5-9(b)所示；

(3) 轴线综合不对中，如图 5-9(c)所示。

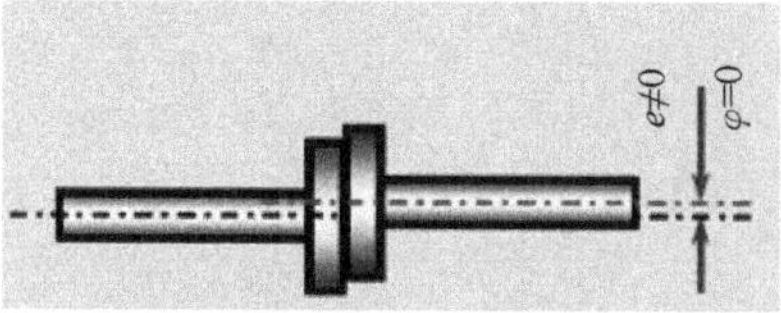

(a) 轴线平行不对中示意图

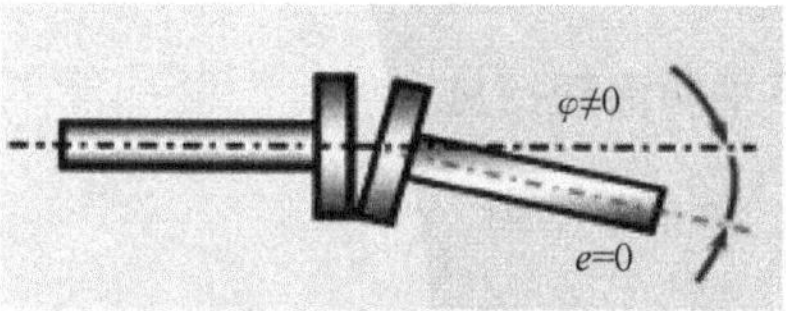

(b) 轴线交叉不对中示意图

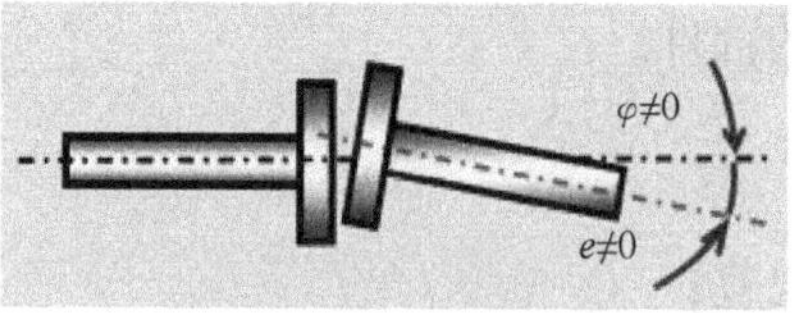

(c) 轴线综合不对中示意图

图 5-9

在实际情况中，主要存在着的是综合不对中。只是其中平行不对中和交叉不对中所占的比重不同。

二、轴系不对中故障特征

(1) 时域波形在基频正弦波上附加了 2 倍频的谐波，表现为每转出现 1 个、2

个，甚至 3 个峰值。

(2) 轴心轨迹图呈“香蕉”形或 8 字形。

(3) 频谱主要特征为径向出现 2 倍频等成分；不对中越严重，2 倍频所占比例越大，有角度不对中时，还伴随着以回转频率的轴向振动，振动幅值一般达到径向振动的 50%以上。

(4) 在全息图中 2、4 倍频椭圆较扁，并且两者的长轴近似垂直。

三、轴系不对中的故障识别

(1) 不对中的谱特征和轴横向裂纹的谱特征类似，均以 2 倍频为主，二者的区分主要是振动幅值的稳定性，不对中振动比较稳定。用全息谱技术则容易区分，不对中为单向约束力，2 倍频椭圆较扁。轴横向裂纹则是旋转矢量，2 倍频全息谱比较圆。

(2) 带滚动轴承和齿轮箱的机组，不对中故障可能引发出轴承转动频率或啮合频率的高频振动，这些高频成分的出现可能掩盖真正的振源。如高频振动在轴向上占优势，而联轴器相连的部位轴向工频也相应较大，则齿轮振动可能只是不对中故障所产生的过大轴向力的响应。

(3) 轴向工频有可能是角度不对中，也有可能是轴承不对中。一般情况，角度不对中，轴向工频振值比径向为大，而轴承不对中正好相反，因为后者是由不平衡引起，它只是对不平衡力的一种响应。

应用实例：用离线仪器对某钢厂高线增速箱进行检测。

1) 谱图分析

图 5-10 的高线增速箱(单数侧)垂直测点中发现时域波形呈近似正弦波形且峰尖出现多头现象，在频谱图中，20Hz 出现 2、3、4 倍频，与增速箱 I 轴(与电机输出轴相连接)的转频 19.2Hz 比较接近，其中 2 倍频幅值远高于增速箱 I 轴转频幅值。

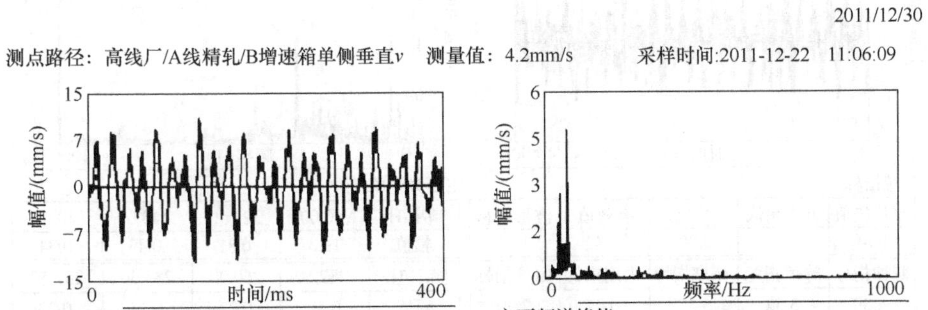

时域指标：

平均幅值	方根幅值	均值	有效值	波形指标
3.80	3.25	0.01	4.52	1.22
脉冲指标	峰值指标	裕度指标	歪度指标	峭度指标
3.08	2.53	3.60	−0.20	2.38

主要频谱峰值：

频率/Hz	60.00	40.00	65.00	52.50
幅值	5.05	2.89	1.25	1.20
频率/Hz	80.00	70.00	20.00	122.50
幅值	0.54	0.51	0.48	0.45

图 5-10 高线增速箱(单数侧)垂直测点(速度)

图 5-11 的高线增速箱(双数侧)垂直测点中发现时域动波形呈近似正弦波形且峰尖出现多头现象，在频谱图中，20Hz 出现 2、3、4、5、6 多倍频，与增速箱 I 轴的转频 19.2Hz 比较接近，其中 2 倍频幅值远高于增速箱 I 轴转频幅值且出现多倍频现象。

2011/12/30

测点路径：高线厂/A线精轧/B增速箱单侧垂直v 测量值：9.5mm/s 采样时间:2011-12-22 11:07:55

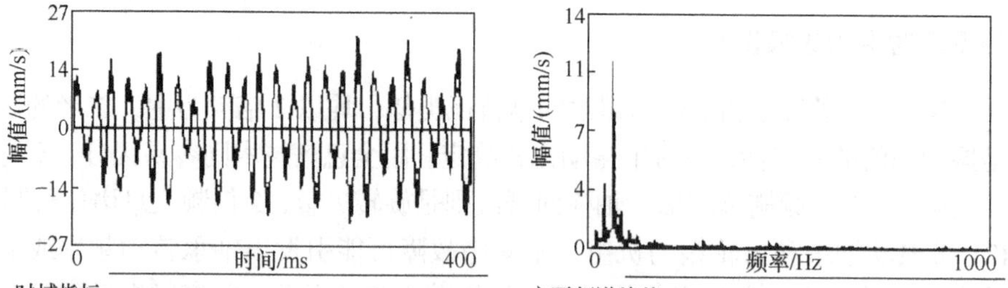

时域指标：

平均幅值	方根幅值	均值	有效值	波形指标
8.42	7.51	−0.01	9.83	1.17
脉冲指标	峰值指标	裕度指标	歪度指标	峭度指标
2.58	2.21	2.89	−0.15	2.03

主要频谱峰值：

频率/Hz	60.00	40.00	80.00	70.00
幅值	11.41	3.91	2.26	1.35
频率/Hz	45.00	20.00	100.00	120.00
幅值	1.22	1.06	1.06	0.82

图 5-11 高线增速箱(双数侧)垂直测点(速度)

图 5-12 的高线增速箱(双数侧)水平测点中出现 20Hz 的 2、3 倍频，与增速箱 I 轴的转频 19.2Hz 比较接近，波形指标和裕度指标稍高。

以上都说明了增速箱 I 轴可能存在故障隐患。

2011/12/30

测点路径：高线厂/A线精轧/B增速箱单侧垂直v 测量值：1.3mm/s 采样时间:2011-12-22 11:08:15

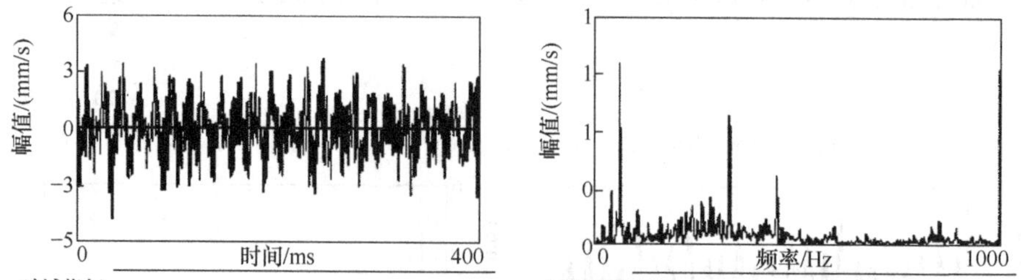

时域指标：

平均幅值	方根幅值	均值	有效值	波形指标
1.14	0.96	0.00	1.42	1.25
脉冲指标	峰值指标	裕度指标	歪度指标	峭度指标
4.39	3.52	5.21	−0.04	2.90

主要频谱峰值：

频率/Hz	60.00	327.50	445.00	40.00
幅值	1.13	0.81	0.43	0.34
频率/Hz	282.50	260.00	237.50	287.50
幅值	0.30	0.27	0.24	0.23

图 5-12 高线增速箱(双数侧)水平测点(速度)

2) 诊断结论

在增速箱的双数侧和单数侧的水平和垂直各测点检测到的数据中都出现了增速箱 I 轴转频(19.2Hz)的 2、3、4 等多倍频现象，其中 2 倍频幅值大都高于 I 轴转频幅值，并且时域图的振动波形呈近似正弦波形且峰尖上出现多头现象。以上结果说明增速箱Ⅰ轴存在不对中和松动故障。

事后厂方开箱检查发现，由于电机吊离检修后，回位安装时电机轴与增速箱Ⅰ轴之间的联轴器对中没有调整好，长期强行带病运转造成增速箱Ⅰ轴与其上轴承之间的异常磨损(直径减少 0.3mm)，Ⅰ轴与其上的轴承内圈之间出现间隙。

四、轴心轨迹的识别

轴心轨迹图是分析机械转子系统状态信息的一种常用工具。能有效地对回转机械的转轴失稳和油膜振荡等故障进行监测及诊断。

轴心轨迹的物理单位是 μm，所以对测量系统有一定的要求。图 5-13 所示为 2 个交错 90 度的涡流传感器在转轴的径向布置。

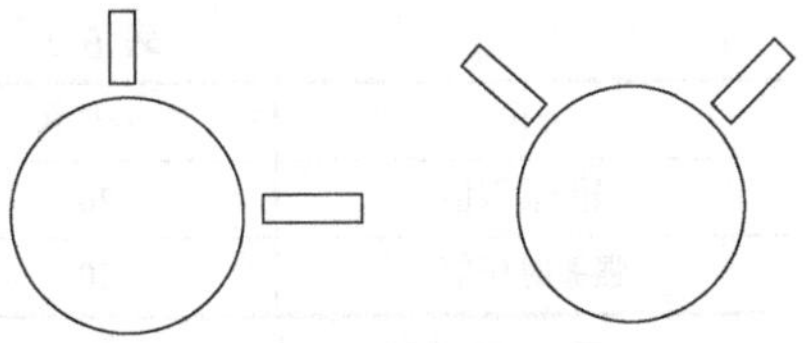

图 5-13　涡流传感器的布置

当转子稳定运转时，转子轴心轨迹为一个近似的椭圆，如图 5-14(a)所示，若轨迹变为双椭圆时，如图 5-14(b)所示，现场称为“双圈晃动”它反映转轴已进入初期失稳，这是转轴失稳的前兆，而此时从振动频谱上还不易观察到异常的变化。一旦轨心轨迹出现发散，就意味着机组转轴涡动加剧，随之产生强烈振动。

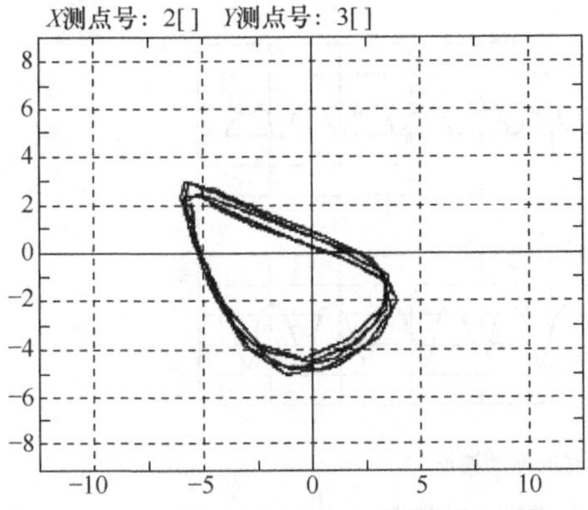

(a) 转子轴心轨迹为近似椭圆

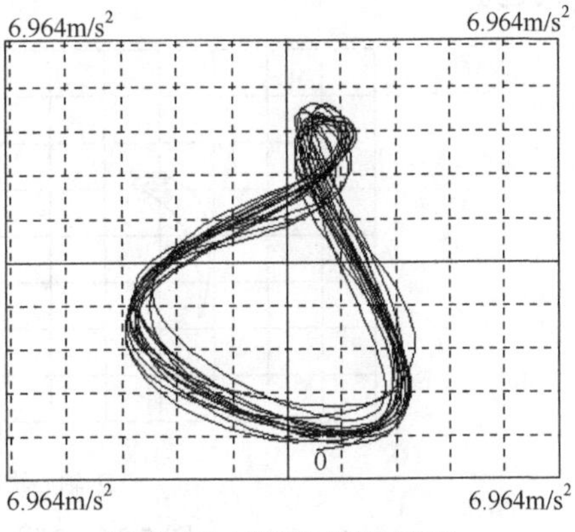

(b) 转子轴心轨迹为近似双椭圆

图 5-14　常见的轴心轨迹图

应用实例：主风机对中不当造成的故障

某冶炼厂一台新上的烟机-主风机组于 1997 年 5 月中旬投用。机组配置及测点如图 5-15 所示。1、2～6 测点都是测量轴振的涡流传感器，布置在轴承座附近。

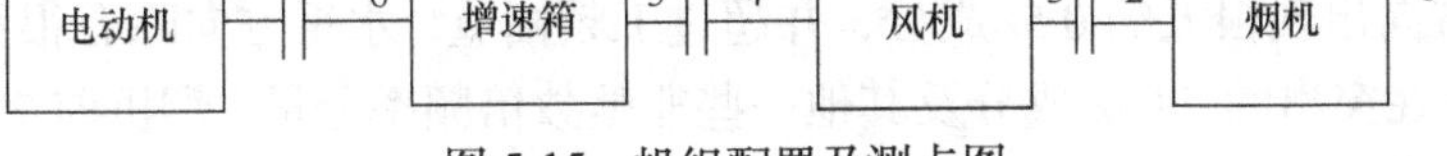

图 5-15　机组配置及测点图

机组首先在不带负荷情况下试运了3天，振动约50μm，5月20日2:05开始带负荷运行，各测点振值均有所上升，尤其是排烟机主动端2#测点的振动由原来的55μm上升至70μm以上，运行至16:54机组发生突发性强振，现场的本特利监测仪表指示振动满量程，同时机组由于润滑油压低而连锁停机。停机后，惰走的时间很短，大约2min，停车后盘不动车。

机组事故停机前振动特点如下：

(1) 20日16:54之前，各测点的通频振值基本稳定，其中烟机2#轴承的振动大于其余各测点的振动。20日16:54前后，机组振值突然增大，主要表现为联轴器两侧轴承，即2#、3#轴承振值显著增大，如表5-2所示。

表5-2 强振前后各轴承振动比较 (单位：μm)

部位	1#轴承	2#轴承	3#轴承	4#轴承
强振前振值	26	76	28	20
强振时振值	50	232	73	22

注意：2#轴承与3#轴承变化最大，约3倍，说明最接近故障点。

(2) 20日14:31之前，各测点的振动均以转子工频、2倍频为主，同时存在较小的3×、4×、5×、6×等高次谐波分量，2#测点的合成轴心轨迹很不稳定，有时呈“香蕉”形，有时呈8字形，图5-16是其中一个时刻的时域波形和合成轴心轨迹。

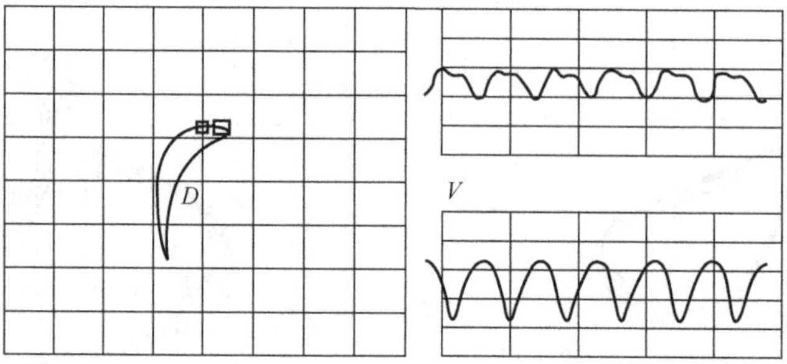

D–轴心轨迹; V–径向振动波形

图5-16 2#测点的合成轴心轨迹图

(3) 20日14:31时，机组振动状态发生显著变化。从时域波形上看，机组振动发生跳变，其中2#、3#轴承处的振动由大变小(如烟机后水平方向由65.8μm降至26.3μm，如图5-17所示)，而1#与4#轴承处的振动则由小变大(如烟机前垂直方向由14.6μm升至43.8μm，如图5-17所示)，说明此时各轴承的载荷分配发生了显著的变化，很有可能是由于联轴器的工作状况改变所致。同时，如图5-18所示，2#轴承垂直方向出现很大的0.5×成分，并超过工频幅值，水平方向除有很大的0.5×成分外，还存在突出的78Hz成分及其他一些非整数倍频率分量。烟机前78Hz成分也非常突出，这说明此时机组动静碰摩加剧。

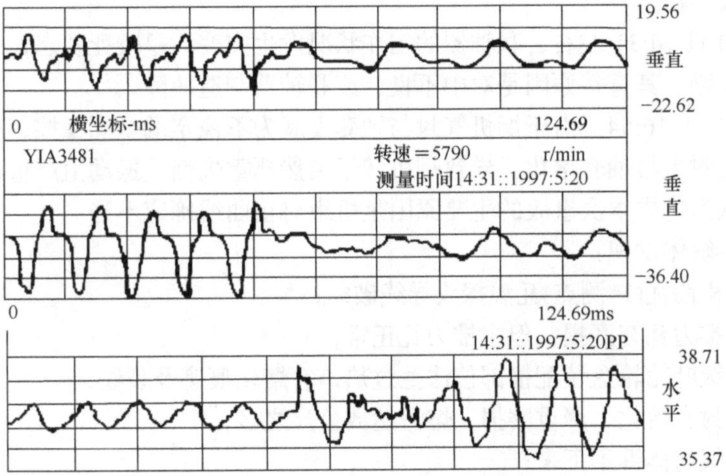

图 5-17　1#轴承振动波形突然跳变

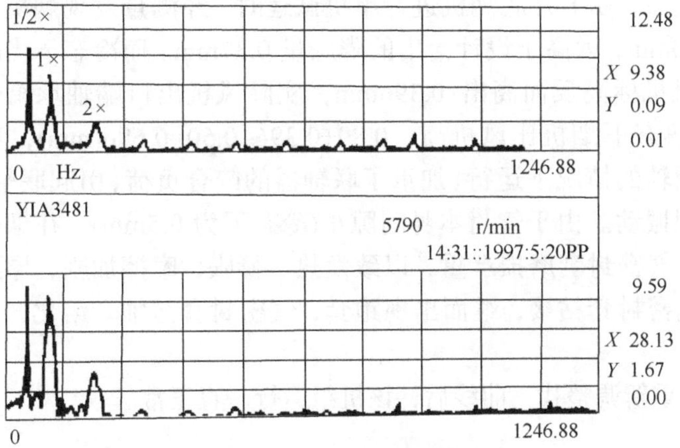

图 5-18　2#轴承振动频谱图

(4) 机组运行至 20 日 16:54 前后，机组振动幅值突然急剧上升，烟机后垂直方向和水平方向的振动幅值分别由 45μm、71μm 上升至 153μm 和 232μm，其中工频振动幅值上升最多。且占据绝对优势(垂直方向 V 和水平方向 H 的工频振动幅值分别为 120μm 和 215μm)，同时 0.5 倍频及高次谐波的振动幅值也有不同程度的上升。这说明，此时烟机转子已出现严重的转子不平衡现象。

(5) 开机以来，风机轴向振动一直较大，一般均在 80μm 以上，烟机的轴向振动也在 30～50μm 之间。20 日 16:54 达最大值 115μm，其频谱以 1 倍频为主，轴向振动如此之大，这也是很不正常的。不对中故障的特征之一，就是引发 1 倍频的轴向窜动。

综上所述，可得出如下结论：

(1) 机组投入使用以来，风机与烟机之间存在着明显的不对中现象，且联轴器的工作状况不稳定。

(2) 20 日 14:31 左右，联轴器的工作状况发生突变，呈咬死状态，烟机气封与轴套碰摩加剧。其直接原因是对中不良，或联轴器制造故障。

(3) 20 日 16:54，由于烟机气封与轴套发展为不稳定的全周摩擦，产生大量热量，引起气封齿与轴套熔化，导致烟机转子突然严重失衡，振动值严重超标。

分析认为造成本次事故的主要原因是机组对正曲线确定不当。

事故后解体发现：

(1) 烟机前瓦(1#测点)瓦温探头导线破裂；

(2) 副推力瓦有磨损，但主推力瓦正常；

(3) 二级叶轮轮盘装配槽部位法兰过热，有熔化痕迹及裂纹；

(4) 气封套熔化、严重磨损，熔渣达数公斤之多；

(5) 上气封体拆不下来；

(6) 烟机—主风机联轴节咬死，烟机侧有损伤。

机组修复后，在 8 月底烟机进行单机试运时，经测量发现烟机轴承箱中分面向上膨胀 0.80mm，远高于设计给出的膨胀量 0.37mm。而冷态下当时现场找正时烟机标高比风机标高反而高出 0.396mm，实际风机出口端轴承箱中分面仅上胀 0.50mm，故热态下烟机比风机高：0.80+0.396−0.50=0.696(mm)，从而导致了机组在严重不同轴的情况下运行，加重了联轴器的咬合负荷，引起联轴器相互咬死，烟机发生剧烈振动。由于气封本身间隙小(冷态下为 0.5mm)，在烟机剧烈振动的情况下，引起气密封套磨损严重，以致发热、膨胀，摩擦加剧，导致气封齿局部熔化，并与气密封套粘接，继而出现跑套，气密封套与轴套熔化，烟机转子严重失衡。

按实测值重新调整找正曲线后，该机组运行一直正常。

第四节　机械松动(Ⅱ级)

振动幅值由激振力和机械阻抗共同决定，松动使连接刚度下降，这是松动振动异常的基本原因。支承系统松动引起异常振动的机理可从两个侧面加以说明。

(1) 当轴承套与轴承座配合具有较大间隙或紧固力不足时，轴承套受转子离心力作用，沿圆周方向发生周期性变形，改变轴承的几何参数。进而影响油膜的稳定性。

(2) 当轴承座螺栓紧固不牢时，由于结合面上存在间隙，使系统发生不连续的位移。

上述两项因素的改变，都属于非线性刚度改变，变化程度与激振力相联系，因而使松动振动显示出非线性特征。松动的典型特征是产生 3× 以后的高倍频振动。

振动特征：

(1) 心轨迹混乱，重心飘移；

(2) 频谱图中，具有 3×、5×、7×等高阶奇次倍频分量，也有偶次分量；

(3) 松动方向的振幅大；

(4) 3×以后的高次谐波的振幅值大于转频振幅时，应怀疑有松动故障。

应用实例 1：某发电厂一台大型锅炉引风机

如图 5-19 所示，该机组由一台转速 840r/min 的电动机直联驱动运转时振动很大，测量结果显示电动机工作平稳。总振幅不超过 2.5mm/s，但在引风机上振幅很高，前后轴承在水平和垂直方向上的振幅很大 AFV=150μm，AFH=250μm，ARV=87μm，ARH=105μm。风机的轴向振幅小于 50μm。频率分析指出，振动频率主要是转速频率成分。这些数据表明，风机振动并不是联轴节不对中或轴发生弯曲所引起的，应诊断为转子的不平衡故障。但对风机振动最大的外侧轴承在水平和垂直方向上的相位进行分析发现，两个方向上的相位精确同相，在水平、垂直 2 个方向上的振幅同步增高下降，说明是“定向振动”问题，而不是单纯的不平衡原因。然后对外侧轴承、轴承座和基础各部分位置进行振动测量，检查出轴承架一边的安装螺钉松动，使整个轴承架以另一边为支点进行摆振。用同样方法检查内侧轴承架的安装螺钉，也发现有轻微松动。当全部安装螺钉被紧固以后，风机的振值就大大下降，达到可接受的水平。

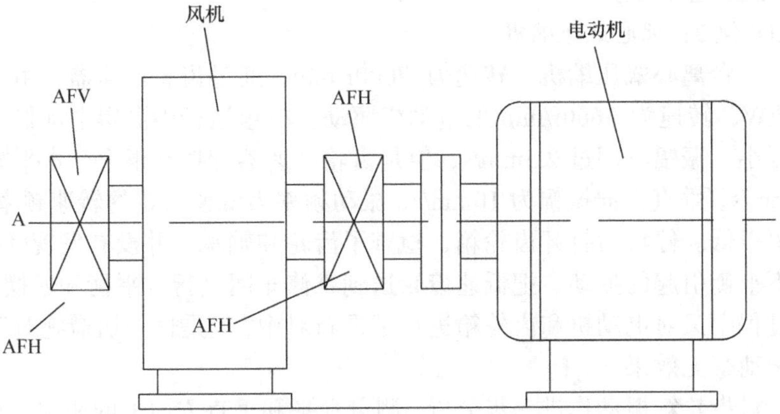

图 5-19　锅炉引风机示意图

应用实例 2：氯气鼓风机转子叶轮松动

一台 4 级离心式氯气鼓风机，其转速为 2796r/min，由一台 3000r/min 的电动机用皮带拖动。这台鼓风机运转时振动很大，达到 50mm/s，振动的特点是机器开车后几分钟内振幅增大，但是当整台风机预热几小时以后，振幅又小下来。预热方法是将机壳隔热，并将热空气鼓进风机人口。图 5-20 为风机开车后 30min 振幅和相位随时间变化的测试结果。

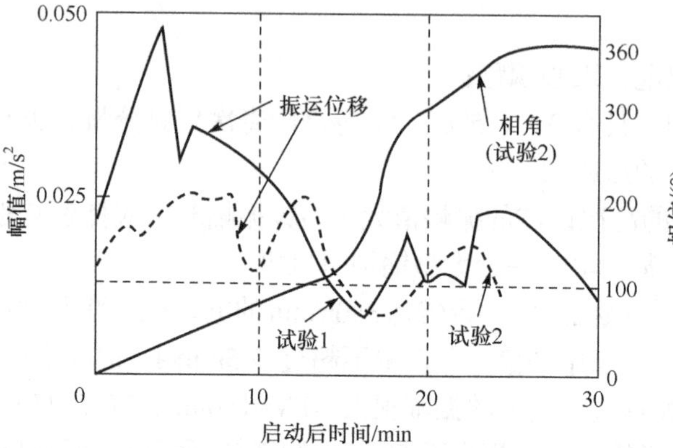

图 5-20　振动与相位的变化

从图中看出，振动最大峰值出现在开车约 4min 时，随后幅值下降，但在运转20～30min 后又开始增大。振动分析表明，风机的旋转频率是引起振动的主要因素。另外从相位上观察，在试验的 30min 时间内，转子上的不平衡矢量转动 360°，从这些故障现象中可以判断叶轮发生了松动。叶轮在轴上虽然用键固定，但是间隙较大，叶轮轮壳内孔只要稍微出现一点间隙，就会产生旋转偏心，破坏了预先的平衡状态。由于旋转偏心方向在连续地变化，因此不平衡矢量的相位也跟着变化。当偏心方向与原先的不平衡方向一致时，振动就增大；反相时振动就减少，这样就清楚地解释了上面所说的这些现象。

应用实例 3：离心式压缩机

某厂一台离心式压缩机，转速为 7000r/min，通过齿轮增速器，由一台功率为 1470kW，转速为 3600r/min 的电动机驱动。机组运行中测得电动机和压缩机的振动很小，振幅不超过 2.5mm/s，但是齿轮增速器却振动很大，水平方向振幅为 12.5mm/s，垂直方向振幅为 10mm/s，振动频率为低速齿轮的转速频率(60Hz)，轴向振幅很低。停机后打开齿轮箱，检查了齿轮和轴承，并没有发现任何问题，怀疑是不平衡引起的振动。把低速齿轮送到维修车间进行了平衡和偏摆量检查，在安装过程中又对电动机和齿轮箱进行了重新对中，但是这一切措施对于改善齿轮箱的振动毫无效果。

为了对齿轮箱振动作进一步分析，测量水平和垂直方向上的相位，发现两个方向上的相位是精确地同相，显示是一种“定向振动”，然后又对齿轮箱壳体安装底脚和底板进行测振和检查，底脚螺钉是紧固的，但从底板的振动形态中发现一边挠曲得很厉害。移去底板，就看到底板挠曲部分下面的水泥浆已经破碎，削弱了该处的支承刚度。解决底板局部松动的处理办法是把混凝土基础进行刮削，在底板下重新浇灌了混凝土，当机组放回到原处安装后，齿轮箱的振幅就下降到2.5mm/s 以下。

第五节　轴承故障(Ⅱ级)

轴承是机械零件中最容易发生故障的载重元件，主要元件多是点接触或线接触，载荷通过轴承传递到机架，在点接触或线接触部位，发生局部高压弹性变形，轴还以一定的速度转动，材料极易发生疲劳破坏，所以轴承发生点蚀破坏故障的概率很高。

磨损是滚动轴承最常见的一种失效形式。在滚动轴承运转中，滚动体和套圈之间均存在滑动，这些滑动会引起零件接触面的磨损。尤其在轴承中侵入金属粉末、氧化物以及其他硬质颗粒时，则形成严重的磨料磨损，使磨损速度更为加剧。另外，由于振动和磨料的共同作用，对于处在非旋转状态的滚动轴承，会在套圈上形成与钢球节距相同的凹坑，即为摩擦腐蚀现象。如果轴承与座孔或轴颈配合太松，在运行中引起的相对运动，又会造成轴承座孔或轴径的磨损。当磨损量较大时，轴承便产生游隙噪声，振动增大。

在滚动轴承中，滚动体或套圈滚动表面由于接触负荷的反复作用，表层因反复的弹性变形而致冷作硬化，下层的材料应力与表层出现断层状分布，导致从表面下形成细小裂纹，随着以后的持续负荷运转，裂纹逐步发展到表面，致使材料表面的裂纹相互贯通，直至金属表层产生片状或点坑状剥落。轴承的这种失效形式称为疲劳失效。其主要原因是疲劳应力造成的，有时是由于润滑不良或强迫安装所引起的。随着滚动轴承的继续运转，损坏逐步增大。因为脱落的碎片被滚压在其余部分滚道上，并给那里造成局部超负荷而进一步使滚道损坏。轴承运转时，一旦发生疲劳剥落，其振动和噪声将急剧恶化。

轴承零件表面的腐蚀分三种类型：一是化学腐蚀，当水、酸等进入轴承或者使用含酸的润滑剂，都会产生这种腐蚀；二是电腐蚀，由于轴承表面间有较大电流通过使表面产生点蚀；三是微振腐蚀，为轴承套圈在机座座孔中或轴颈上的微小相对运动所至。结果使套圈表面产生红色或黑色的锈斑。轴承的腐蚀斑则是以后损坏的起点。

压痕主要是由于滚动轴承受负荷后，在滚动体和滚道接触处产生塑性变形。负荷过量时会在滚道表面形成塑性变形凹坑。另外，若装配不当，也会由于过载或撞击造成表面局部凹陷。或者由于装配敲击，而在滚道上造成压痕。

造成轴承零件的破断和裂纹的重要原因是由于运行时载荷过大、转速过高、润滑不良或装配不善而产生过大的热应力，也有的是由于热处理不当或结构而导致的。

滑动接触的两个表面，当一个表面上的金属黏附到另一个表面上的现象称为胶合。对于滚动轴承，当滚动体在保持架内被卡住或者润滑不足、速度过高造成摩擦热过大，使保持架的材料黏附到滚子上而形成胶合。其胶合状为螺旋形污斑状。还有的是由于安装的初间隙过小，热膨胀引起滚动体与内外圈挤压，致使在轴承的滚道中产生胶合和剥落。

大多数极低速滚动轴承及摆动运动的滚动轴承的载荷都是重载，例如，炼钢转炉的耳轴轴承、连铸机头的钢包回转塔轴承。在负荷过重、热变形影响、突然的冲击载荷等因素的作用下，其损坏的主要形式是磨损、滚动体破裂或塑性变形。

引起滚动轴承振动的因素很多。有与部件有关的振动，也有与制造质量有关的振动，还有与轴承装配以及工作状态有关的振动。所不同的是，在滚动轴承运动状态下，出现随机性的机械故障时，运转所产生的随机振动的振幅相应增加。这是因为表面劣化的部位也是随机的。如图 5-21 所示，通过对轴承振动的剖析，找出激励特点，并通过不同的检测分析方法的研究，从振动信号中，获取振源的可靠信息，用以进行滚动轴承的故障诊断。

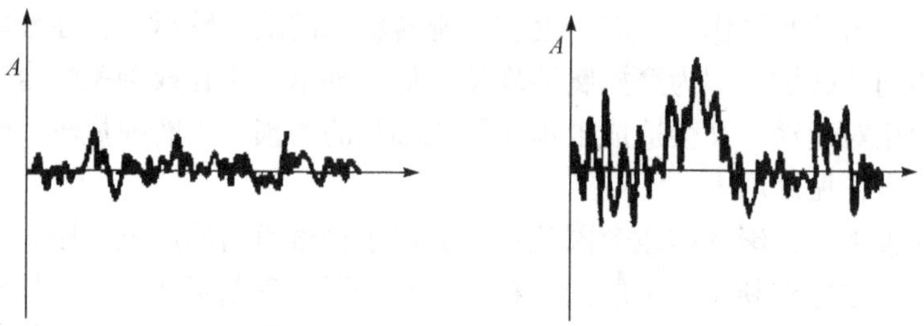

(a) 新轴承的振动波形　　(b) 表面劣化后的轴承振动波形

图 5-21　滚动轴承振动的时域信号

当滚动轴承在恒定载荷下运转时(图 5-22)，由于其轴承和结构所决定，使轴承内的载荷分布状况呈现周期性变化。如滚动体与外圈接触点的变化，使系统的刚度参数形成周期的变化，而且是一种对称周期变化，从而使其恢复力呈非线性的特征。由此便产生了与刚度变化周期相应的多阶谐波振动。

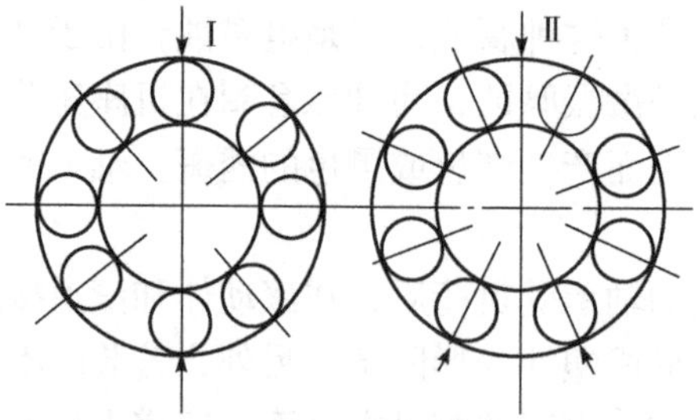

图 5-22　滚动轴承刚度的变化

此外，当滚动体处于载荷下非对称位置时，转轴的中心不仅有垂直方向的，而且还有水平方向的移动。这类参数的变化与运动都将引起轴承的振动，也就是随着轴的转动，滚动体通过径向载荷处产生激振力。

这样在滚动轴承运转时，由于刚度参数形成的周期变化和滚动体产生的激振力及系统存在非线性，便产生多次谐波振动并含有分谐波成分，不管滚动轴承正常与否，这种振动都要发生。

当轴承运转时，滚动体便在内外圈之间滚动。轴承的滚动表面虽加工得非常平滑，但从微观来看，仍高低不平，特别是材料表面产生疲劳斑剥时，高低不平的情况更为严重。滚动体在这些凹凸面上转动，则产生交变的激振力。所产生的振动，既是随机的，又含有滚动体的传输振动，其主要频率成分为滚动轴承的特征频率。

滚动轴承的特征频率(即接触激发的基频)，完全可以根据轴承元件之间滚动接触的速度关系建立方程求得，用它计算的特征频率值往往十分接近测量数值，所以在诊断前先算出这些值，作为诊断的依据。

图 5-23 所示为角接触球轴承模型，内圈固定在轴上与轴一起旋转，外圈固定不动。接触点 A、B 和滚动珠中心 O_1 到轴中心 O 的距离从的简单几何关系得到，分别为 $\frac{1}{2}(D-d\cos\beta)$、$\frac{1}{2}(D+d\cos\beta)$、$\frac{1}{2}D$。由此很容易求得几个特征频率。

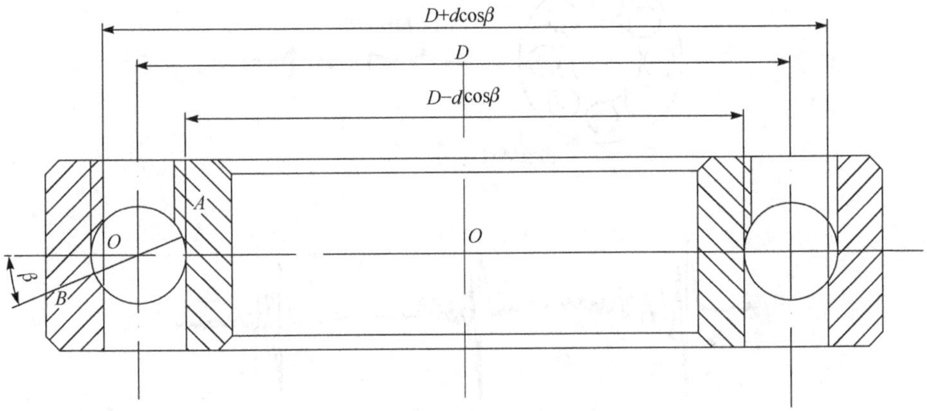

图 5-23　向心推力球轴承结构简图

(1) 内圈旋转频率 f_1:

$$f_1 = N/60 \quad N\text{为内圈转速，r/min}$$

(2) 保持架旋转频率 f_2:

$$f_2 = \frac{1}{2}\left(1-\frac{d}{D}\cos\beta\right)f_1 \quad d\text{为滚动体直径}$$

(3) 滚动体自转频率 f_3:

$$f_3 = \frac{1}{2}\frac{D}{d\cos\beta}\left[1-\left(\frac{d\cos\beta}{D}\right)^2\right]f_1$$

(4) 保持架通过内圈频率 f_4:

$$f_4 = f_1 - f_2 = \frac{1}{2}\left(1+\frac{d}{D}\cos\beta\right)f_1$$

(5) 滚动体通过内圈频率 f_5:

$$f_5 = zf_4 = \frac{z}{2}\left(1+\frac{d}{D}\cos\beta\right)f_1 \quad z\text{ 为滚动体个数}$$

(6) 滚动体通过外圈频率 f_6：

$$f_6 = zf_2 = \frac{z}{2}\left(1-\frac{d}{D}\cos\beta\right)f_1$$

在故障诊断的实践中，内圈旋转频率 f_1、滚动体通过内圈频率 f_5、滚动体通过外圈频率 f_6 对表面缺陷有较高的敏感度，是重要的参照指标。

滚动轴承内出现剥落等故障，滚动体以较高的速度从故障上通过时，必然激发两种性质的振动。见图 5-24，第一类振动是上节所讲的以结构和运动关系为特征的振动，表现为冲击振动的周期性；第二类振动是被激发的以轴承元件固有频率的衰减振荡，表现为每一个脉冲的衰减振荡波。

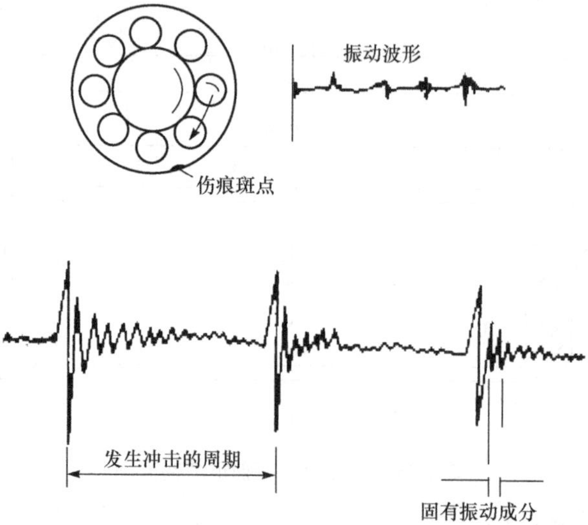

图 5-24　滚动轴承内故障所激发的振动波形

轴承元件的固有频率取决于本身的材料、结构形式和质量，根据某些资料介绍，轴承元件的固有频率在 20～60kHz 的频率段。因此有些轴承诊断技术就有针对性地利用这一特点进行信号分析处理，取得很好的效果，如专用的轴承故障诊断仪。

轴承故障所激发的周期性脉冲的频率与轴承结构和运动关系相联系，处于振动信号的低频段内，在这个频段内还有轴的振动、齿轮的啮合振动等各种零件的振动。由于这些振动具有更强的能量，轴承早期故障所激发的微弱周期性脉冲信号往往淹没在这些强振信号中。给在线故障监测系统带来困难。经验表明滚动轴承故障在低频段还是有端倪可寻的。

滚动轴承在机器设备中的作用是支撑传动轴的旋转，滚动轴承故障所激发的振动必然对轴及轴上的机械零件产生影响。对于转轴上的零件为齿轮等非转子类零件的轴而言，其动不平衡量是不随时间变化的。滚动轴承影响到轴的空间定位，轴承故障使轴的空间定位出现波动，当轴的工作状态处于非重载时，轴的转频振动幅值升高，有时还表现为转频的 2×、3×、5×频率的振幅升高。这种情况往往预示着滚动轴承出现早期故障。当轴的转频振动幅值再次降低时，滚动轴承故障已进入晚期，到了必须更换的程度。

由于轴的空间位置波动，也必然影响齿轮等零件的振动。滚动轴承故障在某种条件下(如轻载、空载)也会在齿轮啮合频率的振幅升高中反映出来。其特征为齿轮啮合频率的边频微弱，几乎看不见。

有一种方法是将测得的振动信号经低通抗混叠滤波器后，进行快速傅里叶变换，得到频谱图。根据滚动轴承的运动关系式计算得到各项特征频率，在频谱图中找出，观察其变化，从而判别故障的存在与部位。需要说明的是，各种特征频率都是从理论上推导出来的，而实际上，由于轴承的各几何尺寸会有误差，加上轴承安装后的变形，快速傅里叶变换计算误差等因素，使得实际的频率与计算所得的频率会有某些出入，所以在频谱图上寻找各特征频率时，需在计算的频率值上找其近似的值来做诊断。

如图 5-25(a)所示为一个外环有划伤的轴承频谱图，明显看出其频谱中有较大的周期成分，其基频为 184.2Hz，而图 5-25(b)则是与其同型号的完好轴承的频谱图。通过比较可以看出，当出现故障后谱图上有较高阶谐波。在此例中出现了 184.2Hz 的 5 阶谐波。且在 736.9Hz 上出现了谐波共振现象。

需要指出的是，图 5-25 是一个在实验室作出的图形。实际工业现场的信号是极复杂的，包含了诸多轴、齿轮等强振信号，而滚动轴承的故障信号因为强度太小，而被淹没。只有机构相对简单的机械(如低转速的水泵)才能出现与图 5-25 相似的频谱图。

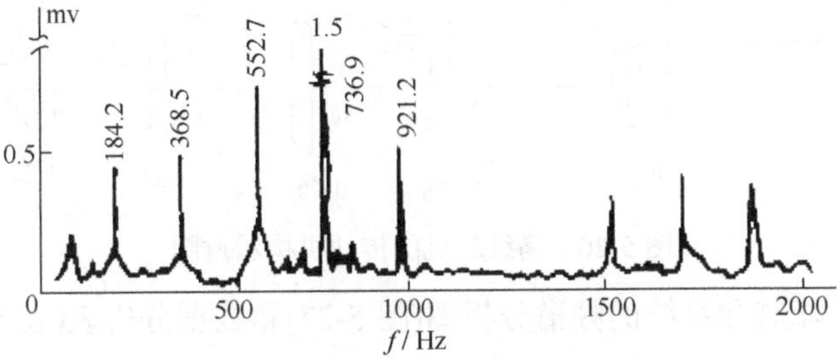

(a) 外圈有伤痕故障的滚珠轴承

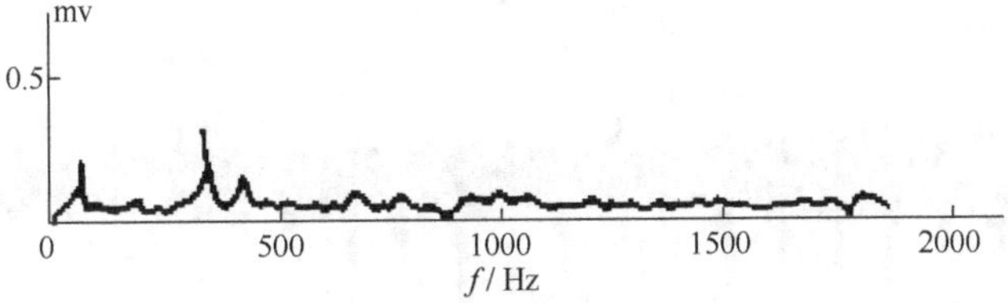

(b) 正常的滚珠轴承

图 5-25　故障轴承与完好轴承的频谱图对比

这也不说明常规的 FFT 信号分析技术对滚动轴承的故障诊断束手无策。我们都知道，滚动轴承以其尺寸精度固定了转轴的轴心空间位置，一旦轴承内的故障引发振动，必然影响转轴的轴心位置，导致对应于轴转速的轴频振幅加大，若能排除轴上其他零件的原因(如齿轮的转子不平衡力是不随时间变化的)，即可诊断出轴承故障。

轴上的齿轮等零件的振动也会受到轴承振动的影响，导致轴、齿轮等零件自身的振动出现幅值增大，谐频成分增多的现象。多数情况下，滚动体破裂、内外圈损伤影响高速啮合的齿轮，使得该齿轮的啮合频率的振动幅值增加，但啮合边频带的形状和分布并不受影响。这是因为啮合边频带与齿面形状相关，轴承损坏没改变齿面形状，而是改变了传动平稳性。滚动体保持架的破坏则使轴的转动频率的振幅增大，并伴随出现轴频的高阶谐振频率。

应用实例：高速线材轧机振动异常

2005 年 1 月 31 日，某公司高速线材轧机的 26 架出现振动异常。图 5-26 所示为高线轧机的传动机构示意图。

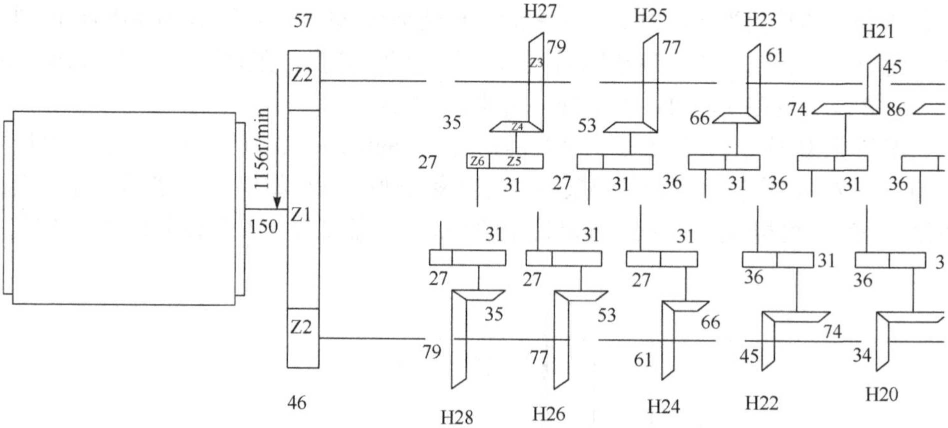

图 5-26　高线轧机的传动机构示意图

查看在线故障监测系统的频谱分析图(图 5-27)和数据分析表(表 5-3)，寻找故障特征频率。

1) 频谱分析图

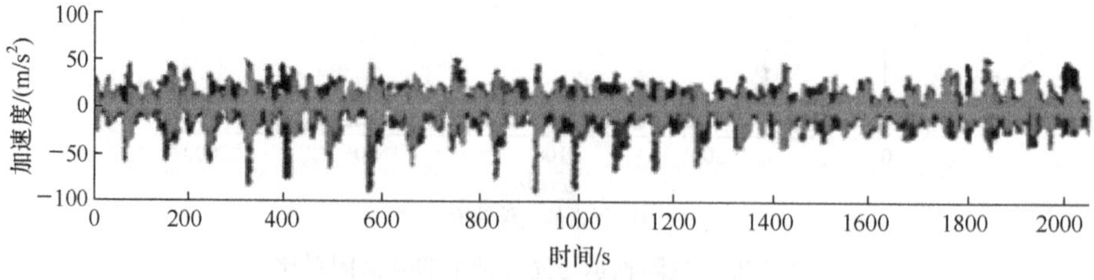

(a) 时域图

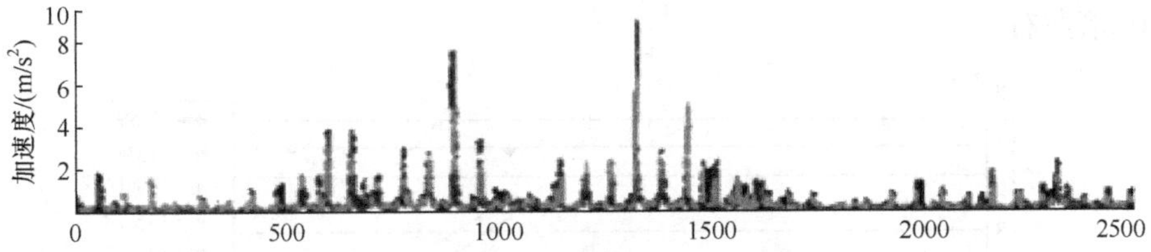

(b) 频域图

图 5-27　26 架轧机振动频谱图

2) 数据分析

表 5-3　数据分析表(测量转速 1100r/min；推导转速 1078.2r/min)

故障特征频率/Hz		误差		振幅/(m/s²)	特征描述
测量值	计算值	绝对	相对/%		
58.594	58.594	0	0	3.245	锥箱 I 轴转频
117.188	117.188	0	0	1.508	锥箱 I 轴转频二倍频
180.664	175.782	4.882	2.8	2.458	锥箱 I 轴转频的三倍频
239.258	234.376	4.882	2.1	0.908	锥箱 I 轴转频的四倍频

3) 趋势分析

从图 5-28 振动有效值趋势图上可以看到振动是在 1 月 29 日开始上升的，说明故障发展很快。

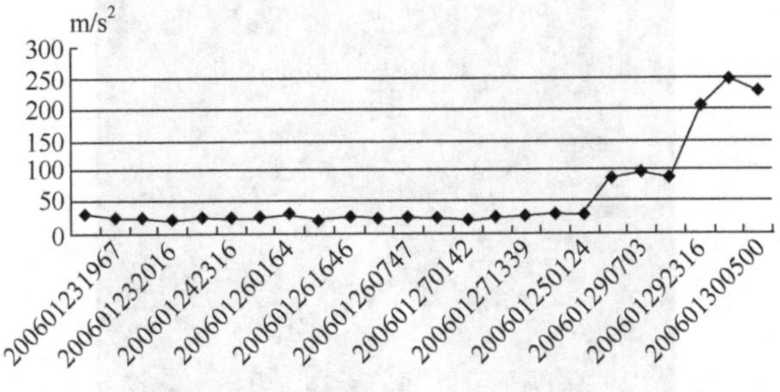

图 5-28　26 架振动有效值趋势图

4) 特征频率趋势分析

从图 5-29 中可以看到，Ⅰ轴转频(58.59Hz)及 2 倍频(117.19Hz)的振幅也在 1 月 29 日开始上升。

5) 诊断结论与处理建议

时域信号有如下特征：

(1) 26#精轧机在 1 月 29 日柱状图峰值开始报警，30 日报警值达 255m/s^2；

(2) 29 日时域信号发生严重畸变，30 日时域信号完全紊乱；

(3) 时域趋势图从 27 日的 22.6m/s^2 急剧上升到 30 日的 245m/s^2(图 5-28)，突变

了 10 倍左右。

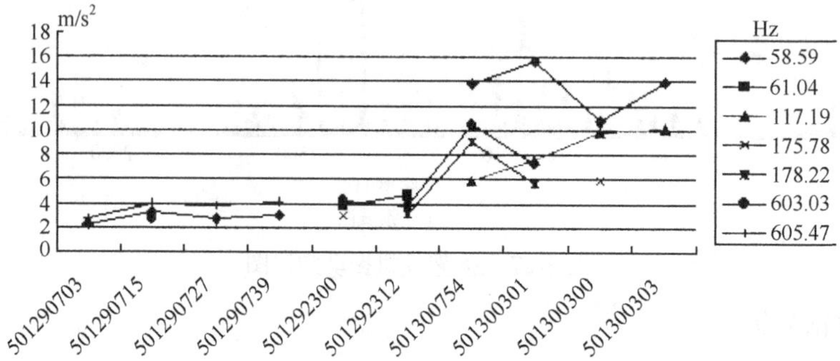

图 5-29　26 架特征频率趋势图

频域信号有如下特征：

(1) 出现 26#精轧机锥箱 I 轴的转频(同时也是该轴轴承内圈旋转频率)及大量高阶倍频成分，这是典型的轴承故障特征；

(2) 58.59Hz 的振幅已经超过 $10m/s^2$；

(3) 该齿轮箱可能有以下两种故障隐患；

(4) Ⅰ轴轴承损坏(可能性较大)；

(5) 26 架底座刚度弱(有松动、裂纹等)，被外力所激起的振动。

厂方接到报告后，立即组织检修。开箱后发现 I 轴 MRC-7126KRD4S 轴承损坏(图 5-30)。

图 5-30　破裂的 I 轴轴承相片

第六节　电动机故障(Ⅱ级)

电动机故障诊断技术与电动机的工作原理、运行方式、具体结构密切相关。按能量转换的原理分为三个环节(或称系统)：电气环节、磁耦合环节、机械环节。因为这三个环节的能量形式不同，所应用的故障诊断技术也有所差异。电气环节的故障主要通过测量电压、电流进行诊断，如绝缘材料的老化，通过测量漏地电流来判定，等等。

本节主要讲述磁耦合环节的故障诊断技术，其他相关技术请参考资料。

电动机的主要部件：

(1) 定子：是输入电功率，产生磁场的静止部件。对于交流电动机，通常定子磁场是旋转的；对于直流电动机，定子磁场是静止的。

(2) 转子：是产生一个与定子磁场相对运动的磁场，并输出机械功率的重要部件。所承受的电磁力转化为输出的扭矩，因此往往要承受较大的机械应力。

(3) 集电环和换向器：是构成旋转部分导电，建立相对运动磁场的滑动接触机构的部件。

(4) 轴承装置：是支撑转子旋转，保持定子、转子相对位置的机械部件。其他还有支撑整个结构的底座、防止电动机过热的风扇、防止人身事故的保护罩以及接线盒等其他附件。

电动机运行时，转子在定子内腔旋转，由于定、转子磁场的相互作用，定子机座将受到一个旋转力波的作用，而发生周期性的变形并产生振动。以一台 2 极($2P=2$)异步电动机为例，图 5-31(a)是电动机的定子、转子、气隙和磁通路径，图 5-31(b)是磁拉力使机座产生变形情况。由于定子三相绕组产生的是一个旋转磁场，它在定、转子气隙中以同步速度 n_0 旋转。若电网频率为 f_0，则同步速度 $n_0=60f_0/P$。n_s 为负载最大时电机的转速。因此，作用在机座上的磁拉力不是静止的，而是一个旋转力，随转子旋转而转动，机座上受力部位随着磁场的旋转而在不断改变位置。

从图 5-31(c)～(e)中可以看出，当旋转磁场回转一周，磁拉力和电磁振动却变化两次。

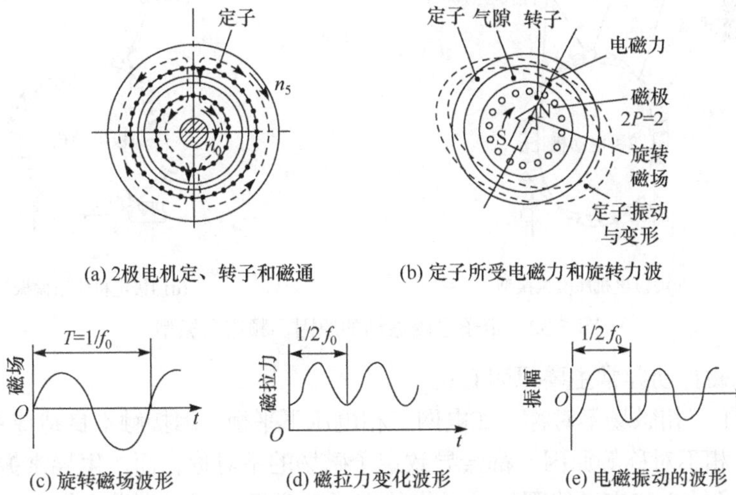

(a) 2极电机定、转子和磁通　　(b) 定子所受电磁力和旋转力波

(c) 旋转磁场波形　　(d) 磁拉力变化波形　　(e) 电磁振动的波形

图 5-31　电磁振动发生机理

电动机磁场以同步转速 n_0 在旋转，则其磁场交变频率与电网频率相同，为 f_0。而其电磁力的频率和机座振动频率由图 5-32(b)中可以看出，由于旋转磁场的磁极产

生的电磁拉力是每转动一圈，电磁力交变 P 次。因电磁振动在空间位置上和旋转磁场是同步的，定子电磁振动频率应为旋转磁场频率(f_0/P)和电磁力极数($2P$)的乘积 $2f_0$，也就是 2 倍的电源频率。由此可知，电动机在正常工作时，机座上受到一个频率为电网频率 2 倍的旋转力波的作用，而可能产生振动，振动大小则和旋转力波大小和机座刚度直接有关。2 极电动机因定子电磁力而产生的振型如图 5-32(c)所示，即电磁力作用定子内腔出现椭圆形变形；而 4 极电动机因定子电磁力而产生的振型如图 5-32(d)所示。图 5-32(a)表示定子异常振动的 3 种原因，图 5-32(b)是定子振动的频率—幅值图(频谱图)。

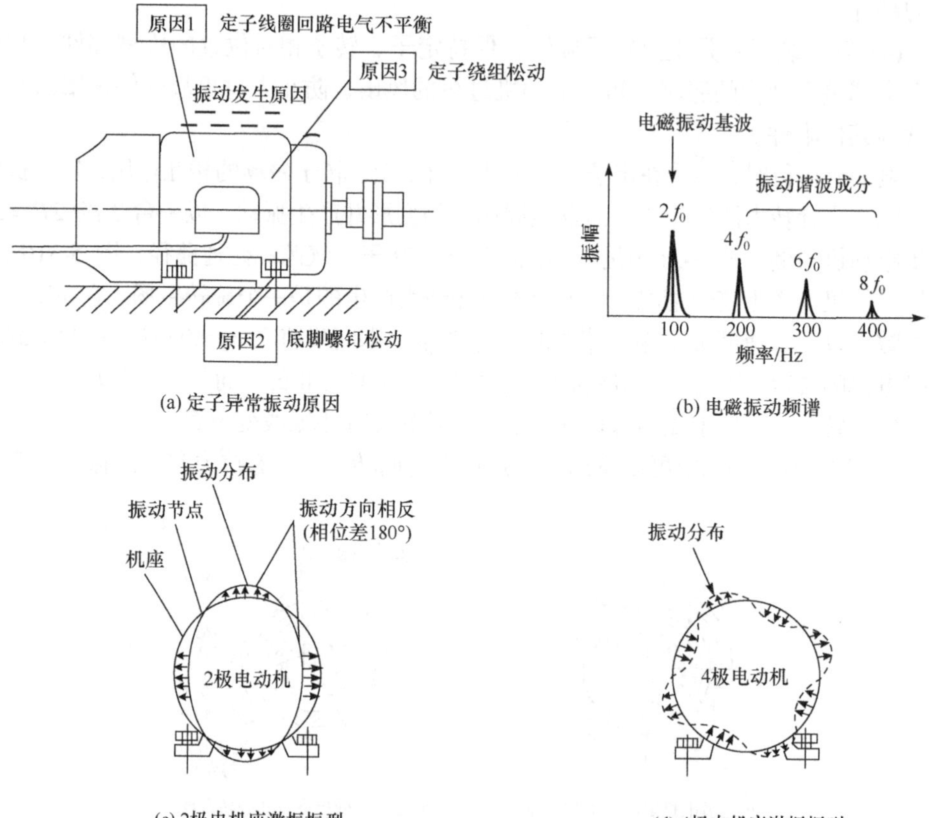

(a) 定子异常振动原因　　(b) 电磁振动频谱

(c) 2极电机座激振振型　　(d) 4极电机座激振振型

图 5-32　定子电磁振动的原因、频谱和振型

定子电磁振动异常主要原因有：

(1) 定子三相磁场不对称。如电网三相电压不平衡，因接触不良造成单相运行，定子绕组三相不对称等原因，都会导致定子磁场的不对称，而产生异常振动。

(2) 定子铁心和定子线圈松动，将使定子电磁振动和电磁噪声加大，这时在振动频谱图中，电磁振动除了 2× 的基本成分之外，还可以出现 4×、6×、8× 的谐波成分。

(3) 电动机座底脚螺钉松动，其结果相当于机座刚度降低，使电动机在接近 2× 的频率的范围发生共振，因而使定子振动增大，结果产生异常振动。

定子电磁振动的特征：

(1) 振动频率为电源频率的 2 倍；

(2) 切断电源，电磁振动立即消失；

(3) 振动可以在定子机座和轴承上测得；

(4) 振动幅值与机座刚度和电动机的负载有关。

笼型异步电动机因笼条断裂、绕线型异步电动机由于转子绕组异常引起的电磁场不平衡，都将产生不平衡电磁力，这不平衡电磁力 F 在转子旋转时是随转子一起转动的，不平衡电磁力 F 的性质和转子动态偏心的情况相同，其发生的机理如图 5-33 所示。在转子绕组故障 A 处电流无法流过，就产生不平衡电磁力。旋转磁场在 A 点追越转子时，磁场强度发生变化，因此，导致负荷电流发生 $F_1/(2sf_0)$的节拍脉动，当电动机负载增加时，由于二次电流增加，因而电磁振动也将增加，而其脉动节拍也将加快，并在定子一次电流中，也将逆感应出 $2sf_0$ 为节拍的脉动波形。图 5-34、图 5-35 分别为正常电流频谱图和一根断条时电流频谱图。

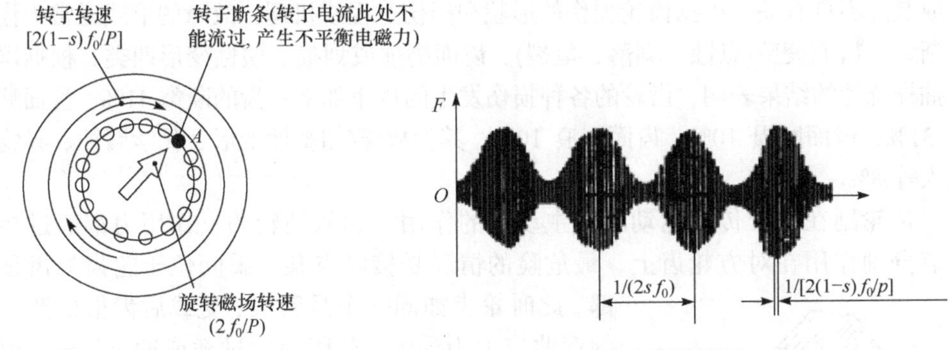

(a) 发生振动的机理 (b) 电磁振动波形

图 5-33 转子绕组不平衡引起的电磁振动

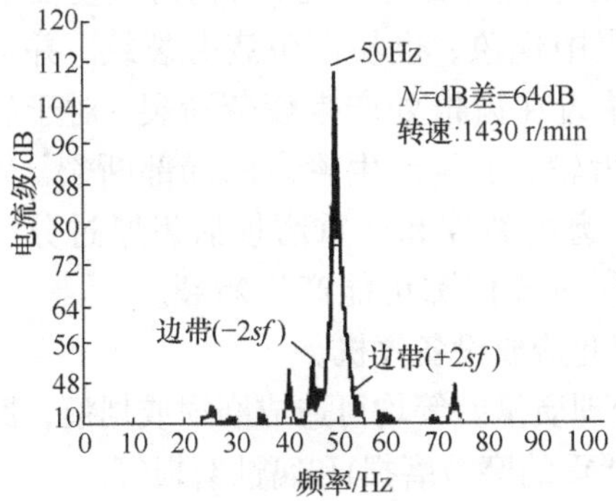

图 5-34 正常电流频谱图

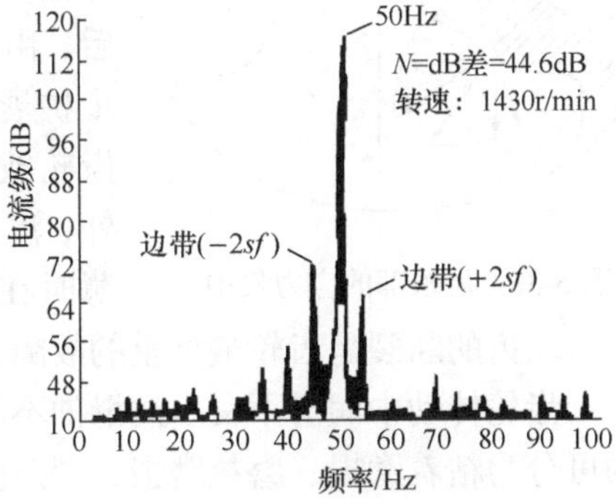

图 5-35 一根断条时电流频谱图(满载)

转子绕组异常引起的电磁振动的特征：

(1) 转子绕组异常引起电磁振动与转子动态偏心所产生的电磁振动的电磁力和振动波形相似，现象相似，较难判别。虽然低频部分都是 $2sf_0$，但电磁振动的高频部分不同，转子动态偏心的高频为 $2f_0/P$，转子绕组异常的高频为 $2(1-s)f_0/P$。

(2) 电动机负载增加时，这种振动随之增加，当负载超过50%以上时较为显著。

(3) 若对电动机定子电流波形或振动波形作频谱分析，在频谱图中，基频两边出现 $\pm 2sf_0$ 的边频，根据边频与基频幅值之间的关系，可判断故障的程度。

电动机的振动类故障还有：转子不平衡、联轴节不对中、轴承异常等。这些属于机械环节的故障特征已经在前面章节中讲述过，本节不再赘述。

第七节　齿轮箱故障(Ⅱ级)

齿轮箱是机械传动中使用最普遍的设备，其核心是传动部件——齿轮，其他重要的支撑部件是轴承，这两种都是故障率较高的零件。

齿轮故障主要与运行润滑条件有关，也可能与设计不当、热处理质量及制造误差或装配不良有关。根据齿轮损伤的形貌和损伤过程或机理，故障的形式通常为齿的断裂、齿面疲劳(点蚀、剥落、龟裂)、齿面磨损或划痕、塑性变形四类，根据国外抽样统计的结果表明，齿轮的各种损伤发生的概率如下：齿的断裂 41%；齿面疲劳 31%；齿面磨损 10%；齿面划痕 10%；其他故障(如塑性变形、化学腐蚀、异物嵌入等)8%。

齿轮副在啮合传递运动时，主动轮的作用力和从动轮的反作用力都通过接触点分别作用在对方轮齿上，最危险的情况是接触点某一瞬间位于轮齿的齿顶部，此时轮齿如同一个悬臂梁，受载后齿根处产生的弯曲应力为最大，若因突然过载或冲击过载，很容易在齿根处产生过负荷断裂，如图 5-36 所示。即使不存在冲击过载的受力工况，当轮齿重复受载后，由于应力集中现象，也易产生疲劳裂纹，并逐步扩展，致使轮齿在齿根处产生疲劳断裂。对于斜齿轮或宽直齿齿轮，也常产生轮齿的局部断裂。另外，淬火裂纹、磨削裂纹和严重磨损后齿厚过分减薄时在轮齿的任意部位都可能产生断裂。

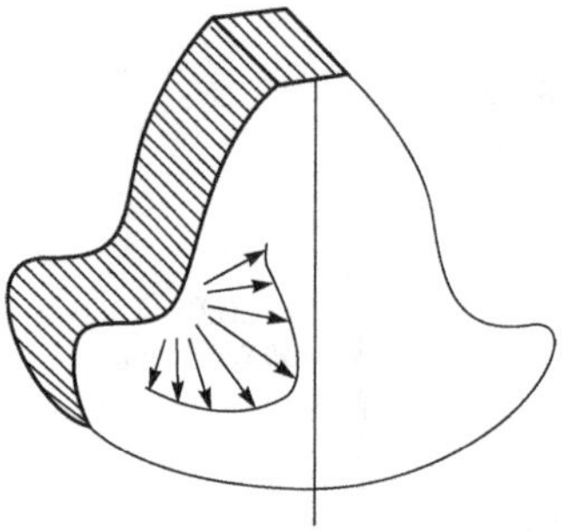

图 5-36　齿根部的应力集中

轮齿的断裂是齿轮最严重的故障，常常因此造成设备停机。

齿轮传动中润滑不良、润滑油不洁或热处理质量差等均可造成磨损或划痕，磨损可分为粘着磨损、磨粒磨损、划痕(一种很严重的磨粒磨损)和腐蚀磨损等。

(1) 粘着磨损：润滑对粘着磨损影响很大，在低速、重载、高温、齿面粗糙度差、供油不足或油黏度太低等情况下，油膜易被破坏而发生粘着磨损，如润滑油膜层完整且有相当厚度就不会发生金属间的接触，也就不会发生磨损。润滑油的黏度高，有利于防止粘着磨损的发生。

(2) 磨粒磨损与划痕：当润滑油不洁，含有杂质颗粒以及在开式齿轮传动中的外来砂粒或在摩擦过程中产生的金属磨屑，都可以产生磨粒磨损与划痕。一般齿顶、齿根部摩擦比节圆部严重，这是因为啮合过程中节圆处为滚动接触，而齿顶、齿根处为滑动接触。

(3) 腐蚀磨损：由于润滑油中的一些化学物质如酸、碱或水等污染物与齿面发生化学反应造成金属的腐蚀而导致齿面损伤。

(4) 烧伤：尽管烧伤本身不是一种磨损形式，但它是由于磨损造成又反过来造成严重的磨损失效和表面变质。烧伤是由于过载、超速或不充分的润滑引起的过分摩擦所产生的局部区域过热，这种温度升高足以引起变色和过时效，会使钢的几微米厚表面层重新淬火，出现白层。损伤的表面容易产生疲劳裂纹。

(5) 齿面胶合：大功率软齿面或高速重载的齿轮传动，当润滑条件不良时易产生齿面胶合(咬焊)破坏，即一齿面上的部分材料胶合到另一齿面上而在此齿面上留下坑穴，在后续的啮合传动中，这部分胶合上的多余材料很容易造成其他齿面的擦伤沟痕，形成恶性循环。

所谓齿面疲劳，主要包括齿面点蚀与剥落。造成点蚀的原因，主要是由于工作表面的交变应力引起的微观疲劳裂纹，润滑油进入裂纹后，由于啮合过程可能先封闭入口然后挤压，微观疲劳裂纹内的润滑油在高压下使裂纹扩展，结果小块金属从齿面上脱落，留下一个小坑，形成点蚀(图 5-37)。如果表面的疲劳裂纹扩展得较深、较远或一系列小坑由于坑间材料失效而连接起来，造成大面积或大块金属脱落，这种现象则称为剥落。剥落与严重点蚀只有程度上的区别而无本质上的不同。

实验表明，在闭式齿轮传动中，点蚀是最普遍的破坏形式。在开式齿轮传动中，由于润滑不够充分以及进入污物的可能性增多，磨粒磨损总是先于点蚀破坏。

软齿面齿轮传递载荷过大(或在大冲击载荷下)时，易产生齿面塑性变形。在齿面间过大的摩擦力作用下，齿面接触应力会超过材料的抗剪屈服极限，齿面材料进入塑性状态，造成齿面金属的塑性流动，使主动轮节圆附近齿面形成凹沟，从动轮节圆附近齿面形成凸棱，从而破坏了正确的齿形。有时可在某些类型的齿轮的从动齿面上出现“飞边”，严重时挤出的金属充满顶隙，引起剧烈振动，甚至发生断裂。

齿轮传动系统是一个弹性的机械系统，由于结构和运动关系的原因，存在着运动和力的非平稳性。图 5-38 是齿轮副的运动学分析示意图。图中 O_1 是主动轮的轴心，O_2 是从动轮的轴心。假定主动轮以 ω_1 做匀角速度运动，A、B 分别为两个啮合点，则有 $O_1A>O_1B$，即 A 点的线速度 V_A 大于 B 点的线速度 V_B。而 $O_2A<O_2B$，从理论上有 $\omega_2=\dfrac{V_B}{O_2B}$、$\omega_3=\dfrac{V_A}{O_2A}$，则 $\omega_2<\omega_3$。然而 A、B 又是从动轮的啮合点，当齿

轮副只有一个啮合点时，随着啮合点沿啮合线移动，被动轮的角速度存在波动；当有两个啮合点时，因为只能有一个角速度，因而在啮合的轮齿上产生弹性变形，这个弹性变形力随啮合点的位置、轮齿的刚度以及啮合的进入和脱开而变化，是一个随时间变化的力。

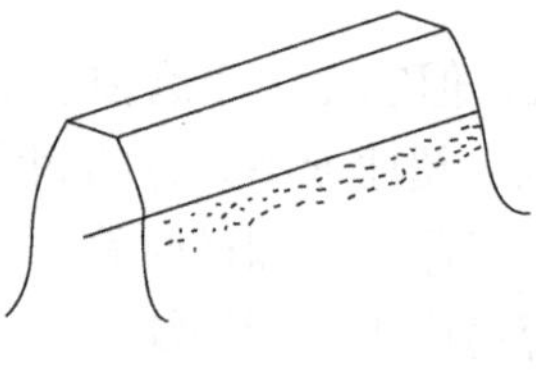

图 5-37　齿面点蚀

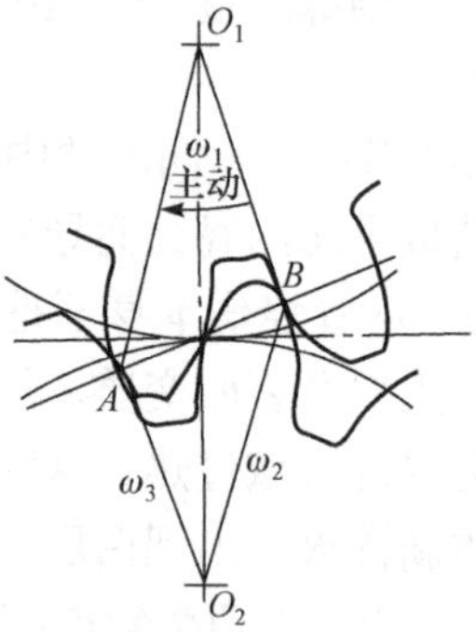

图 5-38　齿轮副的运动学分析

同理，即使主动轮 O_1 传递的是一个恒扭矩，在被动轮上仍然产生随时间变化的啮合力和扭矩。而且单个的轮齿可看成是变截面悬臂梁，啮合齿对的综合刚度也随啮合点的变化而改变，这就造成轮齿振动的动力学分析更加复杂。但是它们引起齿轮的振动是确信无疑的。

从这个意义上说：齿轮传动系统的啮合振动是不可避免的。振动的频率就是啮合频率。也就是齿轮的特征频率，其计算公式如下：

齿轮一阶啮合频率，即

$$f_{C0} = \frac{N}{60} Z$$

啮合频率的高次谐波频率，即

$$f_{Ci} = i \times f_{C0} \quad i=2, 3, 4, \cdots, n$$

其中，N 中齿轮轴的转速(r/min)；Z 率齿轮的齿数。

由于传递的扭矩也随着啮合而改变，它作用到转轴上，使转轴发生扭振。而转轴上由于键槽等非均布结构的存在，轴的各向刚度不同，刚度变动的周期与轴的周转时间一致，激发的扭振振幅也就按转轴的转频变动。这个扭振对齿轮的啮合振动产生了调制作用，从而在齿轮啮合频率的两边产生出以轴频为间隔的边频带。

边频带也是齿轮振动的特征频率，啮合的异常状况反映到边频带，造成边频带的分布和形态都发生改变。边频带包含了齿轮故障的丰富信息。

此外，齿轮制造时偏心误差、周节误差、齿形误差、装配误差等都能影响齿轮的振动。所以在监测低精度齿轮的振动时，要考虑这些误差的影响。

从故障诊断的角度考虑，只要齿轮的振动异常超标，就是有故障，就需要处理或更换。所以大多数情况下，并不需要辨别是哪种误差所引起的，只需判定能否继续使用。

齿轮的故障分析方法：

1) 功率谱分析法

功率谱分析可确定齿轮振动信号的频率构成和振动能量在各频率成分上的分布，是一种重要的频域分析方法。

幅值谱也能进行类似的分析，但由于功率谱是幅值的平方关系，所以功率谱比幅值谱更能突出啮合频率及其谐波等线状谱成分而减少了随机振动信号引起的一些“毛刺”现象。

应用功率谱分析时，频率轴横坐标可采取线性坐标或对数坐标，对数频率坐标(恒百分比带宽)适合故障概括的检测和预报。对噪声的分析与人耳的响应接近，但对于齿轮系统由于有较多的边频成分，采用线性坐标(恒带宽)会更有效。

图 5-39 为某齿轮箱功率谱的两种坐标曲线，无疑使用线性坐标效果要好得多。

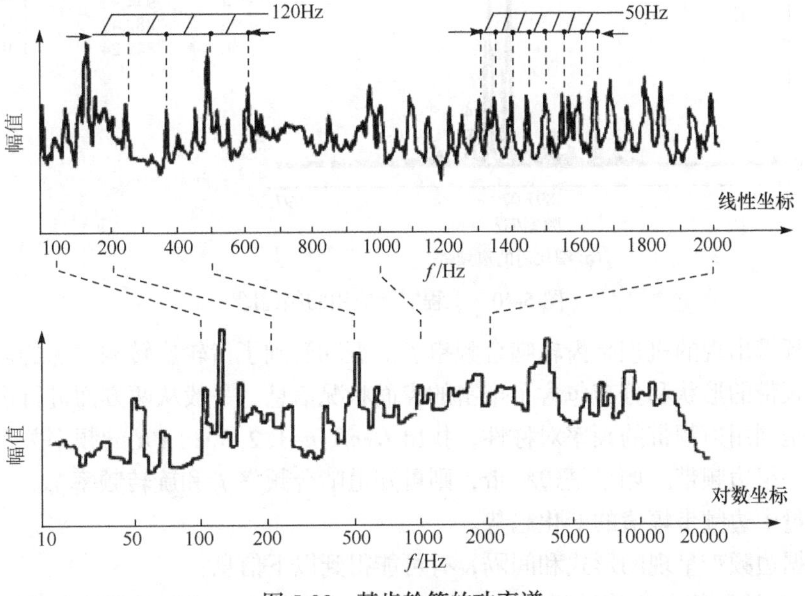

图 5-39　某齿轮箱的功率谱

功率谱分析技术目前在齿轮箱的故障诊断中发挥了较大的作用。它对齿轮的大面积磨损、点蚀等均匀故障有比较明显的分析效果，功率谱分析技术目前在齿轮箱的故障诊断中发挥了较大的作用。

2) 边频带分析法

边频带成分包含有丰富的齿轮故障信息，要提取边频带信息，在频谱分析时必须有足够高的频率分辨率。当边频带谱线的间隔小于频率分辨率时，或谱线间隔不均匀，都阻碍边频带的分析，必要时应对感兴趣的频段进行频率细化分析(ZOOM 分析)，以准确测定边频带间隔，如图 5-40 所示。

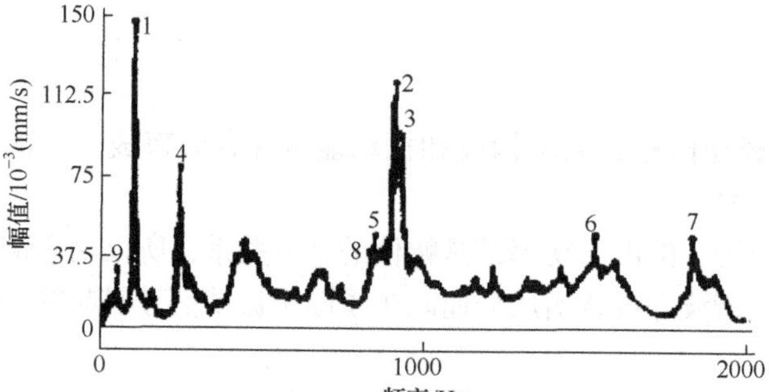

序号	频率/Hz	幅值/10^{-3}(mm/s)
1	97.66	146.02
2	917.07	114.81
3	932.02	92.53
4	234.38	77.69
5	849.61	45.02
6	1523.44	43.77
7	1831.03	43.12
8	834.98	36.97
9	42.95	26.38

(a) 幅值谱

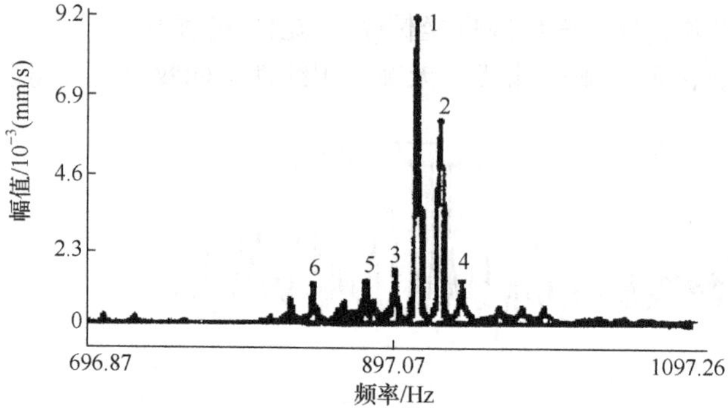

序号	频率/Hz	幅值/10^{-3}(mm/s)
1	916.60	9.18
2	931.25	5.38
3	901.95	1.49
4	944.92	1.19
5	882.42	1.16
6	848.24	1.10

(b) 细化后的边频带

图 5-40　工程实际应用的频谱图

边频带出现的机理是齿轮啮合频率 f_z 的振动受到了齿轮旋转频率 f_r 的调制而产生，边频带的形状和分布包含了丰富的齿面状况信息。一般从两方面进行边频带分析，一是利用边频带的频率对称性，找出 $f_z \pm nf_r$ (n=1, 2, 3,⋯, ± n)的频率关系，确定是否为一组边频带。如果是边频带，则可知道啮合频率 f_z 和旋转频率 f_r。二是比较各次测量中边频带幅值的变化趋势。

根据边频带呈现的形式和间隔，有可能得到以下信息：

(1) 当边频间隔为旋转频率 f_r 时，可能为齿轮偏心、齿距的缓慢周期变化及载荷的周期波动等故障存在，齿轮每旋转一周，这些故障就重复作用一次，即这些故障的重复频率与该齿轮的旋转频率相一致。旋转频率 f_r 指示出问题齿轮所在的轴。

(2) 齿轮的点蚀等分布故障会在频谱上形成边频带，但其边频阶数少而集中在啮合频率及其谐频的两侧(图 5-41)。

(3) 齿轮的剥落、齿根裂纹及部分断齿等局部故障会产生特有的瞬态冲击调制，在啮合频率及其谐频两侧产生一系列边频带。其特点是边带阶数多而谱线分散，由于高阶边频的互相叠加而使边频带族形状各异(图 5-42)。严重的局部故障还会使旋

转频率 f_r 及其谐波成分的幅值增高。

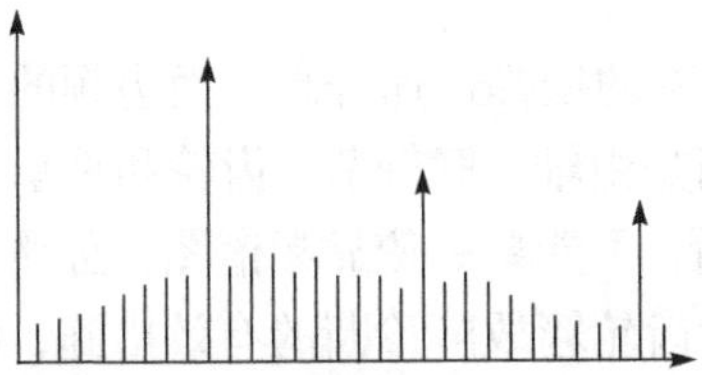

图 5-41　齿轮剥落等在频谱图上的显示

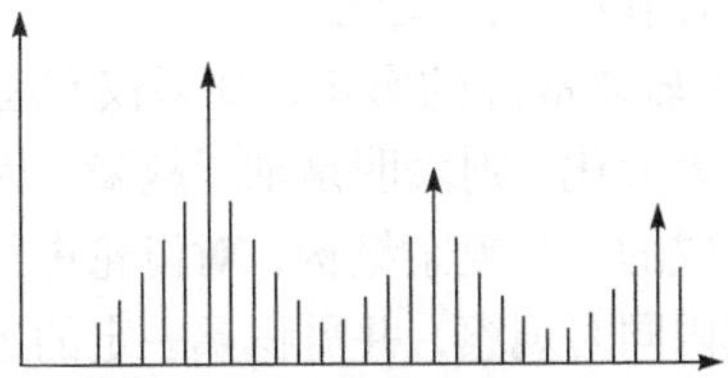

图 5-42　齿轮点蚀在频谱图上的显示

需要指出的是，由于边频带成分具有不稳定性，在实际工作环境中，尤其是几种故障并存时，边频带族错综复杂，其变化规律难以用上述的典型情况表述，而且还存在两个轴的旋转频率 f_{rl}(主动轴 f_{r1}，被动轴 f_{r2})混合情况。但边频带的总体形状和分布是随着故障的出现而上升的，如齿面磨损、点蚀等表面故障，在啮合中不激发瞬时冲击，因而边频带的分布窄，边频带的幅值随磨损程度的增大而增高。断齿、裂齿、大块剥落等在啮合中激发瞬时冲击的故障，反映到边频带中就是分布变宽，随着这类故障的扩大，边频带在宽度和高度上也跟着增大。这就要求在诊断时，与以前的频谱图比较，观察边频带的变化。

齿轮故障是一些宽频带信号，其频率成分是十分复杂的。据一些资料介绍，在频率域上的故障特征大致可作如下归类，以便故障诊断时判别。

(1) 均匀性磨损、齿轮径向间隙过大、不适当的齿轮游隙以及齿轮负荷过大等原因，将增加啮合频率和它的谐波成分幅值，对边频的影响很小。在恒定负荷下，如果发生啮合频率和它的谐波成分变化，则意味着齿的磨损、挠曲和齿面误差等原因产生齿的分离(脱啮)现象，齿轮磨损的特征是：频谱图上啮合频率及其谐波幅值都会上升，而高阶谐波的幅值增加较多。

(2) 不均匀的分布故障(如齿轮偏心、齿距周期性变化及载荷波动等)将产生幅值调制和频率调制，从而在啮合频率及其谐波两侧形成幅值较高的边频带，边频带的间隔频率是齿轮转速频率，该间隔频率是与有故障的齿轮相对应的。值得注意的是：对于齿轮偏心所产生的边频带，一般出现的是下边频带成分，即 $f_z - nf_r(n=1, 2, 3,\cdots)$，上边频带出现的很少。

(3) 齿面剥落、裂纹以及齿的断裂等局部性故障，将产生周期性冲击脉冲，啮合频率为脉冲频率所调制，在啮合频率及其谐波两侧形成一系列边频带，其特点是边频带的阶数多而分散，如图 5-42 所示。而点蚀等分布性故障形成的边频带，在啮合频率及其谐波两侧分布的边带阶数少而集中，如图 5-42 所示。这些边频带随着故障的发展，其频谱图形也将发生变化。

另外还要注意分辨齿轮故障与轴承故障，差异在于：

(1) 齿的断裂或裂纹故障，每当轮齿进入啮合时就产生一个冲击信号，这种冲击可激起齿轮系统的一阶或高阶固有频率。但是，齿轮固有频率一般都为高频(在 1～10kHz 范围内)，这种高频成分传递到齿轮箱时已被大幅度衰减，多数情况下只能在齿轮箱上测到啮合频率和调制的边频带。其边频带的形状和分布与前期的正常状态相比，存在明显的变化。

(2) 轴承故障的影响，如果仅有齿轮啮合频率的振幅迅速升高，而边频的分布和幅值并无变化，则表明是轴承故障。因为齿轮箱是由轴、联轴节、齿轮和轴承等多个零件组成的一个复杂结构，对齿轮进行故障诊断，不能单一依靠频谱图，必须在频域和时域内同时观察，并需积累一定的经验。作为齿轮箱故障诊断的有效措施，应该对几个部位进行定期监测。鉴别齿轮的故障应尽可能在早期进行，因为齿轮故障的发展初期比较容易发现问题；而在故障后期，由于大面积故障的发生，会带来大量的噪声和众多的故障信号，这将搞乱人们的视线，难以寻找故障发生的原因和部位。

齿轮故障诊断的分析方法有很多，如小波分析法、时序分析法、时间同步平均法等。

应用实例：某高速线材公司 2006 年 9 月，发现精轧 22#轧机辊箱振动增大。图 5-43 是传动系统图。

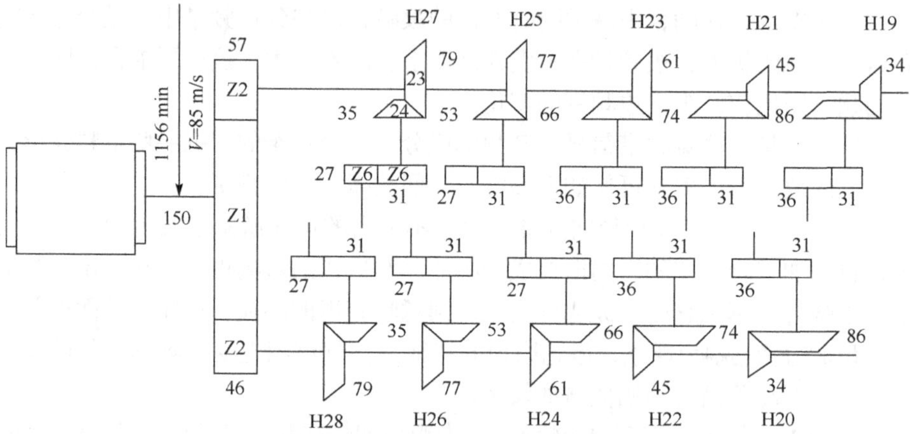

图 5-43　高线精轧机传动系统图

调出这一期间的在线监测与故障诊断系统的趋势图和频谱图。在 9 月 14 日的频谱图上明显看到 Z5/Z6 的啮合频率谱线(1071.777Hz)和它的 2 阶频谱线(2143.546Hz)。如图 5-44 所示。注意图中 2 阶频谱线比 1 阶的 Z5/Z6 的啮合频率谱线容易分辨，通常在低频区域中信号多而乱(因故障影响了多个传动件的运动平稳性，而激发多个特征频率的振动)的情况下，先观察高频区域的高振幅谱线的频率，

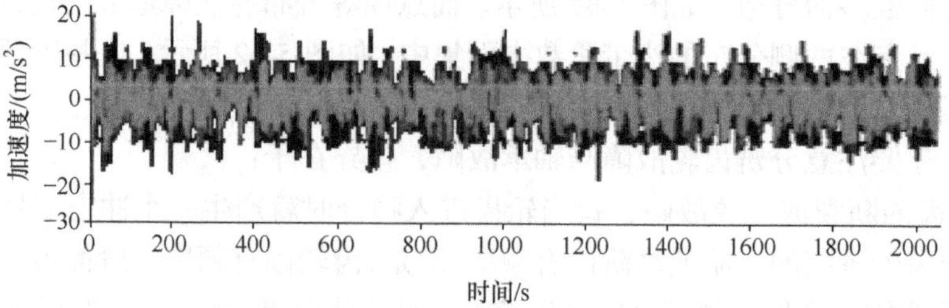

(a) 时域图

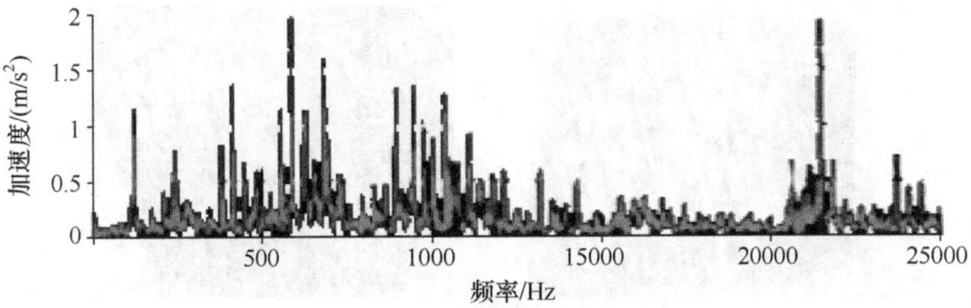

(b) 频域图

图 5-44　9 月 14 日的振动频谱图

判断它是哪一个零件的特征频率。如果没有相符的，再判断它是哪一个零件的 2 阶特征频率或是哪一个零件的 3 阶特征频率。找到该零件后，再分析这个零件的 1 阶、2 阶……特征频率所带来的信息，判断故障的部位、类型、程度。

由特征频率表 5-4 可见，22 架辊箱的 Z5/Z6 啮合频率(1072.6Hz)幅值在 9 月 14 日为 $1.71\mathrm{m/s^2}$，其两侧有较宽的边频带，间隔为 35.085Hz，与锥箱Ⅱ轴的转频(34.603Hz)基本一致。

表 5-4　特征频率(22#轧机，转速为 1047r/min，谱图数据)

故障信号率/Hz	测量特征频率/Hz	振幅/($\mathrm{m/s^2}$)	绝对误差/Hz	相对误差/%	可信度/%	故障部位及性质分析
1037.598	1037.593	1.281	0.005	0	100	Z5/Z6 啮合频率－锥箱Ⅱ轴转频
1072.683	1071.773	1.711	0.91	0.085	100	Z5/Z6 啮合频率
1105.957	1105.953	0.946	0.004	0	100	Z5/Z6 啮合频率＋锥箱Ⅱ轴转频
2143.555	2143.546	1.962	0.009	0	100	2 倍 Z5/Z6 啮合频率

诊断结论：

(1) 从图 5-44 的频谱图上可看出，22#辊箱 Z5/Z6 啮合频率幅值比较突出且有上升趋势，在其两侧有边频出现，边频间隔分别为 35.085Hz，与锥箱Ⅱ轴的转频(34.603Hz)基本一致，说明 22 锥箱Ⅱ轴上的齿轮存在故障隐患。

(2) 从图 5-44 的时域波形中可以看出有轻微的周期性冲击信号，冲击周期为 0.028s，相应频率为(1/0.028=35.71Hz)，正好为 22 架锥箱Ⅱ轴的转频(36.85Hz)一致，这表明问题就出在 22 架锥箱Ⅱ轴的齿轮上。

(3) 建议厂方立即对 22 架锥箱Ⅱ轴上的齿轮 Z5(31 齿)进行检查。

厂方于 2006 年 11 月份对拆卸下的精轧 22 架进行检查，发现锥箱Ⅱ轴上 Z5(31 齿)齿轮打齿(图 5-45(a)和图 5-45(b))，与诊断分析结论相符。

初期(9 月 14 日及以后几天)边频带较宽，后期边频带有所收窄，加上振幅并不很高。所以判定为出现较严重的斑状剥落。在工程上，齿轮出现点蚀、斑剥，厂方都会选择继续使用。整个 10 月都看着振幅缓慢上升，直到 11 月份，换轧钢品种，才停产打开。因为是斜齿轮的缘故，所以振幅没有像直齿轮那样强烈。

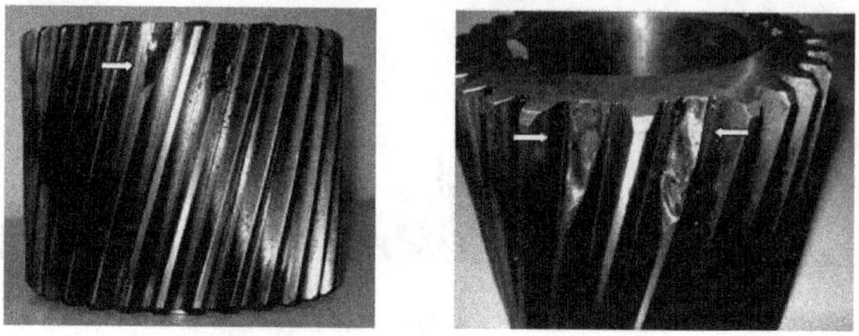

(a)　　　　　　(b)

图 5-45　齿轮打齿图

第八节　一般故障识别(Ⅰ级)

人们在作机械故障诊断时，大多选择计算量较小的方法，以期可以尽快地获得诊断的依据和结论。所以各种统计方法是用得最多的，主要用于回答故障是否发生。

对于振动信号除了常用的峰值、平均值、均方根值外，还有一些无量纲指标。

1) 峰值指标

由于峰值是一个时不稳参数，不同的时刻变动很大。因此，在机械故障诊断系统中还采取如下方式以提高峰值指标的稳定性。在一个信号样本的总长中，找出绝对值最大的 10 个数，用这 10 个数的算术平均值作为峰值 X_p 。

$$峰值指标\ I_p = \frac{X_p}{X_{\mathrm{rms}}}$$

称为有效值或均方根值，是机械故障诊断系统中用于判断运转状态是否正常的重要指标。

2) 脉冲指标

$$C_f = \frac{X_p}{\overline{X}}$$

脉冲指标 C_f 和峰值指标 I_p 都是用来检测信号中是否存在冲击的统计指标。由于峰值 X_p 的稳定性不好，对冲击的敏感度也较差，因此在故障诊断系统中逐步应用减少，被峭度指标所取代。

3) 峭度指标

峭度指标 C_q 反映振动信号中的冲击特征。

$$C_p = \frac{\frac{1}{N}\sum_{i=1}^{N}(|x_i| - \overline{x})^4}{X_{\mathrm{rms}}^4}$$

其中，$\overline{x}$ 为平均值。

峭度指标 C_p 对信号中的冲击特征很敏感，正常情况下应该其值在 3 左右(对应于金属加工机床等设备)，如果这个值接近 4 或超过 4，则说明机械的运动状况中存在冲击性振动。一般情况下是间隙过大、滑动副表面存在破碎等原因。如轧钢机等金属热加工设备，其值在 10 以上也是常见的。另外，国产设备和进口设备的差异也是很大的，无法制定固定的判定指标。

以上的各种统计指标，在故障诊断中不能孤立地看，需要相互印证。同时还要注意和历史数据进行比较，根据趋势曲线作出判别。

在流程工业生产中，往往有这样的情况，当发现设备的情况不好，某项或多项特征指标上升，但设备不能停产检修，只能让设备带病运行。当这些指标从峰值跌落时，往往预示某个零件已经损坏，若这些指标(含其他指标)再次上升，则预示大的设备故障将要发生。

应用实例 1：某大型钢厂 A 线 29#精轧机于 2009 年 10 月份检修时发现箱体底部有碎片和黄色的金属粉末，在线系统发现在轧 12.5 线材时趋势有所上升，但不明显，幅值谱中 $Z5/Z6$ 齿轮啮合频率比较明显。2009 年 10 月 11 日某公司工作人员用在线仪器结合离线检查，加速度峰值一直在报警值以上，幅值谱是一直存在大量的谐波。

从图 5-46 可以看出，A 线 29#精轧机振动加速度峰值趋势于 10 月 6 日到 10 月 9 日振动趋势上升较不明显(10 月 6 日到 10 月 9 日轧 12.5 线材)说明 29#精轧机存在故障隐患。

通过拆箱检查结果如图 5-47 所示。

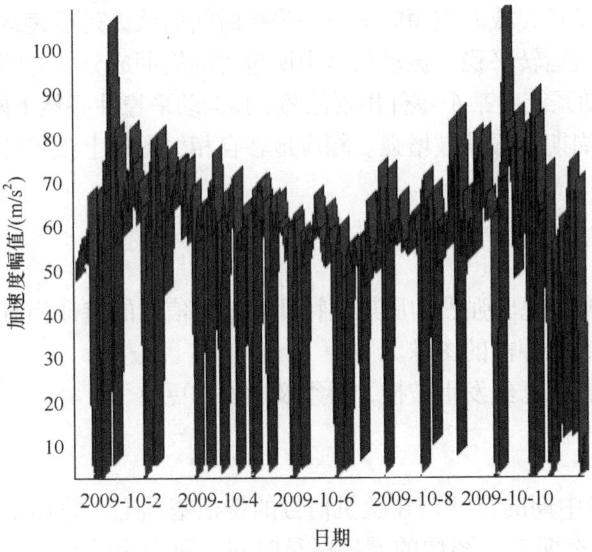

图 5-46　A 线 29#精轧机振动趋势图

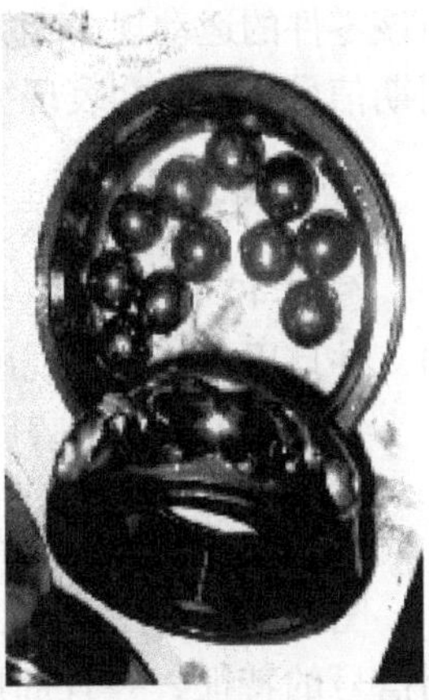

图 5-47　轴承滚动体出现剥落

一、自相关函数图像的判读

1. 以随机信号为主体的图像

图 5-48 的图像表现为菱性，这个形象说明设备的振动信号以随机信号为主体，包含的周期信号较微弱——表现为稳定周期的部分是周期信号的特征，即设备状态正常。

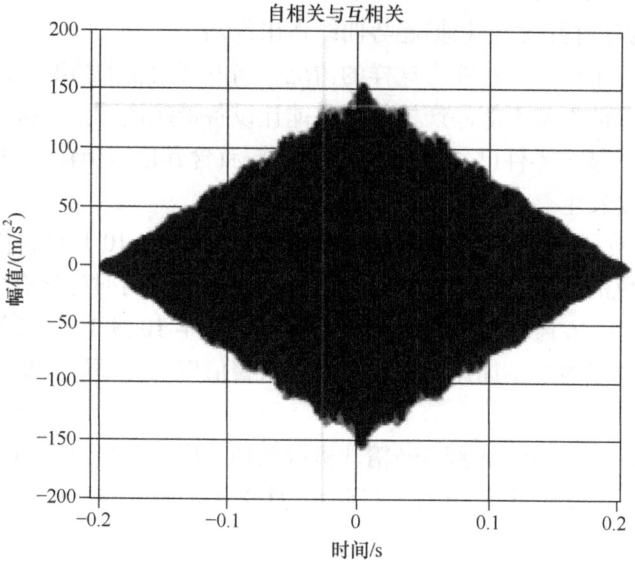

图 5-48　以随机信号为主体的图像

通常机械设备是恒速运转设备，或者在短时间——采样时间内认为是恒速运转设备。设备正常状态下的特征是运转平稳，振动信号中所包含的周期成分相对随机成分来说不占主导地位。当传动系统中某个零件出现故障，其运动平稳性必然下降，与该零件的运动规律相关联的周期性振动被增强。相应地在自相关图像上该零件的周期信号特征也会表现突出。

2. 以周期信号为主体的图像

图 5-49 的自相关函数图像表现出强烈的周期性特征。随机信号的特征相对较弱，并且周期特征表现出存在尖峰冲击的图像。

尖峰冲击的图像表明故障轴承已经发生破损，必须及时安排更换。

3. 故障中期的自相关图像

图 5-50 的图像表现出故障中期的特征，在随机信号的特征基础上，叠加了周期信号的特征，并且周期信号有两个。图像的横坐标是时间，所表示的是周期信号的周期时间，周期时间小的是较高频率的周期信号，通常是存在故障的滚动轴承的特征频率，周期时间较大的是低频的周期信号，通常是故障轴承所在轴的转

动频率信号。

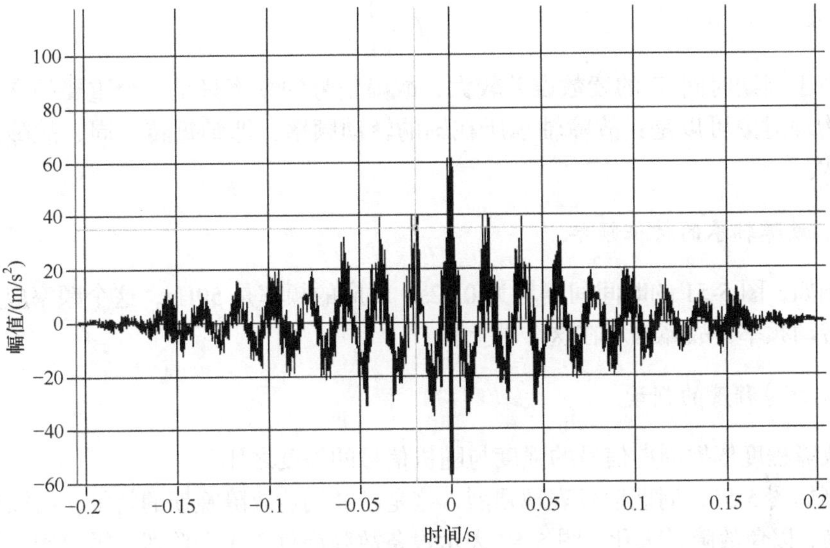

图 5-49　以周期信号为主体的图像

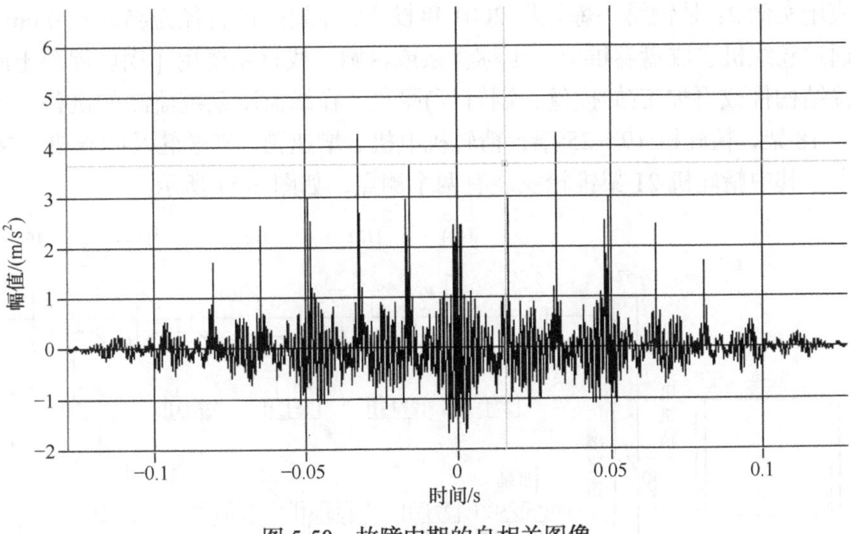

图 5-50　故障中期的自相关图像

因为自相关函数保留了信号的周期特征，从图中可以看到：尖峰性冲击还不强烈，轴承的故障形式是疲劳点蚀或严重磨损。

二、自相关图像的判读

1. 故障部位的判读

以图 5-51 为例，在基点(t=0)任一方向找到第一个高点，与基点的时间距离，为故障信号的周期时间 T。故障信号的频率：

$$f = \frac{1}{T}$$

由于周期时间 T 的读数误差较大，故障信号的频率只是一个重要的参考值。它的物理对象可以是：故障轴承所在轴的转动频率，即轴每转一周，故障冲击发生一次。

2. 故障轴承的特征频率。

例如，图 5-51 的时间间隔均为 0.02s，对应的频率是 50Hz，这个频率应是某个轴的转动频率，故障轴承在这个轴上。

3. 故障程度的判读

故障程度依据周期信号的强度与随机信号的强度之比。

例如图 5-51，周期信号表现强烈，这是已经到达故障晚期的特征，必需尽早安排更换，以免故障扩大化。图 5-52 表示设备故障尚处于中期阶段，需要密切加强对设备运行状态的观察。

应用实例 2：某钢第一炼轧厂 2001 年投产，主要生产直径为 ϕ5.5～20mm 线材。大多通过卷线机卷成盘卷供应，也称盘条或盘圆。线材主要用作钢筋混凝土的配筋和焊接结构件或再加工(如拔丝、制钉等)原料。在线监测系统监测的设备为预精轧机 15～18 架，精轧机 19～25 架，精轧机电机、增速箱、夹送轧及吐丝机，共有 35 个测点。其中精轧机 21 架锥箱安装有两个测点，如图 5-51 所示。

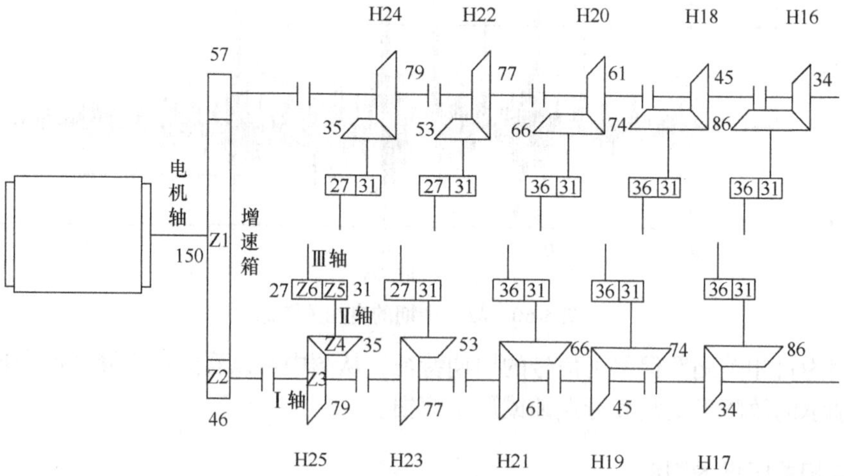

图 5-51　高线精轧机齿轮箱传动链图

从图 5-52 中看出 21 架齿轮箱输入端水平测点的峰值在 2 月 6 日开始有上升趋势，最高值达到 84.902m/s^2，说明趋势状态正在往恶化方面发展，初步判断 21 架齿轮箱有故障隐患出现。

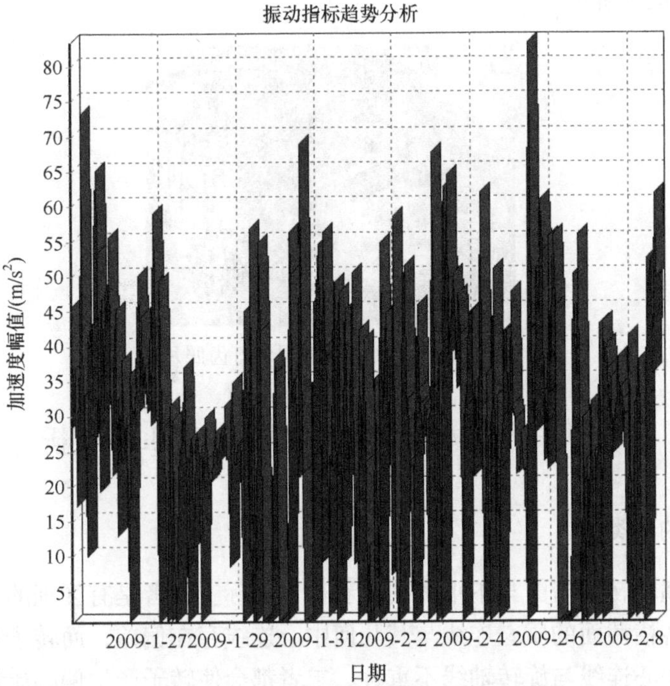

图 5-52　精轧机 21 架水平测点 a17 峰值趋势

从图 5-53 可以看出，21 架齿轮箱输入端水平测点在 2 月 7 日 20:43 的自相关图，图中有明显的等时间间隔 0.021s，f=1/0.021=47.62Hz，与 I 轴轴频相近，说明 21 架锥箱 II 轴有故障隐患出现。

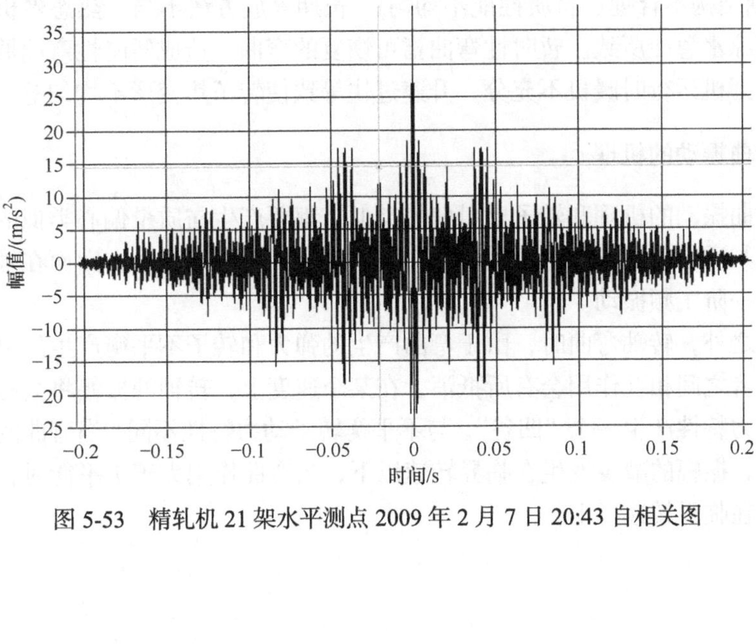

图 5-53　精轧机 21 架水平测点 2009 年 2 月 7 日 20:43 自相关图

2009 年 2 月 15 日厂方对精轧机 21 架进行了拆箱检修，检修结果是齿轮箱螺伞打齿，如图 5-54 所示。

图 5-54 21#齿轮箱螺伞打齿照片

第九节 转轴弯曲的故障机理与诊断

一、轴弯曲的种类

有人习惯将转子弯曲与不平衡同等看待，实际上两者是有区别的。所谓质量不平衡，是指各横截面的质心连线与其几何中心连线存在偏差，而转子弯曲是指各横截面的几何中心连线与旋转轴线不重合，二者都会使转子产生偏心质量，从而使转子产生不平衡振动。

设备停用一段较长时间后重新开机时，常常会遇到振动过大甚至无法开机的情况。这多半是设备停用后产生了转子轴弯曲的故障。转子弯曲有永久性弯曲和暂时性弯曲两种情况。永久性弯曲是指转子轴呈弓形。造成永久弯曲的原因有设计制造缺陷(转轴结构不合理、材质性能不均匀)、长期停放方法不当、热态停机时未及时盘车或遭凉水急冷所致。暂时性弯曲指可恢复的弯曲。造成暂时性弯曲原因有预负荷过大、开机运行时暖机不充分、升速过快等致使转子热变形不均匀等。

二、轴弯曲振动的机理

轴弯曲振动的机理和转子质量偏心类似，都要产生与质量偏心类似的旋转矢量激振力，与质心偏离不同点是轴弯曲会使轴两端产生锥形运动，因而在轴向还会产生较大的一阶工频振动。

除此之外，转轴弯曲时，由于弯曲产生的弹力和转子不平衡产生的离心力相位不同，两者之间相互作用会有所抵消，在某个速度上，转轴的振幅将会有所下降，使转子动力特性产生一个“凹谷”，与不平衡转子动力特性不同。当弯曲的作用小于不平衡时，振幅的减少发生在临界转速以下，当弯曲作用大于不平衡时，振幅的减少就发生在临界转速以上。

三、轴弯曲故障的诊断

(1) 振动信号特征：轴弯曲故障的振动信号与不平衡基本相同。

① 时域波形为近似的等幅正弦波。

② 轴心轨迹为一个比较稳定的圆或偏心率较小的椭圆，由于轴弯曲常陪伴某种程度的轴瓦摩擦，故轨迹有时会有摩擦的特征。

③ 频谱成分以转频为主，伴有高次谐波成分。

④ 进动方向为正进动。

⑤ 暂时性弯曲和永久性弯曲的不同之处是，具有转子永久性弯曲故障的转子弯曲的故障特征机器，开机启动时振动就较大；而转子暂时性弯曲的机器，则是随着开机升速过程振幅增大到某一值后有所减小。

(2) 方向性：径向和轴向均有较大的响应。与不平衡故障的区别在于：弯曲在轴向方面产生较大的振动。

(3) 敏感参数：振动对转速敏感，升速过程中，在某转速下，振动值会降低成一凹谷。

四、轴弯曲治理措施

(1) 永久性弯曲：

① 正确保管转子，定期盘转一定角度。

② 校正转子(直轴)。

③ 按技术要求进行动平衡。

(2) 临时性弯曲：

① 低速盘车。

② 重新开机。

③ 延长暖机时间。

④ 按规定升速加载。

第十节　喘振机理与诊断

喘振是一种很危险的振动，常常导致设备内部密封件、叶轮导流板、轴承等损坏，甚至导致转子弯曲、联轴器及齿轮箱等机构损坏，也是流体机械特有的振动故障之一。

一、喘振机理

喘振是压缩机组严重失速和管网相互作用的结果。它既可以是管网负荷急剧变化所引起的，也可以是压缩机工作状况变化所引起的。当进入叶轮的气体流量减少到某一最小值时，气流的分离区扩大到整个叶道，使气流无法通过。这时叶轮没有气量甩出，压缩机出口压力突然下降。由于压缩机是和管网连在一起的，具有较高背压的管网气体就会倒流到叶轮里。瞬间倒流来的气流使叶轮暂时弥补了气体流量的不足，叶轮因而恢复正常工作，重新又把倒回来的气流压出去，但过后又使叶轮流量减少，气流分离又重新发生。如此周而复始，压缩机和其连接的管路中便产生出一种低频率高振幅的压力脉动，造成机组强烈振动。强烈振动伴随着异常的吼叫声，入口管线上的压力和流量大幅度摆动，出口单向阀处发生周期性的开闭撞击声响，这就是喘振的发展过程。在扩压器中也会出现类似的现象，而且在用叶片扩压器时，喘振一般先由扩压器引起。

喘振是压力波在管网和压缩机之间来回振荡的现象，其强度和频率不但和压缩机中严重的旋转脱离有关，还和管网容量有关；管网容量越大，则喘振振幅越大，频率越低；管网容量小，则喘振振幅小，喘振频率也较高，一般为 0.5～20Hz。

二、喘振的诊断

喘振的特征如上所述，当离心压缩机组流量低于喘振线，且出现流量、压力大幅波动，机组、管道强烈振动并伴有低频吼叫声即可做出判断。在振动信号上的特征是甚低频非常突出，另外时域波形存在低频分量调幅现象。

三、喘振的故障原因

发生喘振的根本原因是离心压缩机产生严重旋转失速。具体原因为实际运行流量小于喘振流量、管道堵塞、背压过高、进气温度或气体相对分子质量变化大等。

四、喘振的治理措施

喘振的治理措施如下：

(1) 应尽量避免设备在非稳定区工作。

(2) 采用旁通或放空法。当用户需要小流量而使设备工况点移至非稳定区时，可通过在设备出口设置的旁通管，让设备在较大流量下的稳定工作区运行，而将需要的流量送入工作区。

(3) 增速节流法。此方法为通过提高设备的转数并配合进口节流措施而改变机器的性能曲线，使之工作状态点进入稳定工作区来避免喘振。

第六章 修 复 措 施

第一节 轴系对中(Ⅱ级)

旋转机械多数是由多个转子(轴)和轴承组成一个机械系统，如电动机、离心式风机、离心式水泵、汽轮机、发电机等都属于旋转机械范围。转子与转子之间用联轴器连接，转子本身由轴承支撑。转子组件是旋转机械的核心部分，由转子(轴)及固定安装其上的各类盘状零件(如叶轮、齿轮、联轴器和轴承)所组成。

当联轴器把泵和电机的两根转轴连接起来形成的一个旋转中心时，应严格同心，换言之，联轴器在安装时必须精确地找正、对中，否则将会在联轴器上引起很大的应力，并将严重地影响轴、轴承和轴上其他零件的正常工作，甚至引起整台机器和基础的振动或损坏等。因此，轴系对中是安装和检修过程中很重要的工作环节之一，也是我们对旋转机械做故障检测时要重点观察的内容之一。

一、轴系对中的概念

轴系对中是机组安装和修理中的一项重要工作。轴系对中包括轴系各个转子之间的对中和转子与转子相关的静子(轴承座、机壳、缸体等)之间的对中。联轴器对中就是轴系转子轴线对中。转子与静子的对中内容比较多，并且不同的机器类型有不同的内容和方法。例如，汽轮发电机组轴系对中包括轴承(座)与轴承(座)找中心；气缸与轴承(座)找中心；所有静止部分的找中心，如内、外缸、隔板套等找中心；高压、中压、低压及发电机转子连成轴系找中心。

找中心的目的与要求：

(1) 各转子中心连线(轴系中心)应在同一光滑连续曲线上，轴承座和静子应按转子连接方式安置成水平或一定的倾角，符合动、静部分同心度偏差和径向间隙要求。

(2) 保证机组正常运行，符合分配，符合设计要求。

二、联轴器对中

联轴节装配主要技术要求是保证两轴线的同轴度。联轴器对中是轴系对中的一项最重要工作，其准确性直接影响机组的安全运行。过大的同轴度误差将使联轴节、传动轴及其轴承产生附加载荷。其结果会引起机器的振动、轴或轴承的过早磨损、机械密封的失效，甚至发生轴等零部件疲劳断裂事故。因此，精确完善的联轴节对中校准不但能减少上述故障造成的损失，减少能源消耗，延长机器的工作寿命，降低维护维修成本，为整个生产提供一个长期的安全无忧的运作环境。

1. 联轴节找正的方法

联轴节找正的方法多种多样，常用的有以下几种：

(1) 直尺塞规法：利用直尺测量联轴节的同轴度误差，利用塞规测量联轴节的平行度误差。这种方法简单，但误差大。一般用于转速较低、精度要求不高的机器。

(2) 外圆、端面双表法：用两个千分表分别测量联轴节轮毂的外圆和端面上的数值，对测得的数值进行计算分析，确定两轴在空间的位置，最后得出调整量和调整方向。其主要缺点是，对于有轴向窜动的机器，在盘车时对端面读数产生误差。它一般适用于采用滚动轴承、轴向窜动较小的中小型机器。

(3) 外圆、端面三表法：三表法与上述不同之处是在端面上用两个千分表，两个千分表与轴中心等距离对称设置，以消除轴向窜动对端面读数测量的影响，这种方法的精度很高，适用于需要精确对中的精密机器和高速机器，如汽轮机、离心式压缩机等，但此法操作、计算均比较复杂。

(4) 外圆双表法：用两个千分表测量外圆，其原理是通过相隔一定间距的两组外圆读数确定两轴的相对位置,以此得知调整量和调整方向,从而达到对中的目的。这种方法的缺点是计算较复杂。

(5) 外单表法：它是近年来国外应用比较广泛的一种找正方法。这种方法只测定轮毂的外圆读数，不需要测定端面读数。操作测定仅用一个千分表，此法对中精度高，不但能用于轮毂直径小而轴端距比较大的机器轴找正，而且又能适用于多轴的大型机组(如高转速、大功率的离心压缩机组)的轴找正。用这种方法进行轴找正还可以消除轴向窜动对找正精度的影响。操作方便，计算调整量简单，是一种比较好的轴找正方法。

(6) 联轴节激光对中法：激光对中仪是国外开发的一种先进、高效的设备对中仪器，具有精度高、效率高、易于操作等优点，近年来国内很多厂家都已采用激光对中仪对机械设备进行安装和检修。

传统的对中校准方法：塞尺法或直尺法虽然实施起来也比较简单快速，但是它们已经不能为现代机器测量提供必需的精确度了。而千分表测量法虽然可以达到比较准确的测量结果，但是这种方法的实施过程非常烦琐耗时。

激光具有极佳的方向性和单色性。方向性是指激光的光束发散角极小，基本沿直线传播，到达接收器时能量损失很小；单色性是指激光波长单一，易被接收器识别，不易受外界光干扰。激光对中仪正是应用了激光的这两大特点。

图 6-1 所示为一对需要对中的设备示意图。在 A 轴和 B 轴上分别安装能同时发送和接收激光束的测量器，并通过信号线与仪器主机相连。

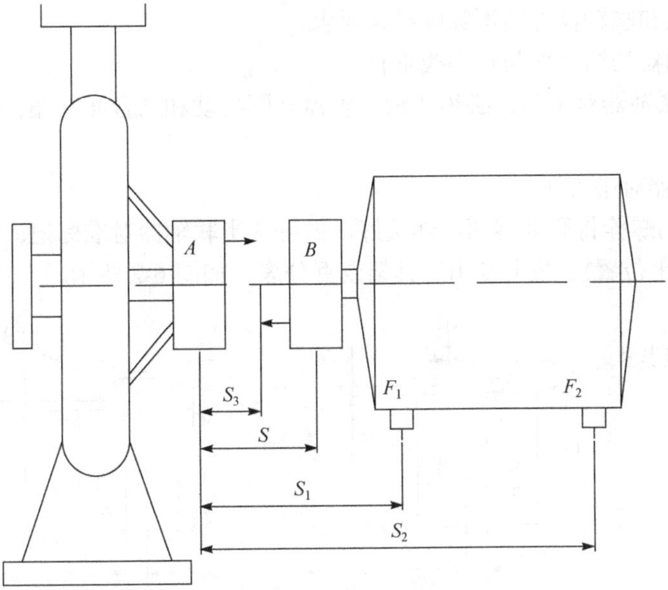

图 6-1　激光对中示意图

激光束分别从装在 A、B 轴上的两只测量器发出，并被对方所接收。当光束落在接收器的光电点阵 CCD 采集面上时，便形成一个很小的照射区域，仪器主机经过计算，确定出该照射区域的能量中心点。

随着轴的转动，各自光束的能量中心点也分别在对方接收器的CCD采集面上移动。仪器根据位移量即可计算出被测设备的轴偏差和角偏差。值得一提的是，大多数激光对中仪除了能精确地测出轴偏差和角偏差外，将设备地脚垫平点与测量器的距离输入仪器，还能计算出设备各个地脚的垫平值及平移值，大大方便了设备的调整。

激光对中法的优点如下：

(1) 由于激光消除了钢尺下垂的缺点，所以精确度很高，可达 1μm；

(2) 测量结果无需手工绘图并计算校准误差，这一切工作都可以自动完成，操作中能够显示每时每刻的测量值，如即时反映旋紧螺栓过程中的变化情况；

(3) 带永久储存功能，可事后将所有测量结果打印输出或传送到计算机作进一步处理；

(4) 最大的优点是使对中过程简单化，只需 5 步工作，即可完成对中；

(5) 直接给出地脚的移动尺寸，现场移动时对中数据实时显示，移动的方向正确与否容易直观判断；

(6) 大多数激光对中仪不仅可水平对中，还可进行垂直对中。

2. 常用联轴器对中工艺方法

1) 联轴器对中的前提

(1) 联轴器中心线与轴颈中心重合；

(2) 轴颈和联轴器外圆不圆度符合要求；

(3) 联轴器的结合面与轴心线垂直。

所以，联轴器对中前，必须测量联轴器外圆晃动和结合面瓢偏，轴颈的晃动和锥度。

2) 联轴器对中方法

先用专用螺栓将联轴器两半连接好。做好两半联轴器对准标记，将标记置于零位(垂直或水平位置)。装上专用工具架或百分表，如图 6-2 所示。

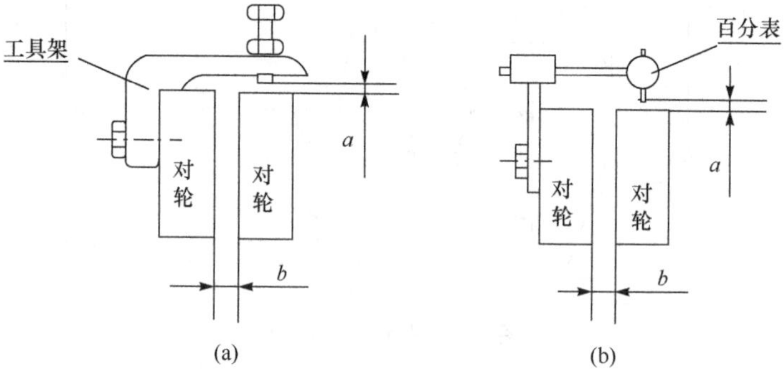

图 6-2　用专用工具架或百分表测量对轮 a、b 尺寸

图 6-2(a)为用专用工具架和塞尺测量，图 6-2(b)为用百分表测量。转子轴向窜动要影响测量的正确性，可在端面同一直径相差 180°位置用两只百分表测量。

按机器旋转方向转动，自零位开始每转 90°同时测量 a、b 尺寸，并做记录，如图 6-3 所示。

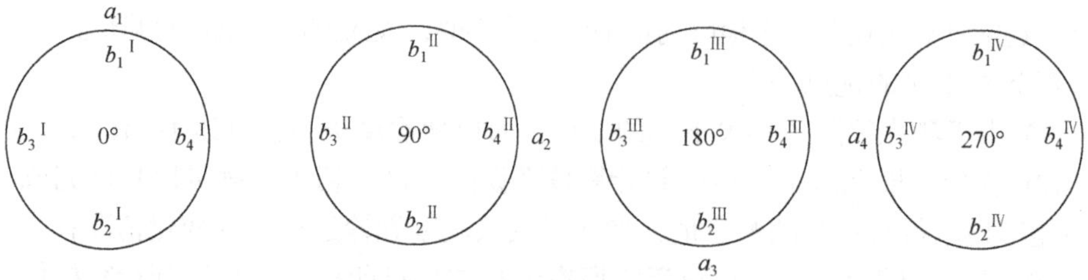

图 6-3　按 90°间隔测量 a、b 尺寸

计算两端面间隙 b 个点平均值：

$$b_1 = \frac{b_1^{\mathrm{I}} + b_1^{\mathrm{II}} + b_1^{\mathrm{III}} + b_1^{\mathrm{IV}}}{4}$$

$$b_2 = \frac{b_2^{\mathrm{I}} + b_2^{\mathrm{II}} + b_2^{\mathrm{III}} + b_2^{\mathrm{IV}}}{4}$$

$$b_3 = \frac{b_3^{\mathrm{I}} + b_3^{\mathrm{II}} + b_3^{\mathrm{III}} + b_3^{\mathrm{IV}}}{4}$$

$$b_4 = \frac{b_4^{\mathrm{I}} + b_4^{\mathrm{II}} + b_4^{\mathrm{III}} + b_4^{\mathrm{IV}}}{4}$$

测量4个位置后，转到起始位置a、b读数值应与原读数值相同。如相差>0.03mm，应分析原因，消除误差后再重新测量。

联轴器位置偏差典型情况分析：

(1) 第1种情况。

两联轴器中心重合，联轴器的端面不平行，如图6-4所示。

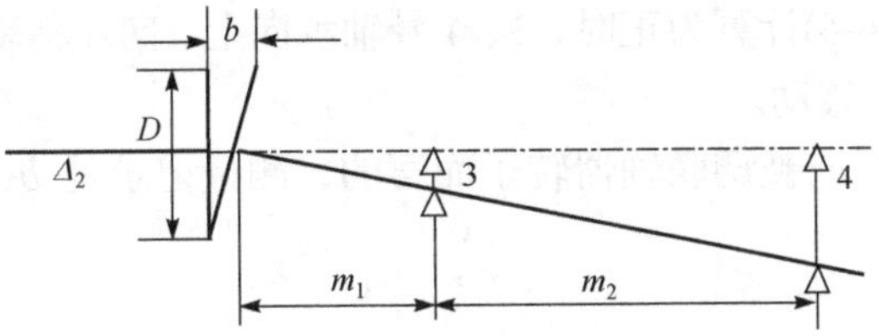

图6-4 端面不平行

这种情况的测量特点是：$a=0$，$b\neq0$。调整3号轴承移动X_1值，调整4号轴承移动X_2值，用下式计算X_1、X_2值：

$$X_1 = \frac{(b_1 - b_2)m_1}{D}$$

$$X_2 = \frac{(b_1 - b_2)(m_1 + m_2)}{D}$$

$b_1 > b_2$时，X_1、X_2为整数，表示3、4号轴承要抬高。

(2) 第2种情况。

联轴器结合端面平行，中心不重合。说明两转子中心线平行，但不成一直线。这种情况的测量特点是：$a \neq 0$，$b = 0$。调整3、4号轴承移动$X_1 = X_2 = \frac{a_3 - a_1}{2}$。$a_3 > a_1$时表示3、4号轴承要抬高。

(3) 第3种情况。

联轴器结合端面不平行，中心又不重合，是上述两种情况的组合。现场绝大多数出现这种情况。这种情况的测量特点是：$a\neq0$，$b\neq0$。调整计算，可按以上两种情况的计算结合起来。

3号轴承上、下移动量：

$$X_{3V} = \frac{(b_1 - b_2)m_1}{D} + \frac{a_1 - a_3}{2} \tag{6-1}$$

4号轴承上、下移动量：

$$X_{4V} = \frac{(b_1 - b_2)(m_1 + m_2)}{D} + \frac{a_1 - a_3}{2} \tag{6-2}$$

当X_{3V}、X_{4V}为正数时，轴承抬高，为负数时，轴承放低。

3 号轴承左、右移动量：

$$X_{3n}=\frac{(b_3-b_4)m_1}{D}+\frac{a_4-a_2}{2} \tag{6-3}$$

4 号轴承左、右移动量：

$$X_{4n}=\frac{(b_3-b_4)(m_1+m_2)}{D}+\frac{a_4-a_2}{2} \tag{6-4}$$

当式(6-1)～式(6-4)计算为正时，3、4 号轴承向上、向左移动；计算为负时，3、4 号轴承向下、向右移动。

左、右移动是面向被调联轴器转子而言的，测量记录是 b_3、a_4 在左侧，b_4、a_2 在右侧。

计算举例：

测量数据如图 6-5 所示，D=400，m_1=600，m_2=4000。

计算 3、4 号轴承的调整量及调整方向。

端面间隙平均值：

$$b_1=(30+40+90+60)/4=55$$
$$b_2=(50+40+30+20)/4=35$$
$$b_3=(45+75+85+35)/4=60$$
$$b_4=(35+5+34+45)/4=30$$

位移量计算:

$$X_{3V}=(55-35)600/400+(50-38)/2=36(0.36\text{mm})$$
$$X_{4V}=(55-35)(600+400)/400+(50-38)/2=236(2.36\text{mm})$$
$$X_{3n}=(60-30)600/400+(39-49)/2=40(0.40\text{mm})$$
$$X_{4n}=(60-30)(600+400)/400+(39-49)/2=340(3.40\text{mm})$$

计算结果表明：3 号轴承上移 0.36mm、左移 0.40mm；4 号轴承上移 2.36mm、左移 3.40mm。

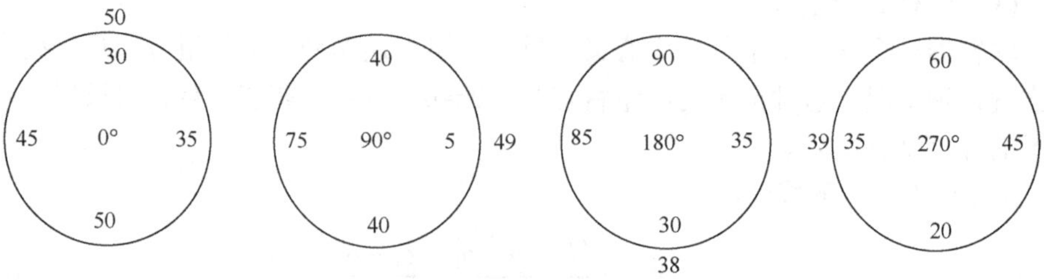

图 6-5　联轴器对中测量数据

3. 联轴器对中注意事项

(1) 一般以一个转子为基准，只调整另一个转子。百分表表架安装在基准转子联轴器上。百分表架应有足够的刚度，并与联轴器固定牢靠。百分表测量头应与被测表面垂直。

(2) 两半联轴器连螺栓不应蹩劲，以免转动转子后位置变化影响测量数据。

(3) 测量前应保证轴颈与轴瓦接触良好，转动转子时不致摆动。

(4) 有些轴系如汽轮发电机组对中时，应考虑运行状态的影响。

4. 联轴器对中的质量标准

联轴器形式不同，找正的标准允许偏差不同。各部位的偏差标准，一般按表 6-1 选取。

表 6-1 联轴器对中的允许偏差

联轴器类型	允许偏差/mm	
	外圆 *a*、*b*、*c*、*d* 任两只之差	端面Ⅰ、Ⅱ、Ⅲ、Ⅳ任两只之差
刚性对刚性	0.04	0.03
刚性与半挠性	0.05	0.04
挠性与挠性	0.06	0.05
齿轮式	0.10	0.05
弹簧式	0.08	0.06

第二节 现场平衡(Ⅱ级)

一、现场平衡

现场动平衡是指旋转机械在现场工作状态或接近现场工作状态下，对其进行振动测量分析和平衡校正的一种平衡方法。与将转子拆下放到动平衡机上进行平衡的方法相比，有工作量小、快速，甚至平衡精度高等优点。进行现场动平衡的常用设备有动平衡仪，幅值—相位分析仪等。

现场平衡的定义(国家标准 GB/T 6444《机械振动平衡词汇》)：在转子自身的轴承和支承结构上，而不是在平衡机上进行平衡的过程。

现场平衡目的：在实践中虽然做不到设备转子的质量中心与旋转中心绝对重合，但为了设备的安全运行，必须将偏心所激发的振动幅度控制在许可范围内，即将机器的振动量值减小到机器长期运行的允许值内。

进行现场平衡的原因：

(1) 现场环境与平衡机上不同。包括：支承系统动态特性不同；无法发现和校正的安装误差；转子系统在组装前不能进行平衡；在满负荷工况下运行转子不平衡特性的改变。

(2) 转子运行中的变化。包括磨损，零部件损坏，更换零部件，转子轴系中零部件的移位。

(3) 经济和技术因素。包括没有必要购买平衡机，没有合适的平衡机可用，拆卸机器、运输转子到平衡机不太经济。

(4) 机器正常运行或转速改变时，振动量值没有达到要求。

二、现场动平衡原理

现场动平衡的原理主要是影响系数法，其基本思想是：转子—轴承振动系统是一个线性系统，轴承处的振动响应是各平衡面的不平衡量各自引起的振动响应的线性叠加，而各平衡面的单位不平衡量在各轴承处引起的振动响应，即为其响应的影响系数。现场动平衡的具体做法为：通过对转子平衡面试加平衡量，测量试加平衡量前后的轴承振动响应，确定各影响系数，从而求得应加平衡重量。

根据转子平衡的理论，只要系统符合线性假设，即转子旋转的转速稳定时，轴承的振动与离心力之间的相位差保持不变，振动幅值的大小与离心力的大小成正比。

平衡计算基本三角形如图 6-6 所示，矢量 A_0 表示实际测量的原始振动；矢量 A_1 表示转子上加一试验质量后，在同一转速下测量的振动；其试验质量的“振动响应”用矢量 A_{01} 表示。由图可以看出，为使原始振动为零，试验质量应移过角度 θ，并且试验质量的大小按比例 $\dfrac{A_0}{A_1}$ 进行调整。

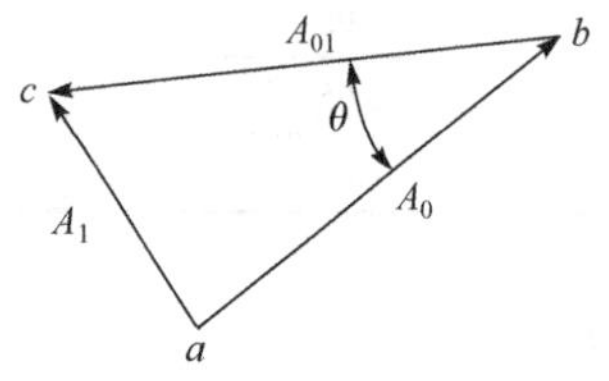

图 6-6　试验质量对振动矢量响应

设试验质量的大小为 P，则校正质量的大小为 W。

$$W = P \times \frac{A_0}{A_1}$$

则称由 A_0、A_1、A_{01} 三个矢量组成的三角形 $\triangle abc$ 为试验振动响应三角形或平衡计算矢量三角形。这个三角形非常重要，因为它是转子平衡计算的基础，是建立影响系数的基础，是动平衡试验振动响应的形象描述。

试验配重 P 是一个矢量，它具有质量大小和所加位置的相对角度，并且是已知的。根据不平衡振动和离心力的线性关系，可得到下面的关系式：

$$F = \frac{A_1 - A_0}{P}$$

这就是影响系数的基本数学表达式，它表示在转子校正平面上固定半径处加单位质量，在测振转速某个测点所呈现的振动响应特征。它可以代表某一台机器在指定轴承(测点)上，在一定的转速下，使用一台固定的测振仪器，测量获得的轴承振幅、相位与转子上加配重质量大小、方向之间的一个关系常数，利用这个关系常数，可以列出转子平衡方程式：

$$F \times Q + A_0 = 0 \tag{6-5}$$

式中，F、A_0均为已知，求解方程式(6-5)即可求得转子上应加平衡配重质量 Q，这种平衡计算法称为影响系数法。式中，$F \times Q$ 表示转子所加平衡质量产生的振动与原始不平衡振动 A_0 的大小相等、方向相反，则它们的矢量和为零。这就是最简单的单平面影响系数平衡方法。

在实际现场动平衡中可以采用作图法和解析法，有时只需做单面平衡，有时根据需要可做双面平衡。

三、现场动平衡应用实例

例 6-1：图 6-7 是一个离心式鼓风机的简单结构示意图。风机叶轮直径约 600mm，重量约 90kg。用 18.5kW 的异步电机驱动。工作转速为 1470r/min。

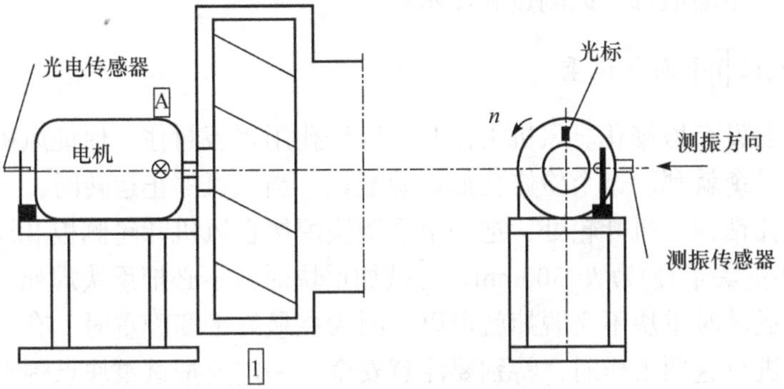

图 6-7　风机结构和传感器布置

这是一个非常典型的单面平衡的例子。因为风机叶轮的宽度相对于叶轮的直径很小，所以被认为是圆盘状转子。采用单平面平衡就足以减少转子的不平衡和每个轴承的基频振动达到允许值。

选择风机叶轮内侧背板作为校正平面 [1]。这个平面靠近重心平面，采用电焊焊接的方法把平衡配重加到这个平面上。用具有磁力座的振动传感器直接吸附在电机上靠近风机的一侧，作为不平衡振动测量平面 [A]。因为风机叶轮直接装在电机轴上，所以可以通过测量电机的振动反映风机叶轮的不平衡。测量方向选择水平方向，因为垂直方向的支承刚度比水平方向高，所以垂直振动较小。

1. 安装测试仪器

把便携式动平衡仪放在风机安装传感器位置附近，避开外露旋转部件方向确保安全操作。动平衡仪靠近传感器有利于传感器与仪器调整。建立角度相位基准和测速光标。把一片自黏反光胶片粘在电机风扇轮端面上。并标记旋转方向。用磁力座表架安装光电基准传感器，调整传感器使其能接收到反光胶片反射的光线。然后把具有磁力座的振动传感器装在预定的测量平面 [A] 上。用专用电缆把基准传感器和振动传感器连接到仪器上。接上电源调整好仪器准备启动风机运转。

2. 测量风机原始不平衡振动

风机在工作状态下运行，测量原始不平衡量，更精确地说是原始不平衡振动的测量。

初始运转

平衡转速：1470r/min；

测点A的振动：40.5μm(P-P)∠354°。

说明：测量参数是振动位移，(P-P)表示振动位移的峰-峰值。

测量绝对轴承振动采用振动位移峰-峰值(P-P)，还是采用振动速度均方根值(r.m.s)，主要取决于用户日常监测设备振动所采用的参数。功能比较齐全的测试仪器相关的各种振动值都可以测量和显示。

3. 在风机1平面加试重

风机一般设有检修孔。风机工作时，检修孔用盖板封住，保证风机安全正常运转。现场动平衡就利用这个检修孔加试验配重。当风机停止运转时，工作人员可以从这个检修孔钻到风机叶轮处，把一个重钢块焊接在风机叶轮侧板1校正面上，校正半径(即加重块半径)为 R=300mm。在试加重块时，不必把重块焊死，只要点焊牢固，风机试运转时重块不飞脱掉就可以。因为在最终平衡配重时，有可能需要取下试重块。在进行这项工作时，特别要注意安全，一定要把试重块点焊牢固。

试验重量：65.7g∠15°。

4. 试验运转

加好试验重量后，把封装检修孔的盖板装好。在同样的工作转速下，测量加重后的不平衡振动。

试验运转

测点A的振动：156μm(P-P)∠305°。

与原始不平衡振动 40.5μm(P-P)∠354°进行比较，振动幅值增大很多，大约是原始振动的 3 倍多，相位相变化不大仅为 49°。这说明试重块的重量太大。加重相位也不好，与不平衡所在相位基本相同，没用减少不平衡反而加大了不平衡。对于这种情况可以通过计算调整试验配重，再一次开车运转测量调整试验配重后的不平衡振动。也可以不调整试验配重，进行下一步计算校正重量，但这对于精度高的平衡可能有一些误差。

5. 计算校正重量

一般现场动平衡仪通过集成在仪器中的微处理机自动计算出校正配重，并且通过数字显示出校正配重的数量和相位角度。仪器在进行计算之前，需要人工输入试验配重。然后还要考虑一个问题既是否去除试重，如果试重使不平衡振动减小了，可以选择不去除试重，在试重的基础上计算平衡配重。因为这个例子试重加的不好，没有使振动减小反而使振动增大了。所以选择去除试重的方法计算平衡配重，平衡仪器计算的动平衡配重结果如下：

在平面1的配重：20.3g∠256°。

除了数字显示和计算，高档现代化便携现场平衡仪器还可以图形显示原始不平衡振动、试验运转振动和校验运转振动的矢量。在这个图中可以观察到不平衡变化的振动反应和确定不平衡校正。

虽然现代化的今天，手工图形计算不再需要了。但图形计算方法特别清楚直观容易实施，并且能增加对基本原理的理解。当平衡出现困难时，这是经常发生的情况，此时手工图形计算就显示其优势了。你能够简单地回复并验证计算方法。用图形法手工计算校正质量最好要准备一张极坐标图纸。

其具体作图方法如下(参考图 6-8)：

第一步：将测量的原始不平衡振动 $S_{(p\text{-}p)0}$=40.5μm(P-P)∠354°按一定比例画在图中。从坐标原点 *O* 沿着原始不平衡相位角354°画一条直线 *OA*。其长度比例取 *I*=500，则原始不平衡矢量的长度 *OA*=40.5μm×500=20.25(mm)。

第二步：将测量的试验运转不平衡振动 $S_{(p\text{-}p)1}$=156μm(P-P)∠305°用同样的方法同一尺寸比例画在图中。既在 305°方向上画 *OB* 直线，其长度 *OB*=156μm×500=78(mm)。然后连接 *A* 点和 *B* 点，有矢量 *AB*，其表示了加上试验重量 67.5g∠15°后原始不平衡振动矢量的变化。

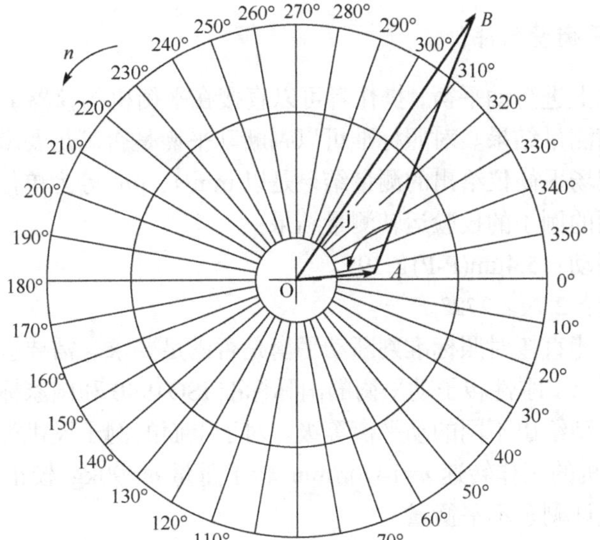

图 6-8　不平衡校正计算矢量图

第三步：计算平衡配重，测量 A、B 两点的距离，AB=66mm 其平衡配重的数量为

$$W_q = W_p \frac{OA}{AB} = 65.7 \times \frac{20.25}{66} = 20.3(\text{g}) \tag{6-6}$$

式中，W_p 为试验重量(g)。

用角度尺(半圆仪)测量φ角为 119°试验加重角度 15°减去φ角 119°就是平衡配重所要加的角度 256°。平衡配重的数量按照上面的公式可以精确地计算出来，平衡配重所要加的相位角要根据分度方向以及原始振动相位和试运转振动相位的关系确定。本例是逆着转子旋转方向分度的，试运转振动相位(305°)超前于原始振动相位(354°)的情况下。通过实践证明：试验加重相位角减去振动相位变化角φ等于动平衡配重的相位角，即 15°−119°= −104°。因为一个圆周是 360°，所以 360°−104°=256°。

不论手工作图计算还是仪器自动计算的平衡配重结果为：20.3g∠256°，这样首先把试加重量去掉，然后加上平衡配重。注意：精密的平衡要求相应精确的称重和角度放置。不论是平衡配重还是试验配重都应精确地称重和角度测量。

6. 检验运转

最终不平衡校正精度要通过校验运转检测。如果不能满足机器运转的要求达到所需的平衡精度，有必要进行多次平衡校正。在同样的工作转速下，测量加平衡配重后的不平衡振动。

检验运转

测点[A]的振动：5.4μm(P-P)∠19°。

计算在校正平面[1]的不平衡配重：2.7g∠272°。

7. 剩余不平衡量的评价

在动平衡机上进行动平衡，操作者可以直接在平衡机的仪器上获得以 g·mm 等为单位的不平衡测量结果。对照标准可以判断动平衡是否满足要求。进行现场动平衡时，目前的现场平衡仪给出的测量结果是以 mm/s、μm 等为单位的振动值和剩余配重量。如上面的例子的校验运转测量结果：

测点[A]的振动：5.4μm(P-P)∠19°。

剩余配重量：2.7g∠272°。

这样的值不能直接对照标准判断动平衡是否满足要求。需要进行计算才能判断平衡是否满足要求。刚性转子动平衡的国际标准 ISO1940 和国家标准 GB/T 9239 根据转子的不同类型给出不同的动平衡等级。对于上面的例子风机类转子平衡的质量等级是 G6.3。风机的工作转速 n=1470r/min，转子重量 m=90kg，校正半径 r=300mm。

计算最大允许剩余不平衡量：

$$U_{\text{per}} = 1000 \times G \times m \times 30 / (\pi \times n) = 1000 \times 6.3 \times 90 \times 30 / (\pi \times 1470) = 3683(\text{g} \cdot \text{mm})$$

最大允许偏心(不平衡度)：

$$e_{per}=U_{per}/m=3683/90=40.92(\mathrm{g\cdot mm/kg})$$

允许剩余不平衡重量 $W_{per}=U_{per}/R=3683/300=12.3\mathrm{g}$。

实际的剩余不平衡配重 2.7g<允许剩余不平衡重量 12.3g。完全符合标准的要求。

达到剩余不平衡量　　　　$U=2.7\times300=810(\mathrm{g\cdot mm})$

偏心　　　　　　　　　　$e=810/90=9(\mathrm{g\cdot mm/kg})$

相当于 G1.4 的平衡精度。

这样的动平衡精度是相当高的，而且不平衡振动也很小，只有 5.4μm 完全满足鼓风机运行的要求。

例 6-2：这是用幅值—相位分析系统对国内某钢铁公司氧气厂三空压站 1 号空压机电动机转子做现场动平衡，并取得成功的一个案例，平衡试验报告见表 6-2。

表 6-2　1 号空压机电动机动平衡测试报告

	第一测量面		第二测量面	
	振幅	相位	振幅	相位
初始不平衡	2.4	327	2.1	166
平面 1 加试重	7.2	273	3.0	62
平面 2 加试重	2.4	95	0.8	347
校正量	平面 1 试重：528.4g		平面 2 试重：528.4g	
	校正面 1		校正面 2	
	质量	角度	质量	角度
	90.3	−47	256.3	0.3
残余不平衡	第一测量面		第二测量面	
	振幅	相位	振幅	相位
	1.0	345	0.32	127

综上所述，现场动平衡技术的成功应用，对于旋转设备较多的企业，在降低振动、减少故障，节约检修开支等方面，都有重大的经济效益，推广应用的价值十分大。

第三节　更换机器部件(Ⅲ级)

设备故障诊断最终目的是使设备的各项性能指标保持完好，保障生产的连续性、高效性。因此工业现场的设备故障诊断人员往往还承担着指导维修，恢复设备的应有性能的任务。通过更换上新零部件并对设备状态进行调整，使其达到规定的标准。本节主要介绍滑动轴承、滚动轴承、齿轮和联轴器的安装、调整工艺和技术标准。

一、滑动轴承

1. 滑动轴承的装配

滑动轴承的类型很多，常见的主要有剖分式滑动轴承、整体式滑动轴承和油膜式滑动轴承等。装配前都应修毛刺、清洗、加油，并注意轴承加油孔的工作位置。

1) 轴瓦的清洗与检查

首先核对轴承的型号，然后用煤油或清洗剂清洗干净；并检查轴瓦质量，看看有无裂纹、砂眼及孔洞等缺陷，如有缺陷应采取补救措施。

2) 轴承座的固定

轴承座通常用螺栓固定在机体上。安装轴承座时，应先把轴瓦装在轴承座上，再按轴瓦的中心进行调整。同一传动轴上的所有轴承的中心应在同一轴线上。同轴度包括垂直与水平两个方向。装配时可用拉线的方法进行找正，如图 6-9 所示。之后用涂色法检查轴颈与轴瓦表面的接触情况，应使所有轴瓦的两端都与轴颈相接触，即找正，符合初装要求后，将轴承座牢固地固定在机体或基础上。

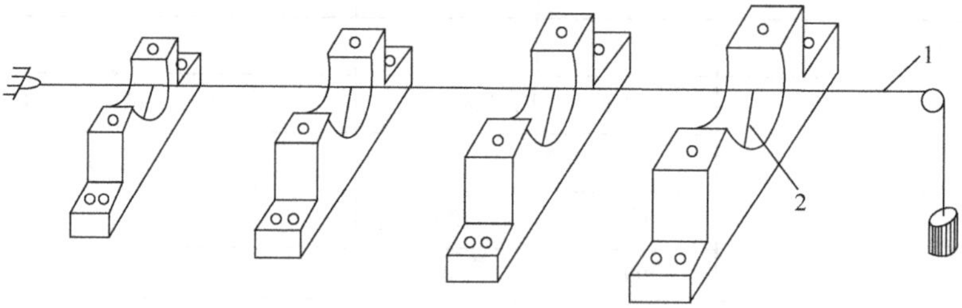

图 6-9　拉线法检测轴承座的同轴度

1-钢线；2-内径千分尺

3) 轴瓦与轴承座的装配

为将轴上的载荷均匀地传给轴承座，轴瓦与轴承座应有适当的配合，一般采用较小的过盈配合，过盈量为 0.01～0.05mm。要求轴瓦背与轴承座内孔应有良好的接触，配合紧密。下轴瓦与轴承座的接触面积不得小于 60%，上轴瓦与轴承盖的接触面积不得小于 50%。这就要进行刮研。刮研的顺序是先下瓦后上瓦。刮研轴瓦背时，以轴承座内孔为基准进行修配，直至达到规定要求为止。另外，要刮研轴瓦及轴承座的剖分面。轴瓦剖分面应高于轴承座剖分面 0.05～0.1mm，以便轴承座拧紧后，轴瓦与轴承座具有过盈配合性质。

上下两轴瓦扣合，其接触面应严密，轴瓦的直径不得过大，否则轴瓦与轴承座间就会出现“夹帮”现象，如图 6-10 所示。

轴瓦的直径也不得过小，否则在设备运转时，轴瓦在轴承座内会产生颤动如图 6-11 所示。

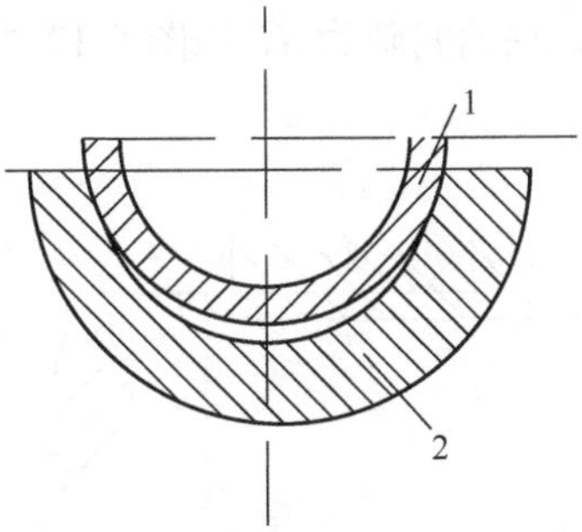

图 6-10　轴瓦直径过大

1-轴瓦；2-轴承座

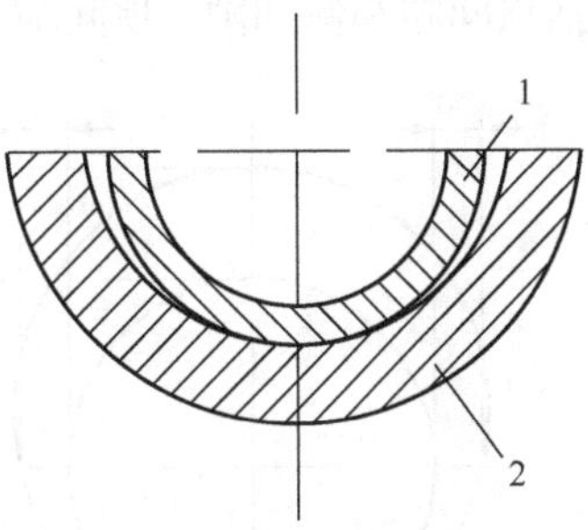

图 6-11　轴瓦直径过小

1-轴瓦；2-轴承座

4) 轴瓦与轴颈的装配

为使轴瓦在工作载荷下容易形成油膜，要求有合适的接触面积及油楔形成角。若接触面积过小，则单位面积上的压强大于油膜的承载压力，油膜破裂，导致金属之间的直接接触摩擦。若油膜过厚，又容易引起油膜涡动、油膜振荡。油膜的承载压力和油膜厚度与油的黏度(温度)和轴颈的线速度相关。高速轴的接触面积比低速轴的接触面积要小，润滑油的黏度也比低速轴的润滑油的黏度低。

为了使轴瓦的接触面积具有一定范围的适应性，要求从宏观上，接触面积均匀地分布在轴瓦的全长；从微观上，整个接触面积是由无数个小接触点组成。这就要采用刮研工艺来实现这个要求。

用涂色法检查轴颈与下轴瓦的接触，应注意将轴上的所有零件都装上。首先在轴颈上涂一层红铅油，然后使轴在轴瓦内正、反方向各转一周，在轴瓦面较高的地方则会呈现出色斑，用刮刀刮去色斑。刮研时，每刮一遍应改变一次刮研方向，继续刮研数次，使色斑分布均匀，直到符合要求为止。

刮研轴瓦时，必须注意两个问题：轴瓦与轴颈间的接触角和接触点。

轴瓦与轴颈之间的接触表面所对的圆心角称为接触角，一般接触角取为 60°～90°。高速轴取小，低速轴取大；轻载取小，重载取大。

轴瓦和轴颈之间的接触点与机器的特点有关：

低速及间歇运行的机器：1～1.5 点/cm^2。

中等负荷及连续运转的机器：2～3 点/cm^2。

重负荷及高速运转的机器：3～4 点/cm^2。

另外，在刮削轴瓦时，应使轴瓦端面的圆角与传动轴轴肩倒角相适应。

2. 滑动轴承间隙的检测与调整

滑动轴承因磨损而不能正常工作时，一般的表现为两种基本形式：一种是轴与轴承配合间隙增加，另一种是轴承的几何形状发生变化。这两种情况是同时发生的。

1) 间隙的作用与确定

轴颈与轴瓦的配合间隙有两种：一种是径向间隙，另一种是轴向间隙。径向间隙包括顶间隙和侧间隙。顶间隙为 a，侧间隙为 b，轴向间隙为 S，如图 6-12 所示。

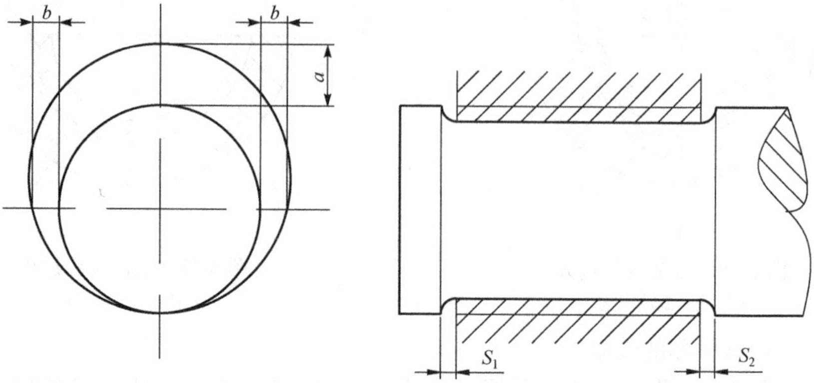

图 6-12　滑动轴承间隙

顶间隙的主要作用：是使润滑油能从轴径顶部沿上轴瓦顶间隙和下轴瓦侧间隙渗入到下瓦工作区，以保持液体摩擦，以利于形成油膜。顶间隙可由计算决定，也可按以下的经验系数决定。对于采用润滑油润滑的轴承，顶间隙 a=0.10%D～0.15%D，D 为轴颈公称直径，单位 mm。对于采用润滑脂润滑的轴承，顶间隙 a=0.15%D～0.20%D。如果负荷作用在上轴瓦时，上述顶间隙值应减少 1.5%。同一轴承两端顶间隙之差应符合表 6-3 的规定。

表 6-3　滑动轴承两端顶间隙之差　(单位：mm)

轴颈公称尺寸	≤50	>50～120	>120～220	>220
两端顶间隙之差	≤0.02	≤0.03	≤0.05	≤0.10

侧间隙的主要作用是为了积聚和冷却润滑油。在侧间隙处开油沟或冷却带，又称“开瓦口”或“开帮”，可增加油的冷却效果，并保证连续地将润滑油吸到轴承的受载部分，但油沟不可开通，否则运转时将会漏油。

瓦口尺寸如图 6-13 所示，通常按下面公式选取：

瓦口深度：　$h=2/5\times\delta$

瓦口宽度：　$S=(10\sim25)\delta$

其中，δ 为瓦厚。为了容易形成油楔，瓦口斜面与瓦底圆弧的过渡区必须光顺，不允许存在山脊形状。侧间隙两侧应相等，单侧间隙 b 应为

$$b=1/2\times a\sim2/3\times a$$

式中，a 为顶间隙。

轴向间隙的主要作用是保证轴在温度变化时有自由伸长的余地，同时，任何传动轴在运转中，都不可避免地产生一定的轴向串动，为了减轻传动轴轴肩端面与滑动轴承端面的磨损，也应在滑动轴承与传动轴轴肩相配合的端面处留有间隙。轴向间隙数值在机械设备生产厂家的出厂技术文件中可查到，也可通过计算得到。轴向

间隙的计算公式为

$$S=S_1+S_2=\alpha L\Delta T+0.2$$

其中，α 为钢的热膨胀系数，$\alpha=(10.6\sim12.2)\times10^{-6}/℃$；$L$ 为轴长，单位：mm；ΔT 为最高工作温度与装配时温度之差，单位：℃。

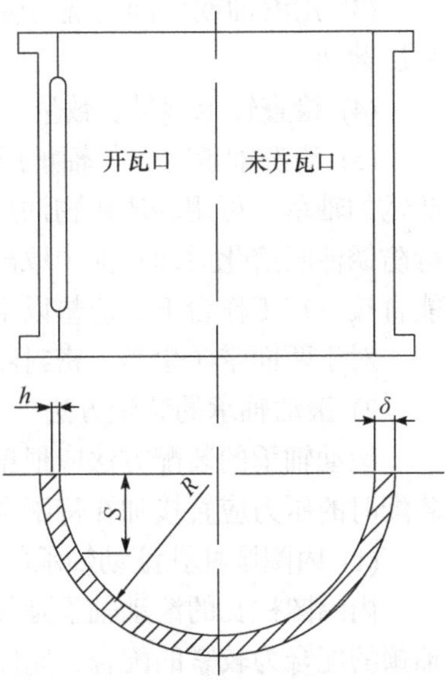

图 6-13　瓦口尺寸

2) 间隙的测量与调整

检查轴承径向间隙，一般采用压铅测量法和塞尺测量法。

(1) 铅测量法。

压铅法测量较为精确，测量时先将轴承盖打开，用直径为顶间隙 1.5～2 倍、长度为 15～40mm 的若干个软铅丝或软铅条，分别放在轴颈上和轴瓦的剖分面上。然后放上轴承盖，对称而均匀地拧紧连接螺栓，再用塞尺检查轴瓦剖分面间的间隙是否均匀相等。最后打开轴承盖，用千分尺测量被压扁的软铅丝的厚度。其顶间隙的平均值按下列公式计算：

$$A_1=\frac{a_1+c_1}{2},\quad A_2=\frac{a_2+c_2}{2},\quad S=\frac{(b_1-A_1)+(b_2-A_2)}{2}$$

式中，b_1、b_2 为轴颈上各段铅丝压扁后的厚度，单位：mm；a_1、a_2、c_1、c_2 为轴瓦接合面上铅丝压扁后的厚度，单位：mm。

上述方法测得的顶间隙值，如果小于规定数值时，应在上下瓦接合面间加垫片来重新调整；如果大于规定数值时，则应减去垫片或刮削轴瓦接合面来调整。

(2) 塞尺测量法。

对于轴径较大的轴承间隙，可用宽度较窄的塞尺直接塞入间隙内，测出轴承顶间隙和侧间隙。对于轴径较小的轴承，因间隙小，测量的相对误差大，故不宜采用。在用塞尺检测滑动轴承的轴向间隙时，要求整个圆周的间隙应均匀。必须注意的是，采用塞尺测量法测出的间隙，总是略小于轴承的实际间隙。

二、滚动轴承

1. 滚动轴承的装配

1) 装配前的准备工作

滚动轴承是一种精密部件，其内外圈和滚动体都具有较高的精度和较细的表面粗糙度，认真做好装配前的准备工作(检查、清洗等)，是保证装配质量的重要环节。

(1) 按所装的轴承，准备好所需的工具和量具。

(2) 按图样的要求检查与轴承相配的零件，如轴、轴承座。端盖等表面是否有凹陷、毛刺、锈蚀和固体的微粒。

(3) 用汽油或煤油清洗与轴承配合的零件，并用干净的布仔细擦净，然后涂上一层薄油。

(4) 检查轴承型号、数量与图样要求是否一致。

(5) 清洗轴承时，如轴承用防锈油封存的可用汽油或煤油清洗；如用防锈油脂防锈的轴承，可用轻质矿物油加热溶解清洗(油温不超过 100℃)，把轴承浸入油内，待防锈油脂溶化后即从油中取出，冷却后再用汽油或煤油清洗。经过清洗的轴承不能直接放在工作台上，应垫以干净的布或纸。

对于两面带防尘盖、密封圈或涂有防锈润滑两用油脂的轴承不需进行清洗。

2) 滚动轴承的装配方法

滚动轴承的装配方法应根据轴承的结构、尺寸大小和轴承部件的配合性质而定。装配时的压力应直接加在待配合的套圈端面上，不能通过滚动体传递压力。

(1) 内圈圆柱孔滚动轴承的装配。

内圈圆柱孔的滚动轴承是最常用的轴承。一般来说，主轴转动的轴承其内圈与轴颈的配合为较紧的配合，座体转动的轴承其外圈与座孔的配合为较紧的配合。较紧的配合安排在先装工序，较松的配合后装。

根据配合的松紧程度，装配方法分为：锤入法、压装法、油浴热装法。这些方法没有截然的分界，主要受装配现场的装配机具条件所限制，当然大过盈量的装配必须采用热装法。

锤入法：用于几乎没有过盈的配合，其装配过程和步骤如下：

① 在干净的两装配表面涂上润滑油。

② 轴承内圈(或外圈)对正轴(或座孔)，开始时，先用手锤的木柄打击轴承内圈(或外圈)，要对称地打击到内圈(或外圈)的圆周，保持内圈(或外圈)均匀地装入。

③ 装到一定程度，用铜棒垫在内圈(或外圈)上，用锤头打击铜棒，继续对称、均匀的推进，直到轴承装入到位。

④ 严禁打击保持架或滚动体。打击力的作用点应靠近配合面。

锤入法需要的工装机具条件最少，适合小规模的现场维修装配。

压装法：是使用压力机具将轴承压入到装配部位，用于过盈量不大的装配要求。装配步骤的前两步与锤入法相同——涂油与对正，压入时，使用预先准备的压套垫在轴承上，在压力机的推力下，压装到位。

压装法和锤入法属于冷装配，适用于所有的小直径轴承装配。大过盈量的轴承装配或大直径的轴承装配因为过盈量的绝对数值大，压入法会挤伤配合表面，达不到所需的配合抱紧力，只能采用油浴热装法。

浴热装法：将轴承加热，使内圈的直径热膨胀到轻松推入轴颈的程度来进行装配。把油加热到 100℃左右，用铁丝做成挂钩，将轴承挂在钩子上，入油槽 10～30min(加热时间依轴承大小而定)，注意轴承不许落底，防止加热不均匀，可在油槽内放置网格物垫起。装配时，用手闷子(专用的耐高温手套)捧着轴承一次装配到位。

注意：热装时，中途不得停止。一旦冷却，就极难撼动。

(2) 内圈圆锥孔滚动轴承的装配。

圆锥孔滚动轴承可直接装在带有锥度的轴颈上，或装在退卸套和紧定套的锥面上。这种轴承一般要求有比较紧的配合，但这种配合不是由轴颈尺寸公差决定的，而是由轴颈压进锥形配合面的深度而决定的。配合的松紧程度，靠在装配过程中时时测量径向游隙而把握。对不可分离型的滚动轴承的径向游隙可用厚薄规测量。对可分离的圆柱滚子轴承，可用外径千分尺测量内圈装在轴上后的膨胀量，用其代替径向游隙减小量。如图 6-14 所示。

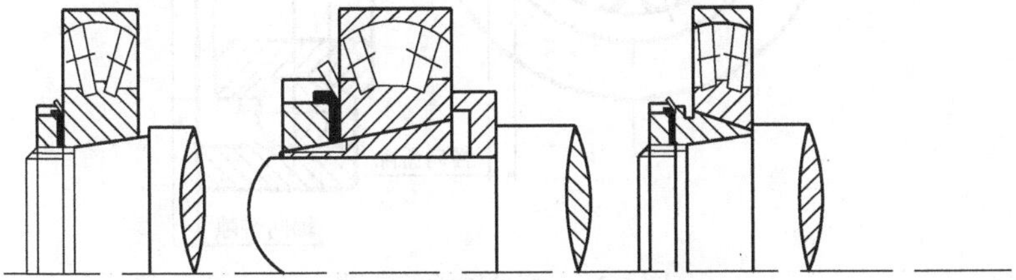

图 6-14　圆锥孔滚动轴承的装配

(3) 力球轴承的装配。

对于推力球轴承在装配时，应注意区分紧环和松环，松环的内孔比紧环的内孔大，故左端的紧环应靠在与轴肩端面上，左端的紧环靠在圆螺母的端面上，如图 6-15 所示。若装反了将使滚动体丧失作用，同时会加速配合零件间的磨损。

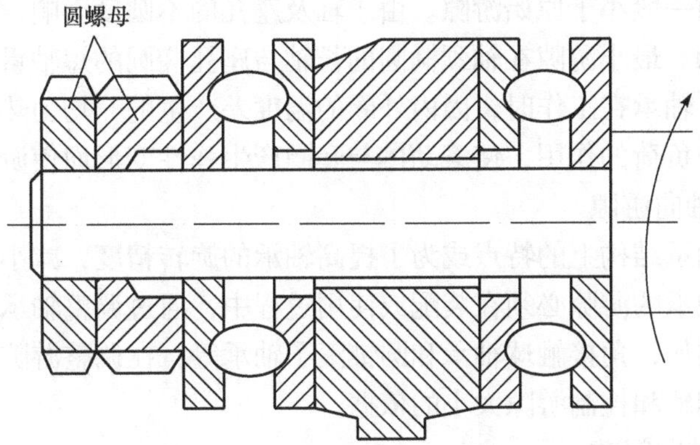

图 6-15　推力球轴承的装配

2. 滚动轴承的游隙(间隙)

滚动轴承的游隙有两个概念：一个是指单个轴承自身而言，另一个是指整个轴系的两个支撑轴承而言。为了区分，也有将后者称为轴承的轴向间隙。

所谓轴承游隙，是指将轴承的一个套圈(内圈或外圈)固定，另一套圈沿着径向或轴向的最大活动量，如图 6-16 所示。滚动轴承游隙分径向游隙和轴向游隙两类，两类游隙之间存在正比关系。

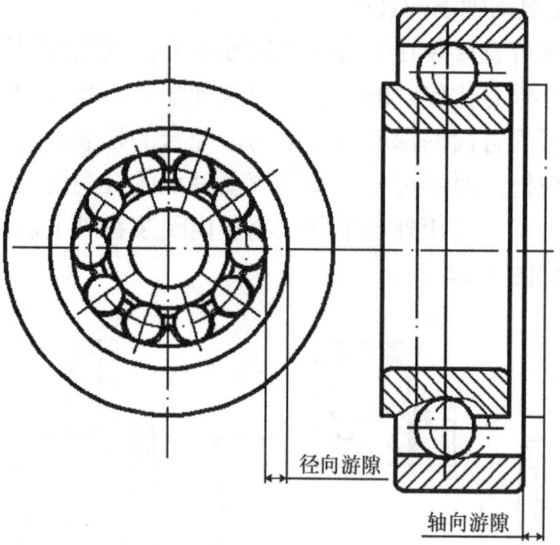

图 6-16　滚动轴承的游隙

1) 轴承的径向游隙

轴承径向游隙的大小，通常作为轴承旋转精度高低的一项指标。由于轴承所处的状态不同，径向游隙分为原始游隙、配合游隙和工作游隙。

原始游隙：轴承在未安装前自由状态下的游隙。

配合游隙：轴承装配到轴上和轴承座内的轴承内部游隙。其游隙大小由过盈量决定。配合游隙一般小于原始游隙。由于轴及座孔的不圆度影响，配合游隙沿圆周方向是非均匀的。最小游隙在轴颈椭圆的长轴与座孔椭圆的短轴重合时。

工作游隙：轴承在工作时，因内外圈的温度差产生的非均匀热膨胀使配合游隙减小，又因工作负荷的作用，使滚动体与套圈产生弹性变形而使游隙增大。

2) 轴承的轴向游隙

由于有些轴承结构上的特点或为了提高轴承的旋转精度，减小或消除其径向游隙。所以有些轴承的游隙必须在装配或使用过程中，通过调整轴承内、外圈的相对位置而确定。例如，角接触球轴承和圆锥滚子轴承等，在调整游隙时，通常是将轴向游隙值作为调整和控制游隙大小的依据。

3) 轴承的轴向间隙

轴承的轴向间隙指的是当轴系的一端轴承为定位轴承，另一端为热膨胀自由轴承条件下，所允许的最大轴向伸长量。

3. 滚动轴承的间隙调整

1) 滚动轴承的预紧

某些高精度的切削机床主轴需要高精度的旋转，这就需要通过轴承预紧来调整滚动轴承的游隙。预紧的原理如图 6-17 所示。即在装配角接触球轴承或深沟球轴承时，如给轴承内圈或外圈以一定的轴向预负荷 F，这时内、外圈将发生相对位移，位移量可用百分表测出。其结果是消除了内、外圈与滚动体的游隙，并产生了初始接触的弹性变形。预紧后的轴承便于控制正确的游隙，从而提高轴的旋转精度。凡是采用了预紧的轴承，即为轴系的定位轴承端，另一端为热膨胀自由端。

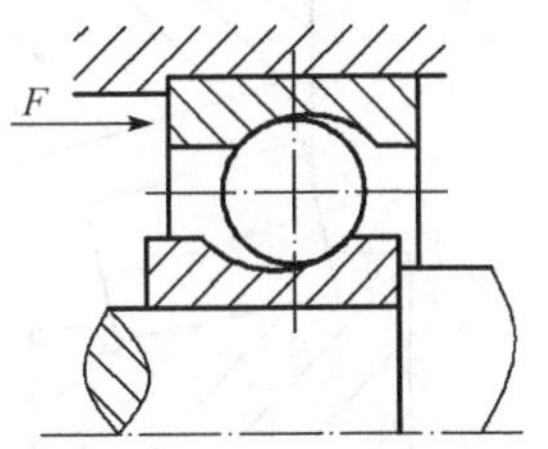

图 6-17　轴承预紧原理

预紧方式有 3 种，如图 6-18(a)所示的利用内外圈垫片的厚度差，图 6-18(b)所示的利用窄外圈，图 6-18(c)利用窄内圈。

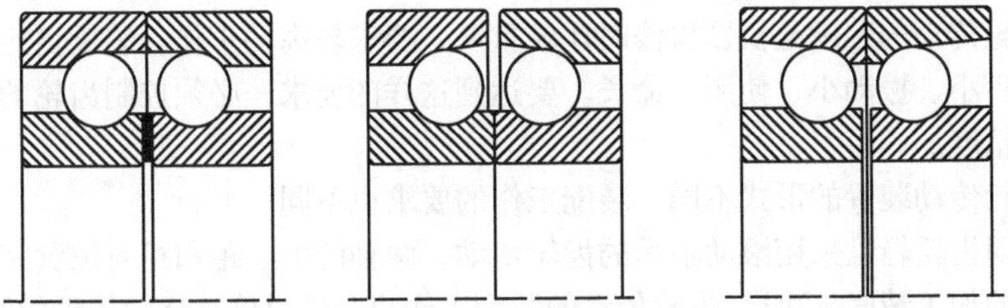
(a) 利用内外圈垫片的厚度差　(b) 利用窄外圈　(c) 利用窄内圈

图 6-18　滚动轴承游隙的预紧方式

2) 滚动轴承的轴向间隙调整

滚动轴承的径向游隙分为不可调和可调两种，因此轴向间隙的计算也有两种方法。

(1) 径向游隙不可调轴承。

因为轴系在工作时受热膨胀会产生轴向伸长，这样内外圈相对移动而使轴承中的径向游隙减小，甚至使滚动体在内外圈之间卡住，发生烧损。所以在双支承的轴系中，常常将其中一个轴承与端盖间预留轴向间隙 δ，δ 的值可按下面公式计算：

$$\delta = L\alpha\Delta t + 0.15\text{mm}$$

式中，L 为轴承间的距离，mm；α 为钢的热膨胀系数，α=(10.6～12.2)×10^{-6}，℃；Δt 为轴的最大工作温度与安装时的温度之差(℃)。

0.15mm 是考虑到轴和孔椭圆度影响所加的补偿量。

按上式确定的轴向间隙只应用于径向游隙与轴向游隙均不可调整的轴承，而不适用于单列径向滚柱轴承、长滚柱轴承和螺旋滚柱轴承，因为这类轴承对轴的热伸长没有妨碍，因此这类轴承在外圈两端不许留有间隙。

(2) 径向游隙可调轴承。

单列圆锥滚柱轴承是在装配时需要调整间隙的轴承之一。其间隙分为两部分：①轴热伸长所需的间隙；②径向热膨胀量在轴向上的所需长度。

径向热膨胀量在轴向上的所需长度由下式计算(图 6-19)：

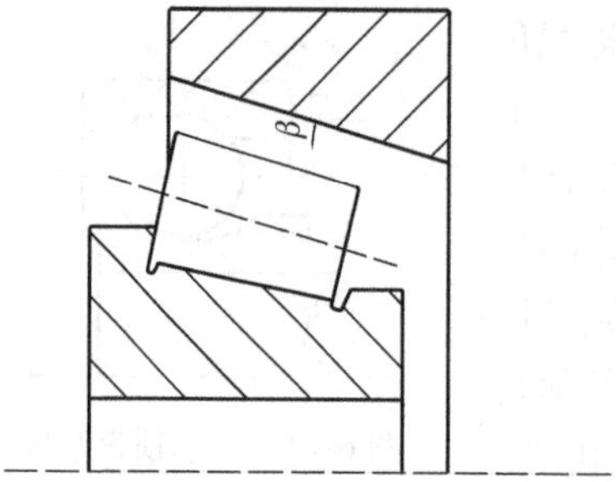

图 6-19　圆锥滚柱轴

$$c = \frac{D\alpha\Delta t}{\tan\beta}\text{mm}$$

式中，D 为轴承外径，mm；α 为钢的热膨胀系数；$\alpha=(10.6\sim12.2)\times10^{-6}$，℃；$\Delta t$ 为轴的最大工作温度与安装时的温度之差，℃；β 为圆锥角(标准系列 $\beta=10°\sim16°$)。

圆锥滚柱轴承的轴向间隙：

$$\lambda = \delta + c$$

三、齿轮

齿轮传动的装配是机器检修时比较重要、要求较高的工作。装配良好的齿轮传动，噪声小、振动小、使用寿命长。要达到这样的要求，必须控制齿轮的制造精度和装配精度。

齿轮传动装置的形式不同，装配工作的要求也不同。

封闭齿轮箱且采用滚动轴承的齿轮传动，两轴的中心距和相对位置完全由箱体轴承孔的加工精度来决定。齿轮传动的装配工作只是通过修整齿轮传动的制造偏差，没有两轴装配的内容。封闭齿轮箱采用滑动轴承时，在轴瓦的刮研过程中，使两轴的中心距和相对位置在较小范围内得到适当的调整。

对具有单独轴承座的开式齿轮传动，在装配时除了修整齿轮传动的制造偏差，还要正确装配齿轮轴，这样才能保证齿轮传动的正确连接。

1. 圆柱齿轮的装配

圆柱齿轮传动的装配过程，一般是先把齿轮装在轴上，再把齿轮轴组件装入齿轮箱。

1) 齿轮与轴的装配

齿轮与轴的连接形式有空套连接、滑移连接和固定连接 3 种。

(1) 空套连接：齿轮与轴的配合性质为间隙配合，其装配精度主要取决于零件本身的加工精度。因此在装配前应仔细检查轴、孔的尺寸是否符合要求，以保证装配后的间隙适当，装配中还可将齿轮内孔与轴进行配研，从而保证齿轮与轴接触的均匀度。

(2) 滑移连接：齿轮与轴之间仍为间隙配合，一般多采用花键连接，其装配精度也取决于零件本身的加工精度。装配前应检查轴的齿轮相关表面的尺寸是否合乎要求；对于内孔有花键的齿轮，可在装配前用花键推刀修整花键孔，也可用涂色法修整其配合面，以达到技术要求。装配完成后应注意检查滑移齿轮的移动灵活程度。不允许有阻滞，同时用手扳动齿轮时，应无歪斜、晃动等现象发生。

(3) 固定连接的齿轮与轴的配合，轻载齿轮多为过渡配合(有少量的过盈)，重载齿轮多采用过盈配合。对于过盈量不大的齿轮和轴在装配时，可用锤子敲击装入；当过盈量较大时可用热装或专用工具进行压装；过盈量很大的齿轮，则可采用液压无键连接等装配方法将齿轮装在轴上。

对于精度要求较高的齿轮传动机构，齿轮装到轴上后，应进行径向圆跳动和端面圆跳动的检查。其检查方法如图 6-20 所示：将齿轮轴架在两顶尖上(或 V 形铁上)，测量齿轮径向跳动量时，在齿轮齿间放一圆柱检验棒，将千分表测头触及圆柱检验棒上母线得出一个读数，然后转动齿轮，每隔 3～4 个轮齿测出一个读数，在齿轮旋转一周范围内，千分表读数的最大代数差即为齿轮的径向圆跳动误差。

检查端面圆跳动量时，将千分表的测头触及齿轮端面上，在齿轮旋转一周范围内，千分表读数的最大代数差即为齿轮的端面圆跳动误差(测量时注意保证轴不发生轴向窜动)。

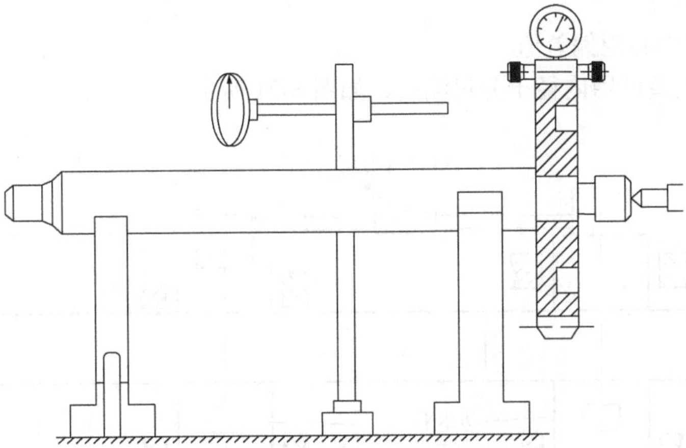

图 6-20　齿轮径向圆跳动误差的检查

2) 圆柱齿轮传动装配的技术要求

对各种齿轮传动机构的基本技术要求是：传递运动准确，传递平稳均匀，冲击振动和噪声小，承载能力强以及使用寿命长等。

为了达到上述要求，除齿轮和箱体、轴等必须分别达到规定的尺寸和技术要求外，还必须保证装配质量。对齿轮传动机构的装配技术要求如下：

(1) 配合齿轮孔与轴的配合要满足使用要求。例如，对固定连接齿轮不得有偏心和歪斜现象；对滑移齿轮不应有咬死或阻滞现象；对空套在轴上的齿轮，不得有晃动现象。

(2) 中心距和侧隙保证齿轮有准确的安装中心距和适当的侧隙。侧隙过小，齿轮传动不灵活，热胀时会卡齿，从而加剧齿面磨损；侧隙过大，换向时空行程大，易产生冲击和振动。

(3) 齿面接触精度保证齿面有一定的接触斑点和正确的接触位置，这两者是有互相联系的，接触位置不正确，同时也反映了两啮合齿轮的相互位置误差。

(4) 齿轮定位变换机构应保证齿轮准确的定位，其错位量不得超过规定值。

(5) 平衡，对转速较高的大齿轮，一般应在装配到轴上后再作动平衡检查，以免振动过大。

3) 齿轮轴组件装入箱体

齿轮轴组件装入箱体是保证齿轮啮合质量的关键工序。因此在装配前，除对齿轮、轴及其他零件的精度进行认真检查外，对箱体的相关表面和尺寸也必须进行检查，检查的内容一般包括孔中心距、各孔轴线的平行度、轴线与基面的平行度、孔轴线与端面的垂直度以及孔轴线间的同轴度等。检查无误后，再将齿轮轴组件按图样要求装入齿轮箱内。

(1) 装配质量检查

齿轮组件装入箱体后，啮合质量主要通过齿轮副中心距偏差、齿侧间隙、接触精度等进行检查。

(2) 测量中心距偏差值

中心距偏差可用内径千分尺测量，如图 6-21 所示。

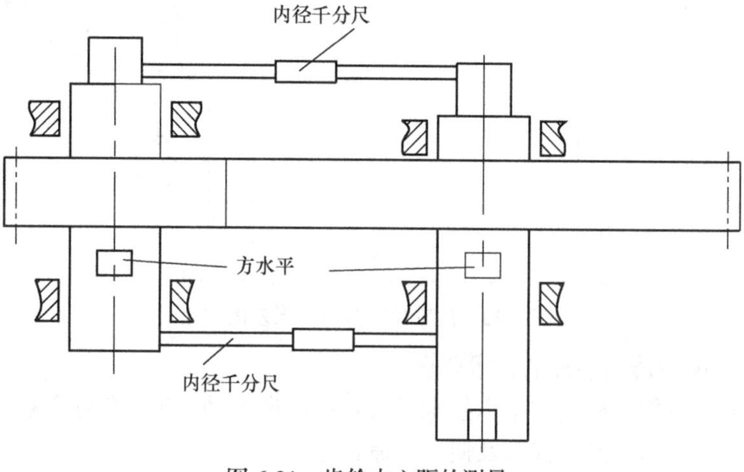

图 6-21　齿轮中心距的测量

(3) 齿侧间隙检查

齿侧间隙的大小与齿轮模数、精度等级和中心距有关。齿侧间隙大小在齿轮圆周上应当均匀，以保证传动平稳，没有冲击和噪声；在齿的长度上应相等，以保证齿轮间接触良好。

齿侧间隙的检查方法有压铅法和千分表法两种。

① 压铅法：此法简单，测量结果比较准确，应用较多。具体测量方法是：在小齿轮齿宽方向上放置两根以上的铅丝(供电用的保险丝)，铅丝的直径根据间隙的大小选定，铅丝的长度以压上 3 个齿为好，并用干油黏在齿上。转动齿轮将铅丝压好后，用千分尺或精度为 0.02mm 的游标卡尺测量压扁的铅丝的厚度。在每条铅丝的

压痕中，厚度小的是工作侧隙，厚度较大的是非工作侧隙，最厚的是齿顶间隙。轮齿的工作侧隙和非工作侧隙之和即为齿侧间隙。

② 千分表法：此法用于较精确的啮合。如图 6-22 所示，在上齿轮轴上固定一个摇杆 1，摇杆尖端支在千分表 2 的测头上，千分表安装在平板上或齿轮箱中。将下齿轮固定，在上下两个方向上微微转动摇杆，记录千分表指针的变化值。

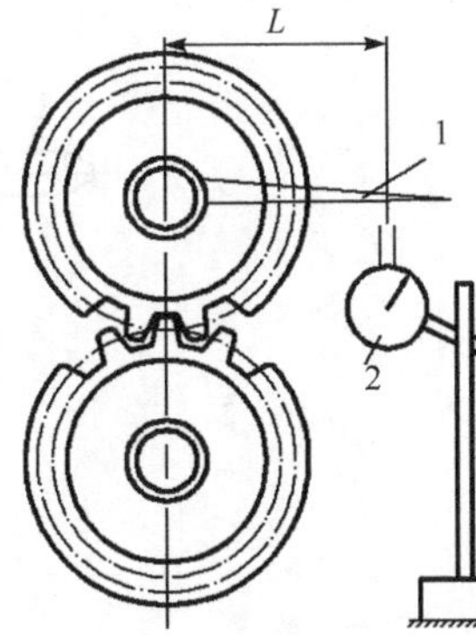

图 6-22　千分表测量侧间隙示意图

当测得的齿侧间隙超出规定值时，可通过改变齿轮轴位置和修配齿面来调整。齿侧间隙 C_0 可用下式计算：

$$C_0 = C\frac{R}{L}$$

式中，C 为千分表上读数值；R 为上部齿轮节圆半径，mm；L 为两齿轮中心线至千分表测头之距离，mm。

(4) 齿轮接触精度的检验

评定齿轮接触精度的综合指标是接触斑点，即装配好的齿轮副在轻微制动下运转后，检查齿侧面上分布的接触痕迹。可用涂色法检查，方法是：将齿轮副的一个齿轮侧面涂上一层红铅粉，并在轻微制动下，按工作方向转动齿轮 2～3 转，检查在另一齿轮侧面上留下的痕迹斑点。正常啮合的齿轮，接触斑点应在节圆处上下对称分布，并有一定面积，具体数值可查有关手册。可根据接触斑点的分布判断啮合情况。

(5) 测量轴心线平行度误差

轴心线平行度误差包括水平方向轴心线平行度误差 δ_x 和垂直方向平行度误差 δ_y。

水平方向轴心线平行度误差的测量方法可先用内径千分尺测出两轴两端的中心距尺寸，然后计算出平行度误差 δ_x。垂直方向平行度误差 δ_y，可用千分表法，也可用涂色法及压铅法。

2. 圆锥齿轮的装配

圆锥齿轮的装配与圆柱齿轮的装配基本相同。所不同的是圆锥齿轮传动两轴线相交，交角一般为 90°。装配时值得注意的问题是，轴线夹角的偏差、轴线不相交偏差和分度圆锥顶点偏移，以及啮合齿侧间隙和接触精度应符合规定要求。圆锥齿轮传动轴线的几何位置一般由箱体加工所决定，箱体内主被动轴孔的垂直度误差按图 6-23 所示检查。

接触精度也用涂色法进行检查，当载荷很小时，接触斑点的位置应在齿宽中部稍偏小端，接触长度约为齿长的 2/3。载荷增大，斑点位置向齿轮的大端方向延伸，

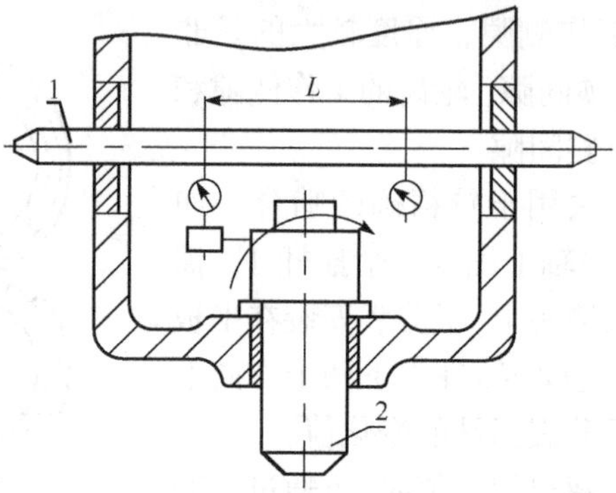

图 6-23　轴孔垂直度检查

在齿高方向也有扩大。如装配不符合要求，应进行调整。

轴线的轴向定位一般以圆锥齿轮的背锥作为基准，装配时使背锥面平齐，以保证两齿轮的正确位置。圆锥齿轮装配后要检查齿侧间隙和接触精度。齿侧间隙一般是检查法向侧隙，查方法与圆柱齿轮相同。若侧隙不符合规定，可通过齿轮的轴向位置进行调整。直齿圆锥齿轮的侧隙 j_n 与轴向调整量 x 的关系，按下列近似公式计算：

$$x \approx \frac{j_n}{2\sin\alpha\sin\delta}$$

式中：α 为齿形角；δ 为节锥角。

3. 蜗轮蜗杆的装配

1) 蜗杆传动的装配要求

蜗杆传动机构装配时，需解决的主要问题是位置要正确。为达到该目的，在装配时必须控制以下方面的装配误差：蜗轮和蜗杆轴心线的垂直度误差；蜗杆轴心线与蜗轮中间平面之间的偏移；蜗轮与蜗杆啮合时的中心距；蜗轮与蜗杆啮合侧隙误差；蜗轮与蜗杆的接触面积误差。

装配时，首先安装蜗轮，将蜗轮装配到轴上的过程和检查方法均与装配圆柱齿轮相同，装配前，应首先检查箱体孔中心线和轴心线的垂直度误差和中心距误差。

2) 蜗杆传动的装配步骤

其装配步骤是：将蜗轮轮齿圈压装在轮毂上，并用螺钉固定；将蜗轮装配到蜗轮轴上；将蜗轮轴组件安装到箱体上；装配蜗杆，蜗杆轴心线位置由箱体孔所确定。

3) 装配质量检查

蜗轮蜗杆装配质量的检查主要包括以下几个方面：

(1) 蜗轮与蜗杆轴心线垂直度检查，通常用摇杆和千分表检查。

(2) 蜗轮与蜗杆中心距检查，通常用内径千分尺测量。

(3) 蜗杆轴心线与蜗轮中间平面之间偏移量的检查，通常用样板法和挂线法检查，如图 6-24 所示。

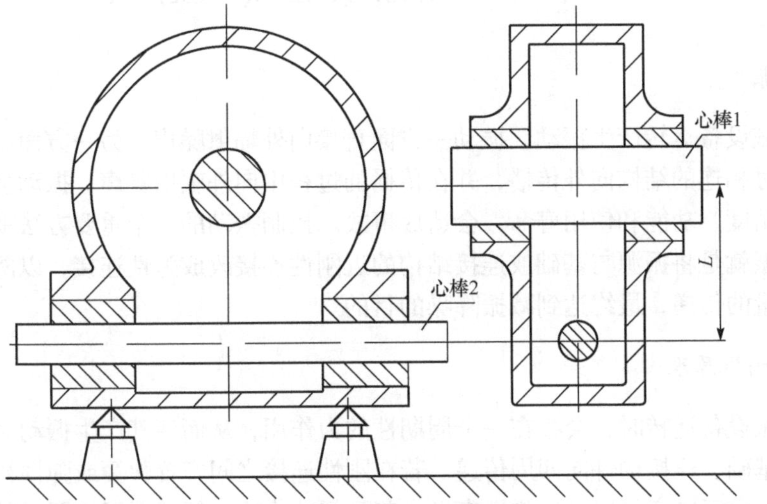

图 6-24　检验中心距

(4) 蜗轮与蜗杆啮合侧隙检查，可用塞尺、千分表检查，又分直接测量法和间接测量法。

(5) 蜗轮与蜗杆啮合接触面积误差的检查，将蜗轮蜗杆装入箱体后，将红铅粉涂在蜗杆螺旋面上，转动蜗杆，用涂色法检查蜗杆与蜗轮的相互位置接触面积和接触斑点等情况。如图 6-25(a)所示为正确的接触斑点在中部偏蜗杆旋出方向；6-25(b)、(c)所示为蜗杆中心不在蜗轮对称线上所显示的接触斑点，需要调整蜗轮两端的垫圈。

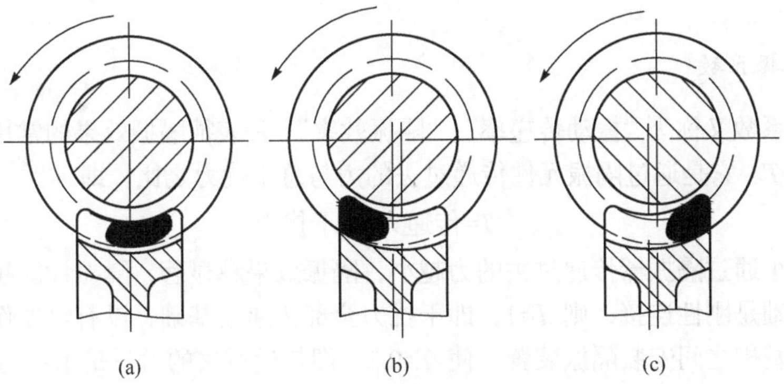

图 6-25　涡轮齿面上的接触斑点

蜗轮蜗杆传动装配后出现的各种偏差，可以通过移动蜗轮中间平面的位置改变啮合接触位置来修正，也可刮削蜗轮轴瓦找正中心线偏差。装配后还应检查是否转动灵活。

第四节 隔振及阻尼(Ⅲ级)

一、隔振

机械设备运转产生振动，振动一方面直接向外辐射噪声，另一方面以弹性波的形式通过相连的结构向外传播，并在传播的过程中向外辐射噪声。振动会影响机械设备的精度、功能和使用寿命，会造成事故。控制振动的一个重要方法就是隔振。

隔振就是将振源与基础或连接结构的近刚性连接改成弹性连接，以防止或减弱振动能量的传递，最终达到减振降噪的目的。

1. 隔振原理

机械设备运转时，会存在一个周期性的力作用，从而使其产生振动。振动的机器通过基础、连接构件向四周传递。若在刚性连接之间安置弹簧或弹性衬垫组成弹性支座，由于支座可以发生弹性变形，起到缓冲作用，便减弱了机器对基础的冲击力，使基础的振动减弱；同时由于支座材料的阻力耗能，也减弱了传给基础的振动，从而使声辐射降低，这就是隔声降噪的基本原理。

隔振时使用的弹性支座称为隔振器，相对于机械设备，其质量可以忽略不计。看作只由弹性装置和能量消耗装置组成。

隔振分为主动与被动两种类型，即从减小振动的传出或从保护机械设备免受外接振动的影响来划分。前者是对作为振动源的机械设备采取隔振措施，防止振动源产生的振动向外传播，称为积极隔振或主动隔振；后者是对怕受振动干扰的设备采取隔振措施，以减弱或消除外来振动对这一设备带来的不利影响，称为消极隔振或被动隔振。

2. 传振系数

传振系数又称为“振动传递率”、“隔振效率”，是表征隔振效果的常用物理量，通常记做 T。它是通过隔振元件传递过去的力与总干扰力之比，即

$$T=传递力/总干扰力$$

T 越小通过隔振器传递过去的力越小，隔振效果越显著，隔振性能越好。如果设备与基础是刚性连接，则 $T=1$，即干扰力全部传递给基础，没有隔振作用；如果在设备与基础之间安装隔振装置，使 $T=0.2$，即传递过去的力只是干扰力的 20%。因此，传递系数的理论计算是隔振理论的关键所在。

3. 隔振系统中的三个要素

隔振系统中控制振动及其传递的三个基本因素是：弹簧隔振器的刚度、被隔离

物体的质量、系统支撑及隔振动器的阻力。

(1) 刚度。隔振器刚度越大，隔振效果越差，反之隔振效果越好。一个设计正确的隔振系统支撑刚度计算最为重要，但弹簧及隔振器的刚度对物体振幅的影响不大。

(2) 质量。被隔离物体的质量使支撑系统保持相对静止。在确定振动力的作用下，物体质量越大，物体振动越小。增大质量还包括增大隔振底座的面积，以增大物体的惯性矩，可减小物体振动，但质量的增加并不能减少传递率。

(3) 阻力。隔振系统的支撑阻力有以下作用：在共振区，抑制共振振幅；减弱高频区物体的振动；在隔振区为系统提供了一个使弹簧短路的附加连接，从而提高了支撑的刚度，使传递率增大，因此阻力的作用有利也有弊，设计时应特别注意。

4. 冲击隔离

和周期性激振力的振动隔离相似，对于脉冲冲击也可以考虑隔离，也分为积极与消极两类。积极的是隔离锻压机、冲床及其他具有脉冲击力的机械，以减小其对环境的影响；消极的冲击隔离是隔离基础的脉冲冲击，使安装在基础上的电子仪器及精密储备能正常工作，在舰船上的设备为了防止因爆炸引起的强烈冲击而设计的隔离系统属此。

冲击隔离与缓冲是有区别的，缓冲是让缓冲材料介于相互碰撞的物体之间，使碰撞的冲击力要比直接碰撞低，如汽车缓冲器、飞机着陆架等。

5. 隔振元件

理论上讲，凡是具有弹性的材料均能作为隔振元件，但实际工程应用上受到许多条件的限制，如能否大量供应，性能是否稳定，使用寿命长短，是否具有防水、防油、防火性能等。

1) 隔振器

它是一种弹性支撑元件，是经专门设计制造的具有单个形状的，使用时可作为机械零件来装配安装的器件。最常用的隔振器可分为：金属弹簧隔振器(包括金属螺旋弹簧隔振器、金属螺形弹簧隔振器、不锈钢丝绳弹簧隔振器、金属丝网隔振器)、橡胶隔振器、橡胶复合隔振器以及空气弹簧隔振器等。

(1) 金属弹簧隔振器，是一种应用广泛的、适用频率范围 1.5～12Hz 的隔振器。其中螺旋弹簧隔振器的应用最为广泛，金属弹簧隔振器主要有钢丝\钢板\钢条等制造成，通常用在静态压缩量大于 5cm，或是温度和其他条件限制不允许采用橡胶等材料的地方。

其主要优点是，弹性好，耐高温，耐油，耐腐蚀，不老化，寿命长，固有频率低，阻尼性能好，承载能力高等。

其主要缺点是，对于一些阻尼系数较小的隔振器，容易发生共振，很可能损坏机构设备，使用时应精心设计，并在弹簧两端加橡胶垫板或在钢丝上黏附橡胶以提高阻尼。其次，金属弹簧的水平刚度较垂直刚度小，产生晃动，而常须附加一些阻尼材料。

(2) 橡胶隔振器，适合于中小设备和仪器的隔振，适用频率范围 4～15Hz，橡胶隔振器不仅在轴向，而且在横向及回转方向上均具有很好的隔振性能，橡胶内部阻力比金属大得多，高频振动隔离性能好，隔声效果也很好，阻力比为 0.05～0.23。

由于橡胶成型容易，与金属也可牢固粘贴，因此可以设计制造各种形状的隔振器，而且重量轻，体积小，价格低，安装方便，更换容易。其主要缺点是耐高温、耐低温性能差，普通橡胶隔振器使用的温度为 0～70℃，易老化，不耐油污，承载能力较低。

(3) 橡胶复合隔振器和空气弹簧隔振器(图 6-26)，依靠橡胶气囊中的压缩的压力变化来取得隔振效果，其工作固有频率低 0.1～5Hz、共振阻力性能好。缺点是价格高，承载能力有限，国内产品较少，目前在一些设备上安装的此类隔振器是阻力性能较好的国外产品。

图 6-26　空气弹簧隔振器和橡胶隔振器

2) 隔振垫

由具有一定形状的软材料构成(橡胶垫、软木、毛毡、海绵、玻璃纤维、泡沫)。一般无一定形状尺寸，可拼装。

(1) 橡胶隔振垫与橡胶隔振器不同，橡胶隔振垫是一块橡胶板，可大面积地垫在振动设备与基础之间。橡胶隔振垫表面常切划出一些凹槽，是为了受压时变形的需要。因其具有持久的高弹性，有良好的隔振、冲击、隔声性能，易制造、安装、易粘接。使用非常的广泛。橡胶隔振垫的适用隔振固有频率在 10～15cm，多层叠放要低于 10Hz。橡胶隔振垫与橡胶隔振器的缺点类似，容易受温度、油质、日光及化学试剂的腐蚀，造成性能下降、老化，一般寿命为 5～10 年，应定期检查更换。

(2) 毛毡适用频率 30Hz 左右。其特点是：经济、易安装、易剪裁、易粘接，防油，不易老化；防火、防水能力差。变形在 25%内，载荷特性为线性，超过则为非线性。

(3) 玻璃棉板和岩棉板、玻璃棉作为弹性垫层，对机器或建筑物基础都能起到很好的减振作用，载荷在 1～2T/m^2 时，最佳厚度为 10～15cm，容重 64kg/m^3，载荷在 250 kg/m^2，厚度 10cm 时，固有频率约 16Hz。玻璃棉板和岩棉板的优点是防火，耐腐蚀，耐高、低温，稳定。缺点是不防水，受潮变形后，隔振效果下降。

(4) 泡沫塑料，发泡后可具有压缩性。其特点是软的支撑载荷，安装方便，但载荷特性非线性，难以满足要求。

3) 其他隔振元件

(1) 管道柔性接管，在设备进出口管道上安装柔性接管是防止振动传递出去，柔性接管在空压机、风机、水泵及柴油机上都有应用。有橡胶、金属两大类。温度低于 100℃，压力在 2.0MPa 以下的液气体传输管道用橡胶或帆布类柔性接管；高于上述值时，用金属波纹管。

(2) 弹性吊架，用于管道及隔声结构悬吊，可防止管道振动传给结构。弹性吊架钩一般用金属弹簧或橡胶块作为弹性元件，前者工作时固有频率可小于 10Hz，后者为 200Hz。

(3) 其他，用于管道下部支撑的弹性支撑，代替刚性连接的高弹性联轴器；吸收单一频率振动能量以降低设备振动的动力吸振器。

常见隔振材料性能比较见表 6-4。

表 6-4　常见隔振材料的性能比较

性能	剪切橡胶	金属弹簧	软木	玻璃纤维板	气垫
最低自振频率/Hz	3	1	10	7	0.2
横向稳定性	好	差	好	好	好
抗腐蚀老化	较好	最好	较差	较好	较好
应用程度	广泛	广泛	不够广泛	手工应用	极少应用
施工与安装	方便	较方便	方便	不方便	不方便
造价	一般	较高	一般	较高	高

二、阻尼

阻尼是指系统损耗能量的能力。从减振的角度看，就是将机械振动的能量转变与热能或其他可以损耗的能量，从而达到减振的目的。从对振动诊断分析中知道阻尼对于系统的振动响应有着重要的影响。适当增加系统的阻尼，是振动控制的一种重要手段。阻尼技术就是充分运用阻尼耗能的一般规律，从材料、工艺、设计等各项技术问题上发挥阻尼在减振方面的潜力，以提高机构结构的抗振性、降低机械产品的振动、增强机械与机械系统的动态稳定性。目前，阻尼减振技术已发展成一门专门技术，在工程领域得到广泛的应用，涉及的内容十分广泛。

1. 阻尼的主要作用

(1) 可降低机械结构的共振振幅，从而避免结构因动应力达到极限所造成的破坏。

(2) 阻尼有助于机械系统受到瞬态冲击后，很快恢复到稳定状态。

(3) 可减少因机械振动所产生的声辐射，降低机械噪声。

(4) 可提高各类机床、仪器等的加工、测量和工作精度。

(5) 可降低结构传递振动的能力。

2. 阻尼产生的机理

从工程应用的角度看，阻尼的产生机理就是将广义振动的能量转换成可以损耗的能量，从而抵制振动、冲洗、噪声。从物理现象上区分，阻尼可以分为五类：①工程材料的内阻尼；②流体的黏滞阻尼；③接合面阻尼与库伦摩擦阻尼；④冲击阻尼；⑤磁电效应阻尼。材料阻尼的机理是：宏观上连续的材料会在微观上因应力或交变应力的作用产生分子或晶界之间的位错运动、塑性滑移，产生阻尼。在低应力状态下由材料的微观运动产生的阻尼耗能，称为材料黏滞弹性。

阻尼大小评价—损耗因子

$$\eta(\text{损耗因子}) = \frac{E(\text{每周损耗的能量})}{2\Pi_{ep}(\text{系统最大的弹性势能})}$$

3. 阻尼材料

阻尼材料分为如下四类：

(1) 黏弹类阻尼材料，应用广泛，主要分橡胶类和塑料类，一般以胶片形式生产，使用时可用专用黏结剂将它贴在需要减振的结构上。

(2) 金属阻尼材料，由高分子材料加入适量填料以及辅助材料配制而成，是一种可涂覆在各种金属板状结构表面上，具有减振、绝热和一定的密封性能的特种涂料。

(3) 沥青型阻尼材料，以沥青为基材，并配入尤其是无机填料混合而成，需要时再加入适量的塑料、树脂和橡胶等。

(4) 复合型阻尼材料，在两块钢板或铝板之间夹有非常薄的黏弹性高分子材料，就构成复合阻尼金属板材。金属板弯曲振动时，通过高分子材料的剪切变形，发挥其阻尼特性，它不仅损耗因子大，而且在常温或高温下均能保持良好的减振性能。

4. 阻尼结构

阻尼结构是指将阻尼材料与构件结合成一体以消耗振动量的结构。通常有如下几种基本的形式：

(1) 自由阻尼层结构，即在振动构件的基层板上牢固地粘合一层高内阻尼材料。这种结构的损失因数与阻尼层和基层板的厚度比及其弹性模量比有关。阻尼层的厚度一般以基层板的厚度的 1～4 倍为宜。

(2) 间隔阻尼层结构，是在阻尼层与基层板之间增加一层能承受较大剪切力的间隔层(一般用刚性蜂窝结构)，目的是增加阻尼层的剪切变形。

(3) 约束阻尼层结构，是在自由阻尼层的外侧再黏附一种弹性模量很大的薄层材料(如金属箔层)，外侧薄层对阻尼层起约束作用，以增加其剪切变形。约束薄层、阻尼层与基层板的厚度比可以小到 1∶1∶10。

(4) 间隔约束阻尼层，即在约束层与金属板之间再加一层间隔层，使间隔阻尼层结构和约束阻尼层结构二者的优点结合起来。

除此之外，还有其他的结构形式，但基本机理是相同的，共同的特点是以最少的阻尼材料发挥尽可能大的阻尼作用，以达到减轻结构重量和节约材料的目的。

第五节　共振控制(Ⅲ级)

当机械系统受外界激励，做强迫振动时，若外界激励的频率接近于机械系统固有的频率时，强迫振动的振幅可能达到非常大的值，此时的能量传送是以最为容易的方式传送到机械系统中，这种现象称为共振。

在工程学中，机械共振是工程师必须考虑的问题，因巨大的振幅能摧毁整个结构，导致破坏性的严重后果。

对机械系统有害的共振控制措施主要有防振和减振两个方面。防振是指在机械系统设计阶段就考虑的振动的容许标准而采取降低共振的措施。减振是指机械系统运行时使振动下降到容许的标准。

防振措施和减振措施仅仅是对象的差异及处理的角度有些不同，其基本原理是一样的：

(1) 振源控制，避免共振，改变结构的固有频率或激励频率，防止共振的产生。

(2) 减少激励力，进行动平衡或结构改型减少激励幅值。

(3) 减少振动或激励力的传递，增加阻尼以防止吸收振动能量，装设减振装置以达到减少幅值的目的。

振源控制贯穿于设计、制造乃至使用的全过程，体现在诸如改善发动机平衡性能、动力学性能、零部件的加工与装配精度等。机械系统中有时无法避免共振，因此，为了减少振动或激励力的传递，采取隔离措施。

第六节　基本维修运作(Ⅰ级)

机械设备在使用过程中，不可避免地会由于磨损、疲劳、断裂、变形、腐蚀和老化等原因造成设备性能的劣化以致出现故障，从而使其不能正常运行，最终导致设备损坏和停产致使企业蒙受经济损失，甚至造成灾难性的后果。因此，减缓机械设备劣化速度，排除故障、恢复设备原有的性能和技术要求，需要设备维修从业人员掌握一整套系统的、科学的维护和修理设备的技术。

1. 机械设备修理的类别

机械设备修理类别按修理内容、技术要求和工作量大小可分为大修、项修、小修和定期精度调整等。

(1) 大修：在设备修理类别中，设备大修是工作量最大、修理时间较长的一种计划修理。大修时，将设备的全部或大部分解体，修复基础件，更换或修复全部不合格的机构零件、电器元件；修理、调整电气系统；修复设备的附件以及翻新外观；整机装配和调试，从而达到全面消除大修前存在的缺陷，恢复设备规定的精度与性能。

通常，在设备大修时还应考虑适当地进行相关技术改造，如为了消除设备的先性缺陷或多发性故障，可对设备的局部结构或零部件进行改进设计，以提高其可靠性。按照产品工艺要求，在不改变整机结构的情况下，局部提高个别主要部件的精度等。

(2) 项修：项目修理(简称项修)是根据机械设备的结构特点和实际技术状态，对设备达不到生产工艺要求的某些项目或部件，按实际需要进行的针对性修理。修理时，一般要进行部分解体、检查，修复或更换失效的零件，必要时对基准件进行局部刮研，校正坐标，使设备达到应有的精度和性能。进行项修时，只针对需检修部分进行拆卸分解、修复；更换主要零件，刮研或磨削部分导轨面，校正坐标，使修理部位及相关部位的精度、性能达到规定标准，以满足生产工艺的要求。

(3) 小修：小修是指工作量最小的局部修理。小修主要是根据设备日常检查或定期检查中所发现的缺陷或劣化征兆进行修复。

小修的工作内容是拆卸有关的设备零部件，更换和修复部分磨损较快和使用期限等于或小于修理间隔期的零件，调整设备的局部机构，以保证设备能正常运转到下一次计划修理时间的修理。小修时，要对拆卸下的零件进行清洗，将设备外部全部擦净。小修一般在生产现场进行，由车间维修工人执行。

(4) 定期精度调整：定期精度调整是指对精、大、稀设备的几何精度进行有计划的定期检查并调整，使其达到或接近规定的精度标准，保证其精度稳定以满足生产工艺要求。通常，该项检查的周期为 1～2 年，并应安排在气温变化较小的季节进行。

2. 机械设备修理的一般过程

机械设备修理的工作过程一般包括：解体前整机检查、拆卸部件、部分检查、必要的部件分解、零件清洗及检查、部件修理装配、总装配、空运转试车、负荷试车、整机精度检验、竣工验收。在实际工作中应按大修作业计划进行并同时做好作业调整、作业质量控制以及竣工验收等主要管理工作。

机械设备的修理过程一般可分为修理前准备、施工和修后验收 3 个阶段。

1) 修理前准备

为了使修理工作顺利进行，修理人员应对设备技术状态进行调查、了解和检测；熟悉设备使用说明书、历次修理记录和有关技术资料、修理检验标准等；确定设备修理工艺方案；准备工具、检测器具和工作场地等；确定修后的精度检验项目组和试车验收要求，这样就为整台设备的大修做好了各项技术准备工作。修前准备越充分，修理的质量和修理进度越能够得到保证。

2) 施工

修理过程开始后，首先采用适当的方法对设备进行解体，按照与装配相反的顺序和方向，即“先上后下，先外后内”的方法，正确地解除零部件在设备中相互间的约束和固定形式，把它们有次序地、尽量完好地分解出来并妥善放置，做好标记。要防止零部件的拉伤、损坏、变形和丢失等。

对已拆卸的零部件应及时清洗，对其尺寸和形位精度以及损坏情况进行检验，然后按照修理的类别、修理工艺进行修复或更换。对修前的调查和预检进行核实，以保证修复和更换的正确性。对于具体零部件的修复，应根据其结构特点、精度高低并结合修复能力，拟定合理的修理方案和相应的修复方法，进行修复直至达到要求。

零部件修复后即可进行装配，设备整机的装配工作以验收标准为依据进行。装配工作应选择合适的装配基准面，确定误差补偿环节的形式及补偿方法，确保各零部件之间的装配精度，如平行度、同轴度、垂直度以及传动的啮合精度要求等。

机械设备大修的修理技术和修理工作量，在大修前难以预测得十分准确。因此，在施工阶段，应从实际情况出发，及时采取各种措施来弥补大修前预测的不足，并保证修理工期按计划或提前完成。

3) 修后验收

凡是经过修理装配调整好的设备，都必须按有关规定的精度标准项目或修前拟定的精度项目，进行各项精度和试验，如几何精度检验、空运转试验、载荷试验和工作精度检验等，全面检查衡量所修设备的质量、精度和工作性能的恢复情况。

设备修理后，应记录对原技术资料的修改情况和修理中的经验教训，做好修理工作小结，与原始资料一起归档，以备下次修理时参考。

3. 机械零件修理更换的原则

在机械设备修理工作中，正确地确定失效零件是修复还是更换，将直接影响设备修理的质量、内容、工作量、成本、效率和周期等。确定零件更换应考虑的因素如下：

(1) 零件对设备精度的影响，有些零件磨损后影响设备精度，如机床主轴、轴承、导轨等基础件磨损将使被加工零件质量达不到要求，这时就应该修复或更换。一般零件的磨损未超过规定公差时，估计能使用到下一修理周期者可不更换；估计用不到下一周期或对精度产生影响而拆卸不方便的，应考虑修复或更换。

(2) 零件对预定使用功能的影响，当设备零件磨损已不能完成预定的使用功能时，如离合器失去传递动力的作用，凸轮机构不能保证预定的运动规律，液压系统不能达到预定的压力和压力分配等，均应考虑修复或更换。

(3) 零件对设备性能和操作的影响，当零件磨损到虽能完成预定的使用功能，但影响了设备的性能和操作时(如齿轮传动噪声增大、效率下降、平稳性差和零件间相互位置产生偏移等)，均应考虑修复或更换。

(4) 零件对设备生产率的影响，零件磨损后致使设备的生产率下降，如机床导轨磨损，配合表面研伤，丝杠副磨损和弯曲等，使机床不能满负荷工作，应按实际情况决定修复更换。

(5) 零件对其本身强度和刚度的影响，零件磨损后，强度下降，继续使用可能会引起严重事故，这时必须修换。重型设备的主要承力件，发现裂纹必须更换。一般零件，由于磨损加重、间隙增大，导致冲击加重，应从强度角度考虑修复或更换。

(6) 零件对磨损条件恶化的影响，磨损零件继续使用可引起磨损加剧，甚至出现效率下降、发热、表面剥蚀等，最后引起卡住或断裂等事故，这时必须修复或更换。如渗碳或氮化的主轴支承轴颈磨损，失去或接近失去硬化层，就应修复或更换。

4. 机械设备的拆卸和清洗

1) 机械设备的拆卸

拆卸是机械设备修理工作的重要环节，拆卸的目的是为了便于清洗、检查和修理设备，在对机械设备进行修理时，如果拆卸不当，往往会造成零部件损坏，设备精度、性能降低，甚至无法修复。因此，为保证修理质量，在动手解体机械设备前，必须周密计划，对可能遇到的问题有所估计，做到有步骤地进行拆卸。

(1) 拆卸前的准备工作：

① 了解机械设备的结构、性能和工作原理。

② 选择适当的拆卸方法，合理安排拆卸步骤。

③ 合适的拆卸工具或设施。

④ 准备好清洁、方便作业的工作场地，做到安全文明作业。

(2) 拆卸的一般原则：

① 选择合理的拆卸步骤：机械设备的拆卸顺序应与装配顺序相反。在切断电源后，一般按“由附件到主机，由外到内，由上而下”的顺序进行，先由整机拆成部件，再由部件拆成组件，最后拆成零件。

② 选择合适的拆卸方法：为了减少拆卸工作量和避免破坏配合性质，可不拆的尽量不拆，需要拆的一定要拆，应尽量避免拆卸那些不易拆卸的连接或拆卸后将会降低连接质量和损坏一部分连接零件的连接，如对于密封连接、过盈连接、铆接和焊接等；但是，对于不拆开难以判断其技术状态，而又可能产生故障的，则一定要拆开。

③ 正确使用拆卸工具和设备：拆卸时，应尽量采用专用的或选用合适的工具和设备，避免乱敲乱打，防止零件损伤或变形。如拆卸联轴器、滚动轴承、齿轮、带轮等，应使用拔轮器或压力机；拆卸螺柱或螺母，应尽量采用尺寸相符的扳手等。

(3) 常用的拆卸方法

① 击卸法。击卸法是利用锤子或其他重物在敲击或撞击零件时产生的冲击能量，把零件拆卸下来。它是拆卸工作中最常用的一种方法，具有操作简单、灵活方便、适用范围广等优点，但如果击卸方法不正确容易损坏零件。用锤子敲击拆卸时应注意以下事项：

(a) 要根据被拆卸件的尺寸大小、重量及结合的牢固程度，选择大小适当的锤子。如果击卸件重量大、配合紧，而选择的锤子太轻，则零件不易击动，且容易将零件打毛。

(b) 要对击卸件采取保护措施，通常使用铜棒、胶木棒、木棒及木板等保护受击部位的轴端、套端还有轮缘等，如图 6-27 所示。

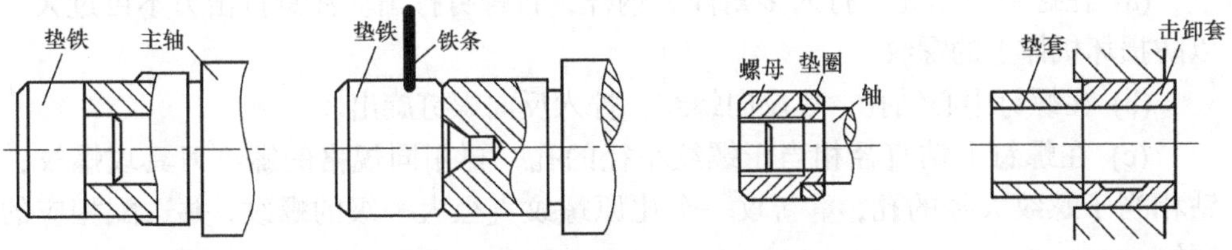

(a) 保护主轴的垫铁　(b) 保护轴端顶尖孔的垫铁　(c) 保护轴端螺纹设施　(d) 保护轴套端的垫圈

图 6-27　击卸法在拆卸时应注意的保护方法示意图

(c) 要选择合适的锤击点，且受力均匀分布。应先对击卸件进行试击，注意观察是否拆卸方向相反或漏拆紧固件。发现零件配合面严重锈蚀时，可用煤油浸润锈蚀面，待其略有松动时再拆卸。

(d) 要注意安全。击卸前应检查锤柄是否松动，以防猛击时锤头飞出伤人损物，要观察锤子所划过的空间是否有人或其他障碍物。

② 拉卸法。拉卸法使用专用拉卸器把零件拆卸下来的一种静力或冲击力不大的拆卸方法，它具有拆卸比较安全、不易损坏零件等优点，适用于拆卸精度较高的零件和无法敲击的零件。拉卸时，应注意顶拔器拉钩与拉卸件接触表面要平整，各拉钩之间保持平行，不然容易打滑。

③ 顶压法。顶压法是一种静力拆卸的方法，适用于拆卸形状简单的过盈配合件。常利用螺旋 C 型钩头、压力机、液压机或千斤顶等工具和设备进行拆卸。

④ 温差法。温差法是利用材料热胀冷缩的性能，加热包容件或冷却被包容件使配合件拆卸的方法，常用于拆卸尺寸较大、过盈量较大的零件或热装的零件。

例如，拆卸尺寸较大的轴承与轴时，对轴承内圈加热来拆卸轴承。加热前把靠近轴承部分的轴颈用石棉隔离开来，防止轴颈受到热膨胀，用顶拔器拉钩扣紧轴承内圈，给轴承施加一定拉力，然后迅速将 100℃左右的热油倾倒在轴承内圈上，待轴承内圈受热膨胀后，即可用顶拔器将轴承拆卸。

⑤ 破坏法。破坏法拆卸是拆卸中应用最少的一种方法，只有在拆卸焊接、铆接、密封连接等固定连接件和相互咬死的配合件时才不得已采用保存主件、破坏副件的措施。破坏法拆卸一般采用车、铣、锯、錾、钻、气割等方法进行。

2) 典型零部件的拆卸

(1) 螺纹连接的拆卸

螺纹连接在机械设备中应用最为广泛，它具有结构简单、调整方便和可多次拆卸装配等优点。其拆卸虽然比较容易，但有时因重视不够或工具选用不当、拆卸方法不正确等而造成损坏,因此应注意选用合适的扳手或一字旋具,尽量不用活扳手。对于较难拆卸的螺纹连接件，应先弄清楚螺纹的旋向，不要盲目乱拧或用过长的加力杆。拆卸双头螺柱，要用专用扳手。

① 断头螺钉的拆卸

如果螺钉断在机体表面及以下时，可以用下列方法进行拆卸：

(a) 在螺钉上钻孔，打入多角淬火钢杆，将螺钉拧出。注意打击力不可过大，以防损坏机体上的螺纹。

(b) 在螺钉中心钻孔，攻反向螺纹，拧入反向螺钉旋出。

(c) 在螺钉上钻直径相当于螺纹小径的孔，再用同规格的螺纹刀具攻螺纹；钻相当于螺纹大径的孔，重新攻一个比原螺纹直径大一级的螺纹，并选配相应的螺钉。

(d) 用电火花在螺钉上打出方形或扁形槽，再用相应的工具拧出螺钉。

如果螺钉的断头露在机体表面外一部分时，可以采用如下方法进行拆卸：

(a) 在螺钉的断头上用钢锯锯出沟槽，然后用一字旋具将其拧出或在断头上加工出扁头或方头，然后用扳手拧出。

(b) 在螺钉的断头上加焊一弯杆，如图 6-28(a)所示或加焊一螺母，用扳手拧出，如图 6-28(b)所示。

(c) 断头螺钉较粗时，可用扁錾沿圆周剔出。

② 打滑六角螺钉的拆卸

六角螺钉用于固定连接的场合较多，当内六角磨圆后会产生打滑现象而不容易拆卸，这时用一个孔径比螺钉头外径稍小一点的六方螺母放在内六角螺钉头上，如图 6-29 所示，然后将螺母与螺钉焊接成一体，待冷却后用扳手拧六方螺母，即可将螺钉迅速拧出。

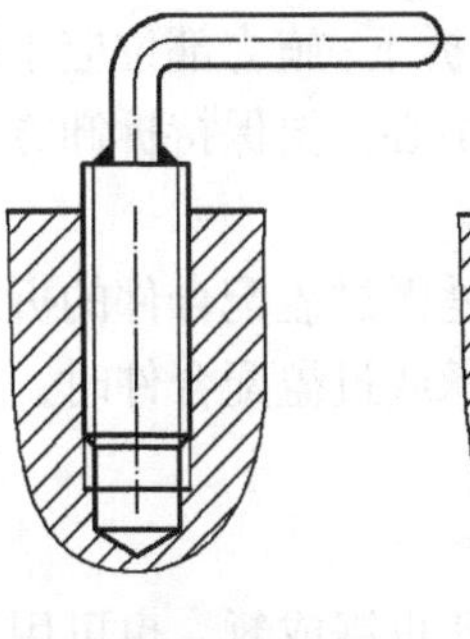

图 6-28　露出机体表面外断头螺钉的拆卸

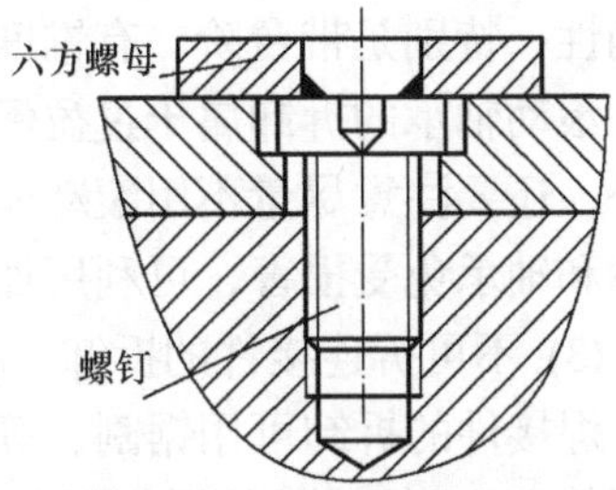

图 6-29　拆卸打滑六角螺钉

③ 锈死螺纹件的拆卸

锈死螺纹件有螺钉、螺柱、螺母等，当其用于紧固或连接时，由于生锈而很不容易拆卸，这时可采用下列方法进行拆卸：

(a) 用手锤敲击螺纹的四周，以震松锈层，然后拧出。

(b) 可先向拧紧方向稍拧动一点，再向反方向拧，如此反复拧紧和拧松，逐步拧出为止。

(c) 在螺纹件四周浇些煤油或松动剂，浸渗一定时间后，先轻轻锤击四周，使锈蚀面略微松动后，再拧出。

(d) 若零件允许，还可采用快速加热零件的方法，使其膨胀，然后迅速拧出螺纹件。

(e) 采用车、锯、錾、气割等方法，破坏螺纹件。

④ 成组螺纹连接件的拆卸

除按照单个螺纹件的方法拆卸外，还要做到如下几点：

(a) 将各螺纹件拧松 1～2 圈，然后按照一定的顺序，先四周后中间按对角线方向逐一拆卸，以免力量集中到最后一个螺纹件上，造成难以拆卸或零部件的变形和损坏。

(b) 处于难拆卸部位的螺纹件要先拆卸下来。

(c) 拆卸悬臂部件的环形螺柱时，要特别注意安全。首先要仔细检查零部件是否垫稳，起重索是否捆牢，然后从下面开始对称位置拧松螺柱进行拆卸。最上面的一个或两个螺柱，要在最后分解吊离时拆下，以防事故发生或零部件损坏。

(d) 注意仔细检查在外部不易观察到的螺纹件，在确定整个成组螺纹件已经拆卸完后，方可将连接件分离，以免造成零部件的损坏。

(2) 过盈配合件的拆卸

拆卸过盈配合件，如位于轴端的带轮、链轮、齿轮及内螺纹等零件，应根据零件配合尺寸和过盈量的大小，选择合适的拆卸方法、工具和设备，如顶拔器、压力机等，不允许使用铁锤直接敲击零部件，以防损坏。在无专用工具的情况下，可用木槌、铜锤、塑料锤或垫以木棒(块)、铜棒(块)用铁锤敲击。无论使用何种方法拆卸，都要检查有无销钉、螺钉等附加固定或定位装置，若有应先拆下；施力部位应正确，以使零件受力均匀，如对轴类零件，力应作用在受力面的中心；要保持拆卸方向的正确性，特别是带台阶、有锥度的过盈配合件的拆卸。

滚动轴承的拆卸属于过盈配合件的拆卸，在拆卸时除遵循过盈配合件的拆卸要点外，还要注意尽量不用滚动体传力。拆卸尺寸较大的轴承或过盈配合件时，为了使轴和轴承免受损害，可利用加热法来拆卸。

(3) 不可拆连接件的拆卸

焊接件的拆卸可用锯割、等离子切割，或用小钻头钻孔再锯或錾，也可用乙炔气割等方法。铆接件的拆卸可用錾掉、锯掉或气割掉铆钉头，或用钻头钻掉铆钉等。操作时，应注意不要损坏基体零件。

3) 机械零件的清洗

对拆卸后的机械零件进行清洗是修理工作的重要环节。清洗方法和清洗质量对零件鉴定的准确性、维修质量、维修成本和使用寿命等均有重要影响。

零件的清洗包括清除油污、锈层、水垢、积碳、旧涂装层等。

(1) 清除油污

清除零件上的油污，常采用清洗液，如有机溶剂、碱性溶液、化学清洗液等。清洗方法有擦洗、煮洗、喷洗、振动清洗及超声波清洗等。清洗方式有人工洗涤和机械清洗。

擦洗，即将零件放入装有煤油、柴油或化学洗涤剂的容器中，用棉纱擦洗或用毛刷刷洗。这种方法操作简便、设备简单，但效率低，适用于单件小批量生产的中小型零件及大型零件的工作表面的除油。一般不宜用汽油作清洗剂，因其有溶脂性，会损害零件体且容易造成火灾。

煮洗，将配置好的溶液和被清洗的零件一起放入用钢板焊制的清洗池中，用池下炉灶将其加热至 80～90℃，煮洗 3～5min 即可。

喷洗，是将具有一定压力和温度的清洗液喷射到零件表面，以清除油污。该方法清洗效果好、生产效率高，但设备复杂，适用于零件形状不太复杂、表面有较严重油垢的清洗。

振动清洗，将待清洗的零件放在振动洗涤机的清洗架上，并浸没有清洗液中，通过清洗机产生振动模拟人工漂涮动作和清洗液的化学作用去除油污。

超声波清洗，靠清洗液的化学作用与引入清洗液中的超声波振荡共同作用，以去除油污。

清洗不同材料的零件和不同润滑材料产生的油污，应采用不同的清洗剂。清洗动、植物油污，可用碱性溶液，因为它与碱性溶液起皂化作用，生成肥皂和甘油溶于水中。但碱性溶液对不同金属有不同程度的腐蚀性，尤其对铝的腐蚀较强。因此清洗不同的金属件应该采用不同的配方。常见的配置化学清洗液的清洗剂有 LCX-52 水基金属清洗剂、CW 金属清洗剂、JSH 高效金属清洗剂、D-3 金属清洗剂、DJ-04 金属清洗剂、817-C 洗油剂、CJC-8 液态金属清洗剂等，使用前要根据产品说明书的要求来选择。

矿物油不溶于碱溶液，因此在清洗零件表面的矿物油油垢时，需加乳化剂，使油脂形成乳化油液而脱离零件表面。为加速去除油垢的过程，可采用加热、搅拌、压力喷洗、超声波清洗等措施。

(2) 除锈

零件表面的腐蚀物如钢铁零件的表面锈蚀，在机械设备修理中，为保证修理质量，必须彻底清除。目前主要采用机械、化学和电化学等方法除锈。

① 机械法除锈

利用机械摩擦、切削等作用消除零件表面锈层。常用方法有刷、磨、抛光、喷砂等。单件小批量的维修可由人工用钢丝刷、刮刀、砂布等打磨锈蚀表面；成批或有条件时，可用机器除锈，如电动磨光、抛光、滚光等。喷锈砂法除锈是利用压缩空气，把一定粒度的砂子通过喷枪喷在零件锈蚀的表面上，不仅除锈快，还可为涂装、喷涂、电镀等工艺做好表面准备，经喷砂处理的表面可达到干净的，有一定粗糙度的表面要求，从而提高覆盖层与零件的结合力。

② 化学法除锈

利用一些酸性溶液溶解金属表面的氧化物，以达到除锈的目的。目前使用的化学溶液主要是盐酸、硫酸、磷酸或其混合溶液，加入少量的缓蚀剂。其工艺过程是：除油—水冲洗—除锈—水冲洗—中和—水冲洗—去氧。为保证除锈效果，一般都将溶液加热到一定的温度，严格控制时间，并要根据被除锈零件的材料采用合适的配方。

③ 电化学法除锈

电化学法除锈是在电解液是通以电流，通过化学反应达到除锈的目的，这种方法可节约化学药品，除锈效率高、除锈质量好，但消耗能量大且设备复杂。常用的方法有阳极腐蚀和阴极腐蚀，阳极腐蚀是把锈蚀件作为阳极，主要缺点是当电流密度过高时，易腐蚀过度，破坏零件表面，故适用于外形简单的零件；阴极腐蚀是把锈蚀件作为阴极，用铅或铅锑合金作阳极，阴极腐蚀无过蚀问题，但氢易浸入金属中，产生氢脆，降低零件塑性。

(3) 清除涂层

清除零件表面的保护涂装层，要根据涂装层的损坏程度和保护涂装层的要求进行全部或部分清除。涂装层清除后，要冲洗干净，准备再喷刷新涂层。

清除方法一般是采用手工工具，如刮刀、砂纸、钢丝刷或手提电动、风动工具进行刮、磨刷等。有条件时可采用各种配制好的有机溶剂、碱性溶液退漆剂等化学方法除锈。

使用有机溶液退漆时，要特别注意安全。工作场地要通风，与火隔离，操作者要穿戴防护用具，工作结束后，要将手洗干净，以防中毒。使用碱性溶液退漆剂时，不要让铝制零件、皮革、橡胶、毡质零件接触，以免腐蚀损坏。操作者要戴耐碱手套，避免皮肤接触受伤。

第七章　常用设备基本知识

第一节　电动机、发电机及电动机拖动(Ⅰ级)

一、电动机

电动机是一种旋转机器，它将电能转变为机械能。工作原理是利用电磁力定律，即磁场中载流导体会受到电磁力的作用。电动机主要包括一个用以产生磁场的电磁铁绕组或分布的定子绕组和一个旋转电枢或转子，其导线中有电流通过并受磁场的作用而使其转动。通常电动机的做功部分做旋转运动，这种电动机称为转子电动机；也有作直线运动的，称为直线电动机。

电动机能提供的功率范围很大，从毫瓦级到千瓦级。

电动机的使用和控制非常方便，具有自启动、加速、制动、反转、掣住等能力，能满足各种运行的要求。

电动机的工作效率较高，又没有烟尘、气味，不污染环境，噪声也较小。由于它的一系列优点，所以在国民经济的各个领域起着重要作用。

电动机外形如图 7-1 所示。

图 7-1　电动机

电动机主要分为交流电动机(包括同步电动机、感应电动机)、直流电动机和交直流电动机。

二、发电机

发电机是将机械能转变为电能的机器。工作原理是利用电磁感应定律，即运动导体在磁场中切割磁力线后导体中会产生感应电动势。它主要包括一个被驱动旋转的转子切割磁力线和一个用以产生电动势的定子绕组，其导线中有电流输出。

发电机主要分为交流发电机和直流发电机两大类，交流发电机包括汽轮发电机(蒸汽轮机和燃气轮机)，水轮发电机，柴油发电机，核能、风能、太阳能、地热能、潮汐能和生物质能等发电机。

在电力工业中，产生电能的发电机和对电能进行交换、传输与分配的变压器是电站和变电所的主要设备。

三、电动机拖动

利用电动机作为原动机拖动生产机械运行的系统，称为电力拖动系统。电力拖动是机电设备中的一个重要组成部分。图 7-2 为电机带动油泵工作图。电力拖动具有以下优点：

图 7-2　电机带动油泵工作图

(1) 电能的远距离输送简便经济，分配简单，检测方便。

(2) 电力拖动比其他形式的拖动效率高，电动机与被拖动机械的连接简便。

(3) 电动机的形式和种类很多，具有各种各样的特性，可适应不同生产机械的需要，且电力拖动的启动、制动与调速等控制简便迅速，调节性能好。

(4) 可实现远距离控制与自动调节，进而实现生产过程的自动化。

第二节　泵类、风机(Ⅰ级)

一、泵

泵是把原动机的机械能转换为液体能量的机器。原动机(电动机、柴油机等)通过泵对液体做功，使其能量(包括位能、压能和动能)增加，从而把液体输送到高处或要求有压力的地方。

根据工作原理可将泵分为三大类：

(1) 容积泵：利用工作室容积周期性变化来输送并提高液体的压力，如活塞泵、柱塞泵、齿轮泵、螺杆泵、叶片泵等。图 7-3 所示为齿轮泵的工作原理图。

(2) 动力泵：依靠泵内作高速旋转的叶轮把能量传给液体、进行液体输送并提高液体压力的机器。属于这种类型的泵有各种形式的离心泵、混流泵、旋涡泵及轴流泵等。图 7-4 所示为离心泵。

(3) 其他类型泵：利用流体静压力或流体动能来输送流体的泵，如射流泵(图 7-5)、水环泵、电磁泵及水锤泵等。

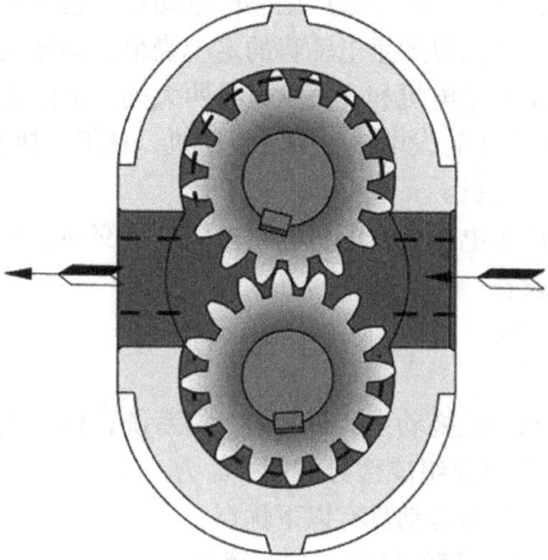

图 7-3　齿轮泵的工作原理图

图 7-4　离心泵(带电机)

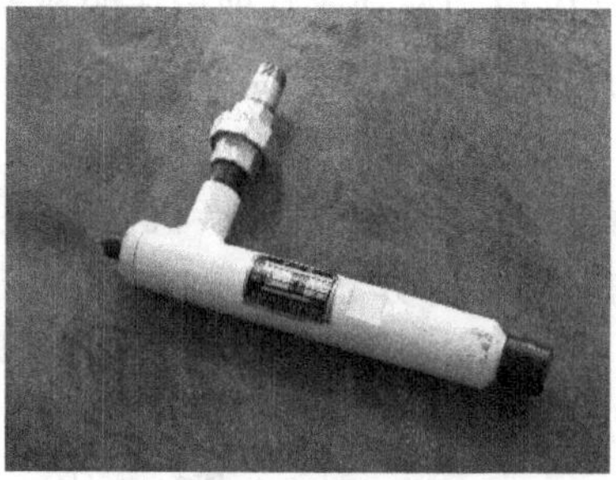

图 7-5　射流泵

二、风机

风机是把原动机的机械能转变为气体能量的一种机械，它是用来提高气体压力并输送气体的机械，是工业上应用最广泛的机械设备之一(图 7-6)。风机也属于透平机械的一种。

风机可分为通风机、鼓风机和压缩机。其中，常用的通风机的分类为：

(1) 通风机按其压力的大小可分为：

高压离心通风机(2.94～14.6kPa)

中压离心通风机(0.98～2.94kPa)

低压离心通风机(<0.98kPa)

高压轴流通风机(0.49～4.90kPa)

低压轴流通风机(<0.49kPa)

图 7-6　风机

(2) 通风机按其介质流动方向可分为：

轴流式通风机、离心式通风机、混流式通风机和贯流(横流)式通风机。

(3) 通风机按其用途可以分为：

锅炉引风机、矿井风机、耐磨风机和高温风机等许多种。

另外，我们日常中，又把通风机按正、负压方式使用时，分为鼓风机和引风机。鼓风机，正压使用，一般是将空气送入系统，工作温度在80℃以内；引风机，负压使用，是将空气从系统中抽出，一般工作温度要达到150℃。

第三节　蒸汽轮机、燃气轮机(Ⅱ级)

一、蒸汽轮机

蒸汽轮机的全称为蒸汽涡轮发动机，是一种撷取(将水加热后形成的)水蒸汽的动能转换为涡轮转动的动能机械设备。相对于由詹姆斯·瓦特发明的单级往复式蒸汽机，涡轮蒸汽机大幅度改善了热效率，更接近热力学中理想的可逆过程，并能提供更大的功率，至今已几乎完全取代了往复式蒸汽机。涡轮蒸汽机特别适用于火力发电和核能发电，世界上大约80%的电是利用涡轮蒸汽机所产生。图 7-7 所示为蒸汽轮机外形图。

图 7-7　蒸汽轮机

1. 蒸汽轮机的分类

蒸汽轮机分类如表 7-1 所示。

表 7-1　蒸汽轮机的分类表

分类	名称	说明
按工作原理分	冲动式汽轮机	蒸汽主要在喷嘴叶栅内膨胀
	反动式汽轮机	蒸汽在静叶栅与动叶栅内膨胀
按所具的级数分	单级汽轮机	通流部分只有一个级
	多级汽轮机	通流部分有两个以上的级
按蒸汽在汽轮机内流动的方向分	轴流式汽轮机	蒸汽流动方向与轴平行
	辐流式汽轮机	蒸汽流动方向与轴垂直
	周流式汽轮机	蒸汽流动方向沿圆周流动
按汽轮机热力系统特征分类	凝汽式汽轮机	排汽压力低于大气压力
	抽汽背压式汽轮机	排汽压力高于大气压力，中间有抽气
	背压式汽轮机	排汽压力高于大气压力
按用途分	电站汽轮机	用于发电
	工业汽轮机	用于带动泵、压缩机泵
	船用汽轮机	作为船舶的动力装置
按汽轮机进汽压力分	低压汽轮机	1.2～1.5MPa
	中压汽轮机	2～4MPa
	次高压汽轮机	5～6MPa
	高压汽轮机	6～12MPa
	超高压汽轮机	12～14MPa
按转速分	低速汽轮机	$n<3000$r/min
	中速汽轮机	$n=3000$r/min
	高速汽轮机	$n>3000$r/min

2. 蒸汽轮机的工作原理

汽轮机的主要元件是由喷嘴(也称静叶)与动叶(也称叶片)两个部件组成。喷嘴固定在机壳或隔板上，动叶固定在轮盘上。蒸汽通过喷嘴时，压力下降，体积膨胀形成高速汽流，推动叶轮旋转而做功，由一列喷嘴和一列动叶片组成的汽轮机叫作单级汽轮机。由几个单级串联起来叫作多级汽轮机。

二、燃气轮机

燃气轮机是以连续流动的气体为工质，把热能转换为机械功的旋转式动力机械，包括压气机、加热工质的设备(燃烧室)、透平、控制系统和辅助设备等。

现代燃气轮机主要由压气机、燃烧室和透平三大部件组成。图 7-8 所示为燃气轮机的外形图。

图 7-8　燃气轮机

1. 燃气轮机的工作原理

燃气轮机的工作过程是，压气机(即压缩机)连续地从大气中吸入空气并将其压缩；压缩后的空气进入燃烧室，与喷入的燃料混合后燃烧，成为高温燃气，随即流入燃气涡轮中膨胀做功，推动涡轮叶轮带着压气机叶轮一起旋转；加热后高温燃气的做功能力显著提高，因而燃气涡轮在带动压气机的同时，尚有余功作为燃气轮机的输出机械功。燃气轮机由静止启动时，需用起动机带着旋转，待加速到能独立运行后，启动机才脱开。

2. 燃气轮机的特点

(1) 与内燃机相比，其优点是：单机功率较大，质量轻，体积小，启动快，排气污染小。但也存在油耗高，制造成本高的缺点。

(2) 与蒸汽轮机相比，其优点是：装置简单、紧凑、质量轻，启动快，带负荷快，不需大量冷却水。但也存在单机功率较小，效率较低的缺点。

第四节　压缩机(Ⅰ级)

压缩机是用来提高气体压力和输送气体的机械。从能量的观点来看，压缩机属于将原动机的动力能转变为气体压力能的工作机。压缩机的种类很多，用途极广，故有“通用机械”之称。

一、分类

按照压缩气体方式的不同，压缩机通常分为两大类：

(1) 动力式压缩机。主要的动力式压缩机叫作透平式压缩机，这类压缩机是一种叶片旋转式机械。

(2) 容积式压缩机。这一类压缩机中，气体压力的提高是由于压缩机中气体的容积被缩小，使被压缩容积内气体分子的密度增加形成的。

二、用途

根据压缩机产生压缩气体使用目的的不同，压缩机在国民经济中的应用可分为以下四个方面。

1. 动力用压缩机

压缩机产生的压缩空气作为动力风源，具有安全、经济、效率高等特点。

主要包括机械、矿山、建筑等工业利用压缩空气驱动各种风动工具；压缩空气控制仪表及自动化装置；交通运输行业利用压缩空气制动车辆、启闭门窗等。

2. 化学工艺用压缩机

在化学工业中，将气体压缩至高压，有利于化学反应。

这类气体压缩机是化学工业极为重要的关键设备之一，能将各种化工产品的基础原料气体压缩到化学反应所需要的压力，促进化学反应的进行。

3. 制冷和气体分离用压缩机

在制冷系统中，制冷压缩机将蒸发器中的气态制冷剂压缩至一定压力后送入冷凝器，使之变为高压液体，经节流阀变为低压液体进入蒸发器，在蒸发器中吸热蒸发成气体再次进入到制冷压缩机中形成一个循环达到制冷的目的。若液化的气体为混合气体，则可根据其各组分的不同汽化温度将其分离出来，从而得到各种纯度的气体。因此，压缩机是制冷装置和气体分离设备中的主机。

4. 气体输送用压缩机

在石油、化工生产中，常利用管道输送气体，这时需要压缩机增压，以克服流动过程中的管道阻力。

第五节　轧钢机、造纸机(Ⅰ级)

一、轧钢机

狭义定义：轧制钢材的机械设备。它使轧件在旋转的轧辊间产生塑性变形，轧出所需断面形状和尺寸的钢材。图 7-9～图 7-14 为钢铁企业常用的各种轧钢机。

图 7-9　初轧机

图 7-10　棒材轧机

图 7-11　高速线材轧机之吐丝机

图 7-12　热轧机精轧机组

图 7-13　冷轧酸洗连轧机之五机架入口处

图 7-14　钢管轧机

广义定义：用于轧制钢材生产工艺全部所需的主要设备和辅助设备的成套机组。包括轧制、运输、翻钢、冷却、矫直等设备。

1. 轧钢机的分类

(1) 按用途进行分类可分为：
开坯机(初轧机、板坯机、钢坯轧机)；
型钢轧机(轨梁、大型、中型、小型、线材)；
钢板轧机(中厚板、热轧钢板、冷轧钢板、热轧带钢、箔材轧机)；

钢管轧机；

特种轧机(钢球、齿轮、犁铧等)。

(2) 按构造进行分类可分为：

二辊：开坯机，中厚板粗轧机，平整机，型材轧机。

三辊：板带轧机，开坯机。

四辊：主力机型，热轧机组，冷轧机组，厚板轧机双机架。

六辊：板带 HC 轧机，CVC 轧机(轧辊凸度连续可调轧机)。

十二辊：冷轧钢带轧机，铜板带轧机。

二十辊：森吉米尔硅钢冷轧机。

万能轧机：热轧板带粗轧机组的前三机架。

万能型钢轧机：工字钢、槽钢、钢轨、H 形钢轧机等。

(3) 按布置方式进行分类可分为：

单机架：平整机。

横列式：在大型型钢和中型型钢轧机上应用(又分单列和双列两类)。

顺列式(串列)：在热轧机组的粗轧机组中。

连续式：热轧带钢轧机、冷轧带钢轧机、钢管轧机、高速线材机，棒材轧机。

半连续式：型钢机组的半连续：一半是顺列，一半是横列式连轧机。

热轧钢机组半连续：粗轧机组有可逆道次，而精轧机组是全连轧。

2. 轧钢机的命名方式

初轧机、开坯机：是以轧辊的直径命名(先确定直径，再确定辊身长)，如东北特钢的 850 初轧机，是由电机直接传动轧辊，指的是轧辊的外径为 850mm。

板带轧机：是以辊身长度命名(先确定辊身长，再确定直径)，如武钢的 1700 冷轧机组，指的是轧辊辊身的长度为 1700mm。

型钢轧机：是以齿轮箱人字齿轮的节圆直径命名，如抚钢的 650 三辊轧机是指传动轧辊的齿轮机座的节圆直径(即公称直径)为 650mm。

钢管轧机：是以轧机机组所能轧制的最大管径尺寸命名，如 140 轧机是指轧制的最大管外径为 140mm。

二、造纸机

造纸机是使纸浆形成纸幅的分部联动的全套设备，包括流浆箱、网部、压榨部、烘干部、压光机、卷纸机，以及传动部等主机和汽、水、真空、润滑、热回收等辅助系统，如图 7-15 所示。

1. 基本分类

造纸机的类型很多，一般按采用的纸页成形器类型将造纸机分成长网、圆网、

图 7-15　造纸机

夹网及长圆网混合等机型；也有依其主要产品品种而分成新闻纸机、文化用纸机、电容器纸机；或按产纸厚薄分为薄型纸机、纸板机和常规纸机。

2. 基本结构

根据抄造工艺的需要，造纸机结构形式多样，一般均由流送、成形、压榨、烘干、整饰、卷取及传动等部件和辅助系统等配套设备组成。

3. 基本流程

流浆箱把适当浓度的浆料通过布浆器、整流装置、堰板喷口等部件均匀稳定地送到网上的设备，又称网前箱；浆料从流浆箱喷射到铜网上之后，在网部上形成湿纸页并进行脱水；之后是压榨，即用机械方法挤出由网部出来的湿纸页的水分，提高纸页的干度，同时改善纸页的表面性质，消除网痕和增加平滑度、紧度和强度；然后进入烘干部，使经过压榨后的湿纸页进一步脱水，使纸页收缩，纤维结合紧密和增加强度。

第六节　齿轮、齿轮箱(Ⅰ级)

一、齿轮

齿轮是轮缘上有齿能连续啮合传递运动和动力的机械元件。

齿轮是能互相啮合的有齿的机械零件，它在机械传动及整个机械领域中的应用极其广泛。现代齿轮技术已达到：齿轮模数 0.004～400mm；齿轮直径由 1mm～150m；传递功率可达上十万千瓦；转速可达几十万转/分；最高的圆周速度达 300m/s。

1. 齿轮分类

齿轮可按齿形、齿轮外形、齿线形状、轮齿所在的表面等制造方法等分类，如图 7-16 所示。

(a) 直齿轮　(b) 锥齿轮(螺旋伞齿轮)　(c) 斜齿轮　(d) 齿轮轴

图 7-16　齿轮分类

(1) 按齿形(包括齿廓曲线、压力角、齿高和变位)可分为渐开线齿轮、摆线齿轮、圆弧齿轮等。

(2) 按齿轮外形可分为圆柱齿轮、锥齿轮、非圆齿轮、齿条、蜗杆蜗轮。

(3) 按齿线形状可分为直齿轮、斜齿轮、人字齿轮、曲线齿轮。

(4) 按轮齿所在的表面可分为外齿轮、内齿轮。

(5) 按制造方法可分为铸造齿轮、切制齿轮、轧制齿轮、烧结齿轮等。

2. 齿轮传动分类

齿轮传动的形式多种多样，能够适应不同的工作需要，以下是常见的分类：

(1) 圆柱齿轮传动，主要应用于平行轴间传动的一种齿轮传动方式，可以再分为直齿轮传动和斜齿轮传动，其中直齿轮传动主要是应用于中速和低速运动传动，而斜齿轮传动的效果平稳，更适合中高速传动。

(2) 锥齿轮传动，应用于相交轴间传动的一种齿轮传动方式。锥齿轮传动的运转平稳、齿轮负载水平较高，能达到较好的工作效果。

(3) 双曲面齿轮传动，应用于交错轴间传动的一种齿轮传动方式，常在汽车和拖拉机的机械传动中应用。并具有轴线偏置距，可以避免小齿轮悬臂安装。

(4) 螺旋齿轮传动，应用于交错轴间的齿轮传动方式。

(5) 圆弧齿轮传动，是以凸凹圆弧作为齿廓的种齿轮传动方式，它的特点是接触强度大，承载能力高，在运行中容易产生油膜，减少齿面之间的磨损，并保持磨损的均匀。圆弧齿轮传动的饱和性好，但是对安装误差敏感。

(6) 摆线齿轮传动，是以摆线作为齿廓的一种齿轮传动方式，其优点在于齿轮之间齿面接触应力小，因此齿轮有较好的耐磨性，不会产生根切现象。摆线齿传动对制造和安装误差敏感，要求高精度的制造和安装。

(7) 行星齿轮传动，是一种具有动轴线的齿轮传动，行星齿轮传动本身又具有很多分类，在选择时要根据工作要求适当选择。行星齿轮传动是以太阳轮、行星轮、内齿轮和行星架为基本结构。

二、齿轮箱

齿轮箱是通过大、小齿轮的啮合来实现变速效果的一种变速装置，如图 7-17 所示。

图 7-17　齿轮箱

1. 分类

行星式和直齿式。

2. 作用

(1) 增速或减速，就是常说的增速齿轮箱或减速齿轮箱。

(2) 改变传动方向，如用两个伞形齿轮可将力垂直传递到另一个转动轴。

(3) 改变转动力矩，同等功率条件下，速度转得越快的齿轮，其轴所受的力矩越小，反之越大。

(4) 离合功能，可以通过分开两个原本啮合齿轮，达到把发动机与负载分开的目的，如刹车离合器等。

(5) 分配动力，可以用一台发动机，通过齿轮箱主轴带动多个从轴，从而实现一台发动机带动多个负载的功能。

第七节　滑动轴承(Ⅱ级)

滑动轴承是在滑动摩擦下工作的轴承。滑动轴承工作平稳、可靠、无噪声。在液体润滑条件下，滑动表面被润滑油分开而不发生直接接触，还可以大大减小摩擦损失和表面磨损，油膜还具有一定的吸振能力。但启动摩擦阻力较大。轴被轴承支承的部分称为轴颈，与轴颈相配的零件称为轴瓦。为了改善轴瓦表面的摩擦性质而在其内表面上浇铸的减摩材料层称为轴承衬。轴瓦和轴承衬的材料统称为滑动轴承材料。滑动轴承应用场合一般在低速重载工况条件下，或者是维护保养及加注润滑油困难的运转部位。

滑动轴承的分类：

(1) 按其能承受的载荷的方向可分为径向滑动轴承和推力(轴向)滑动轴承两类。

(2) 按其润滑剂种类可分为油润滑轴承、脂润滑轴承、水润滑轴承、气润滑轴承、固体润滑轴承、磁流体轴承和电磁轴承七类。

(3) 按其润滑膜厚度可分为薄膜润滑轴承和厚膜润滑轴承两类。

(4) 按其轴瓦材料可分为青铜轴承、铸铁轴承、塑料轴承、宝石轴承、粉末冶金轴承、自润滑轴承和含油轴承等。

(5) 按其轴瓦结构可分为圆轴承、椭圆轴承、三油叶轴承、阶梯面轴承、可倾瓦轴承和箔轴承等。

径向滑动轴承的组成结构如图 7-18 所示。

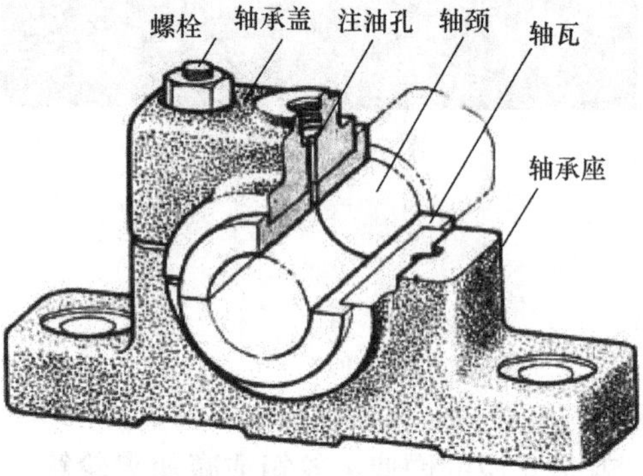

图 7-18　径向滑动轴承

第八节　滚动轴承(Ⅱ级)

滚动轴承，就是将运转的轴与轴座之间的滑动摩擦变为滚动摩擦，从而减少摩擦损失的一种精密的机械元件。

滚动轴承一般是由内圈、外圈、滚动体和保持架四部分组成。通常，内圈作用是与轴相配合并与轴一起旋转；外圈与轴承座相配合，起支撑作用；滚动体是借助于保持架均匀地将滚动体分布在内圈和外圈之间，其形状大小和数量直接影响着滚动轴承的使用性能和寿命；保持架能使滚动体均匀分布，防止滚动体脱落，引导滚动体旋转。目前，润滑剂也被认为是滚动轴承第五大件，它主要起润滑、冷却和清洗等作用。

一、分类

1. 按其所承受的载荷方向或公称接触角的分

(1) 向心轴承：主要用于承受径向载荷的滚动轴承，其公称接触角为 0～45°，如图 7-19 所示。

(2) 推力轴承：主要用于承受轴向载荷的滚动轴承，其公称接触角为 45°～90°，如图 7-20 所示。

图 7-19　向心滚动轴承

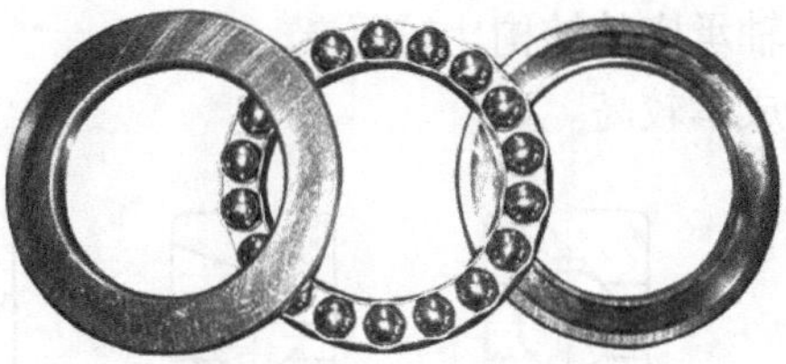

图 7-20　推力滚动轴承

2. 按其滚动体的种类分

(1) 球轴承：滚动体为球。
(2) 滚子轴承：滚动体为圆柱滚子。

3. 按其工作时能否调心分

(1) 调心轴承：滚道是球面形的，能适应两滚道轴心线间的角偏差及角运动的轴承。
(2) 非调心轴承(钢性轴承)：能阻抗滚道间轴心线角度偏移的轴承。

4. 按滚动体的列数分

(1) 单列轴承：具有一列滚动体的轴承。
(2) 双列轴承：具有两列滚动体的轴承。
(3) 多列轴承：具有多于两列滚动的轴承，如三列、四列轴承。

5. 按其部件能否分离分

(1) 可分轴承：具有可分离部件的轴承。
(2) 不可分离轴承：轴承在最终配套后，套圈均不能任意自由分离的轴承。
图 7-21 所示为大多数机械设备常用的滚动轴承图例。

二、滚动轴承特点

1. 优点

(1) 摩擦阻力小，功率消耗小，机械效率高，易启动。
(2) 尺寸标准化，具有互换性，便于安装拆卸，维修方便。
(3) 结构紧凑，重量轻，轴向尺寸更为缩小。
(4) 精度高，转速高，磨损小，使用寿命长。
(5) 部分轴承具有自动调心的性能。
(6) 适用于大批量生产，质量稳定可靠，生产效率高。

2. 缺点

(1) 噪声大。

(2) 轴承座的结构比较复杂。

(3) 成本较高。

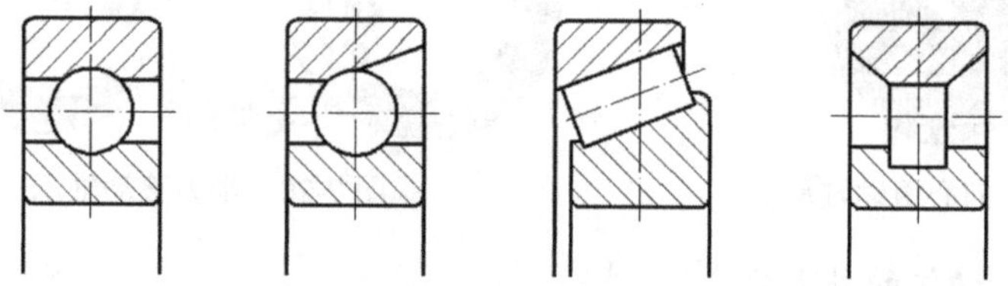

(a) 单列向心类轴承

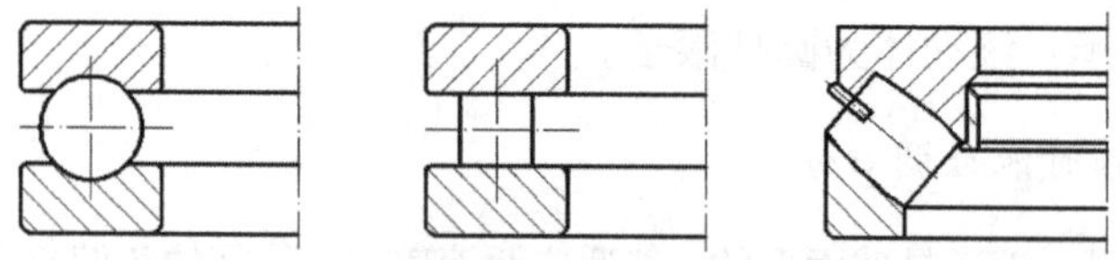

(b) 轴向推力类轴承

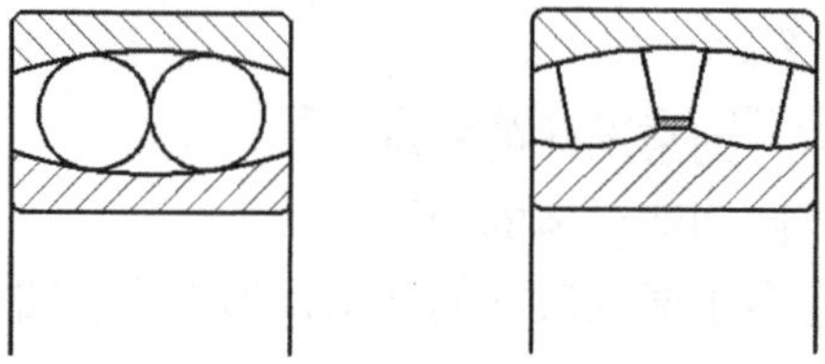

(c) 双列自调心类轴承

图 7-21　各类滚动轴承

三、与滑动轴承的区别

滚动轴承和滑动轴承的区别表现在结构上，滚动轴承是靠滚动体的转动来支撑转动轴的，而接触部位是一个点，滚动体越多，接触点就越多；滑动轴承是靠平滑的面来支撑转动轴的，因而接触部位是一个面。其次是运动方式不同，滚动轴承的运动方式是滚动的；滑动轴承的运动方式是滑动的，因而摩擦形式上也完全不相同。滚动轴承使用维护方便，工作可靠，启动性能好，在中等速度下承载能力较强。与滑动轴承比较，滚动轴承的径向尺寸较大，减振能力较差，高速时寿命低，声响较大。

第九节　联轴器、皮带(Ⅱ级)

一、联轴器

联轴器是用来连接不同机构中的两根轴(主动轴和从动轴)使之共同旋转以传递

扭矩的机械零件。在高速重载的动力传动中，有些联轴器还有缓冲、减振和提高轴系动态性能的作用。

一般动力机械大都借助于联轴器与工作机相连接。

常用的联轴器有弹性联轴器、刚性联轴器、膜片联轴器、波纹管联轴器、滑块联轴器和梅花联轴器。

1. 弹性联轴器

(1) 一体成型的金属弹性体；
(2) 零回转间隙、可同步运转；
(3) 弹性作用补偿径向、角向和轴向偏差；
(4) 高扭矩刚性和卓越的灵敏度；
(5) 顺时针和逆时针回转特征完全相同；
(6) 免维护、抗油和耐腐蚀性；
(7) 固定方式主要有顶丝和夹紧两种。

弹性联轴器用途：主要用于两轴有偏斜或在工作中有相对位移的地方，主要有牙嵌联轴器(允许轴向位移)、十字沟槽联轴器(用来连接平行位移或角位移很小的两根轴)、万向联轴器(用于两轴有较大偏斜角或在工作中有较大角位移的地方)、齿轮联轴器(允许综合位移)链条联轴器(允许有径向位移)等。图 7-22 为弹性联轴器外形图。

2. 刚性联轴器

(1) 重量轻，超低惯性和高灵敏度；
(2) 免维护，超强抗油和耐腐蚀性；
(3) 不容许偏心，使用时应让轴尽量外露；
(4) 固定方式有夹紧、顶丝固定。

刚性联轴器的用途：主要用于两轴能严格的对中并在工作中不发生相对位移的地方，结构一般较简单，容量制造，且两轴瞬时转速相同，主要有凸缘联轴器、套筒联轴器、夹壳联轴器。图 7-23 为钢性联轴器外形图。

图 7-22 弹性联轴器

图 7-23 钢性联轴器

3. 膜片联轴器

(1) 高刚性、高转矩、低惯性；
(2) 采用环形或方形弹性不锈钢片变形；
(3) 大扭矩承载、高扭矩刚性和卓越的灵敏度；
(4) 零回转间隙、顺时针和逆时针回转特性相同；
(5) 免维护、超强抗油和耐腐蚀性；
(6) 双不锈钢膜片可补偿径向、角向、轴向偏差，单膜片则不能补偿径向偏差。

膜片联轴器的用途：主要用于伺服电机、步进电机等。图 7-24 为膜片联轴器外形图。

4. 波纹管联轴器

(1) 无齿隙、扭向刚性、连接可靠、耐腐蚀性强、耐高温；
(2) 免维护、超强抗油，波纹管形结构可补偿径向、角向和轴向偏差，偏差存在的情况下也可保持等速动作；
(3) 顺时针和逆时针回转特性完全相同；
(4) 波纹管材质有磷青铜和不锈钢供选择；
(5) 可适合用于精度和稳定性要求较高的系统。

波纹管联轴器的用途：主要用于伺服电机等。图 7-25 为波纹管联轴器外形图。

图 7-24　膜片联轴器

图 7-25　波纹管联轴器

5. 滑块联轴器

(1) 无齿隙的连接，用于小扭矩的测量传动结构简单；
(2) 使用方便、容易安装、节省时间、尺寸范围广、转动惯量小，便于目测检查；
(3) 抗油腐蚀，可电气绝缘，可供不同的材料的滑块弹性体选择；
(4) 轴套和中间件之间的滑动能容许大径向和角向偏差，中间件的特殊凸点设计产生支撑的作用，容许较大的角度偏差，不产生弯曲力矩，使轴心负荷降至最低。

滑块联轴器的用途：主要用于普通微型电机等。图 7-26 为滑块联轴器。

6. 梅花联轴器

(1) 紧凑型、无齿隙，提供三种不同硬度弹性体；

(2) 可吸收振动，补偿径向和角向偏差；

(3) 结构简单、方便维修、便于检查；

(4) 免维护、抗油及电气绝缘、工作温度 20～60℃；

(5) 梅花弹性体有四瓣、六瓣、八瓣和十瓣；

(6) 固定方式有顶丝，夹紧，键槽固定。

梅花联轴器的用途：主要用于伺服电机、步进电机等。图 7-27 为梅花联轴器外形图。

图 7-26　滑块联轴器

图 7-27　梅花联轴器

二、皮带

本节所述皮带指的是用于传递机械动力的胶带，如在机器上传动的环形胶带，是套在两个皮带轮上运转。皮带多用橡胶和增强材料(如棉帆布、人造丝、合成纤维或钢丝等)材料制成，是工业传动带的通称。

工业皮带通常分为工业传动带、汽车传动带和输送带三大类。前两者都属于传动带。

传动带是将原动机的电机或发动机旋转产生的动力，通过带轮由胶带传导到机械设备上，故又称为动力带。它是机电设备的核心连接部件，种类异常繁多，用途极为广泛。从大到几千千瓦的巨型电机，小到不足一千瓦的微型电机，甚至包括家电、计算机、机器人等精密机械在内都离不开传动带。图 7-28 为电机通过皮带传递机械动力的示意图。

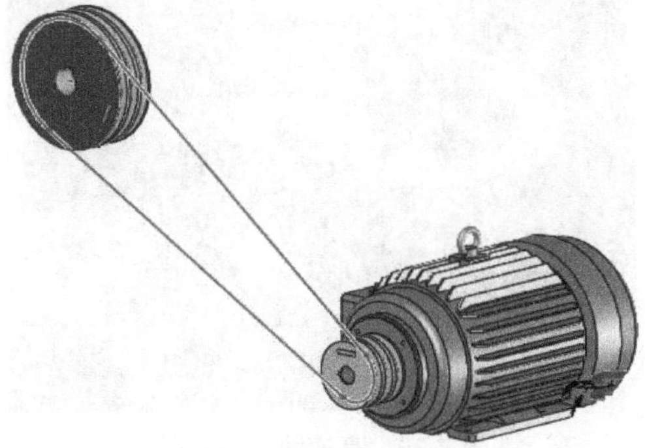

图 7-28　传动带传动示意图

传动带的类型：

传动带通常可分为三角带、同步带(齿形带、时规带)、平皮带(片基带、龙带)、农用机皮带、高速防油带、圆形带(圆带)、扁形带、水塔带(广角带)、变速带、摩托车变速带、V形带(V带)、并联皮带、多沟带、六角带、活络带、牵引带、汽车皮带。

传动带的优点：

(1) 传动平稳、低噪声、可以缓冲吸振；

(2) 过载时，传动带会在带轮上打滑，而起到保护其他传动件免受损坏的作用；

(3) 皮带轮传动的两轴中心距调节范围较大，允许有较大的中心距；

(4) 可以自由变速，结构简单，维护、调整、更换方便。

传动带的缺点：

(1) 皮带传动有弹性滑动和打滑；

(2) 传动效率较低，不能保持准确的传动比；

(3) 传动带传递同样大的圆周力时，轮廓尺寸和轴上的压力比齿轮传动力大；

(4) 传动带的寿命较短(3000～5000h)。

图7-29～图7-32为企业中常用的传动带。

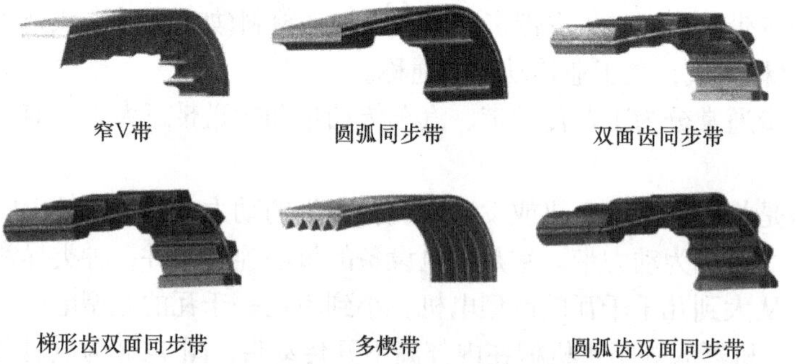

图7-29　各种同步带

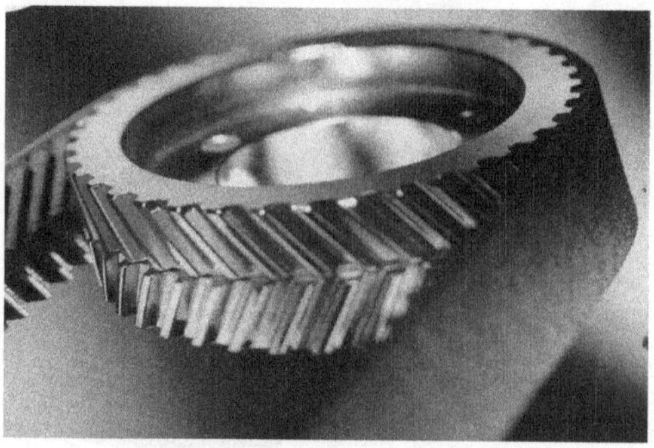

图7-30　高速防油三角带

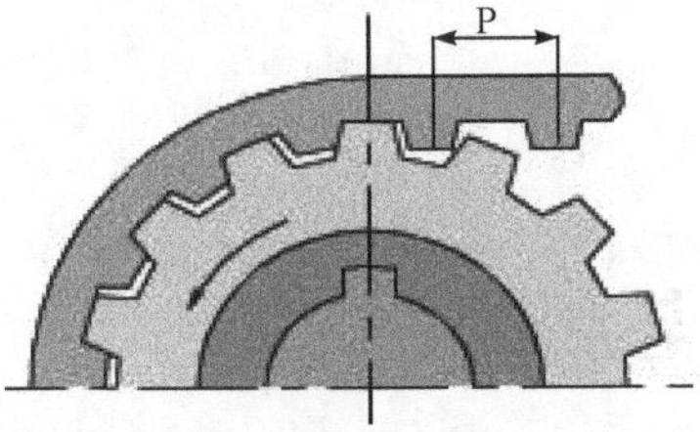

图 7-31　同步带(齿形带)与皮带轮啮合示意图

图 7-32　V 形带的截面图

输送带广泛应用于水泥、焦化、冶金、化工、钢铁等行业中输送距离较短、输送量较小的场合。图 7-33 为输送带在皮带运输机上输送矿石的作业图。

图 7-33　输送带作业图

第八章　验收与测试

验收测试，是系统开发生命周期方法论的一个阶段，在本阶段，相关的用户和独立测试人员根据测试计划及测试结果对系统进行测试和验收。它是一项确定产品是否能够满足合同或用户规定需求的测试，是一种管理性和防御性控制。

设备状态在线监测系统从提高设备预知维修能力出发，通过以振动信号为主的综合监测技术，采用模糊诊断、解调技术和小波分析等综合诊断方法，对设备的运行状态进行安全评估和故障在线识别。

在线监测系统可以实时监测设备的运行状态，对设备的异常状态及时报警，不但可以避免重大事故的发生，而且能实现将设备从事后维修和定期维修转变到预知维修。同时在线监测系统能有效地控制停产检修的时间，保证了设备运行的安全可靠性，达到延长使用寿命、降低维修成本和增产增效的目的。

设备状态在线监测系统省去了许多设备不必要的繁杂检修，使整个系统更智能、更全面，操作流程更简单，大大提高了从问题的发现、分析到解决这一流程的效率。

图 8-1 所示的监测系统是对设备的加速度信号进行在线运行监测，信号取自加速度传感器，采用航空插头将信号输出端子与屏蔽电缆相连至监测机柜现场接线箱，现场接线箱使用接线端子连接，接线箱内各传感器电缆均有号码管进行标志，同样信号调理仪延长信号线也用号码管进行标志。连接时一定要相互对应(注：屏蔽层也必须严格对应连接)，信号经过信号处理使用 D 形接口连接线连接到 A/D 卡输入端(注意信号输入端口为黑色)，连接接口信号线不可用力硬插，避免损坏采样卡的信号针，用手捏 D 形两侧，接头卡齿缩入后插入 D 形接口。

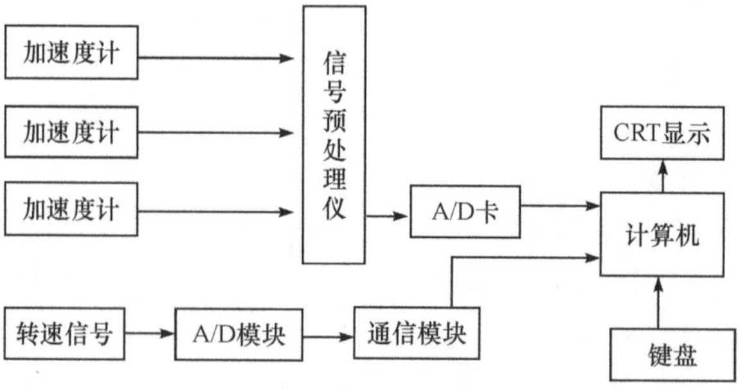

图 8-1　监测系统原理图

第一节 测试方法(Ⅱ级)

对于状态监测系统的验收，主要分为 3 部分：施工验收、硬件验收、软件验收。在硬件验收与软件验收中，我们需要对传感器、信号调理仪、数据采集卡、在线监测软件等功能进行测试。

一、测试传感器

使用加速度传感器一定要注意所能测量信号的频率范围。这项指标通常是以幅频特性曲线来表述。

图 8-2 为实际加速度计的幅频特性曲线，它反映频率在 1Hz～3kHz 这一段的信号，加速度计能比较好地复现信号的波形。例如：若某个信号中包含了振幅为 1 的 1Hz 和 1kHz 两个简谐振动波形，加速度计对 1Hz 波形的幅值增益为 1.01，对 1kHz 波形的幅值增益为 1.03，则加速度计输出的电信号波形将是幅值为 1.01 的 1Hz 波形与幅值为 1.03 的 1kHz 波形的叠加，与原始真实波形(幅值为 1 的 1Hz 波形与幅值为 1 的 1kHz 波形的叠加)在幅值上相差不大。假定在 40kHz 频段上的增益为 2，输入为振幅为 1 的 1Hz 和 40kHz 两个简谐振动波形，则输出为幅值为 1.01 的 1Hz 波形与幅值为 2 的 40kHz 波形的叠加。显然输出的电压波形相对原始波形发生了很大失真。

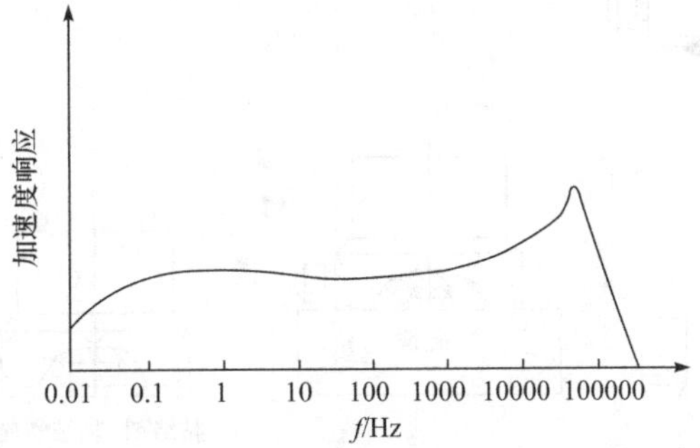

图 8-2 加速度计的幅频特性

幅频特性曲线告诉我们，测量装置对信号中不同的频率波形有不同的放大倍数。为了测得的电信号波形能真实地复现振动波形，就必须使所测信号中最高的频率位于幅频特性曲线上的水平段。为此，要使安装后的加速度计特性具有足够高的共振频率。

共振频率与加速度计的固定工况有关。加速度计出厂时给出的幅频曲线是在刚性连接的固定情况下得到的。实际使用的固定方法往往难以达到刚性连接，因而共振频率和使用上限频率都会有所下降。加速度计与试件的各种固定方法如图 8-3 所示。图 8-3(a)采用刚螺栓固定，是使共振频率能接近出厂共振频率的最好方法。螺栓不得全部拧入基座螺孔以免引起基座变形，影响加速度计的输出结果。在安装面上涂一层硅脂可提高不平整安装表面的连接可靠性。需要绝缘时可用绝缘螺栓和云母垫片来固定加速度计(图 8-3(b))，但垫圈应尽量薄。用一层薄蜡把加速度计粘在试件平整表面上(图 8-3(c))，只可用于低温(40℃以下)的场合。手持探针测振方法(图 8-3(d))在多点测试时使用特别方便，但测量误差较大，重复性差，使用上限频率一般不高于 1000Hz。用专用永久磁铁固定加速度计(图 8-3(e))使用方便，多在低频测量中使用，此法也可使加速度计与被测件绝缘。用硬性黏结螺栓(图 8-3(f))或黏结剂(图 8-3(g))的固定方法也常使用。某种典型的加速度计采用上述各种固定方法的共振频率分别约为：刚螺栓固定法 31kHz、云母垫片 28kHz、涂薄蜡层 29kHz、手持法 2kHz、永久磁铁固定法 7kHz。

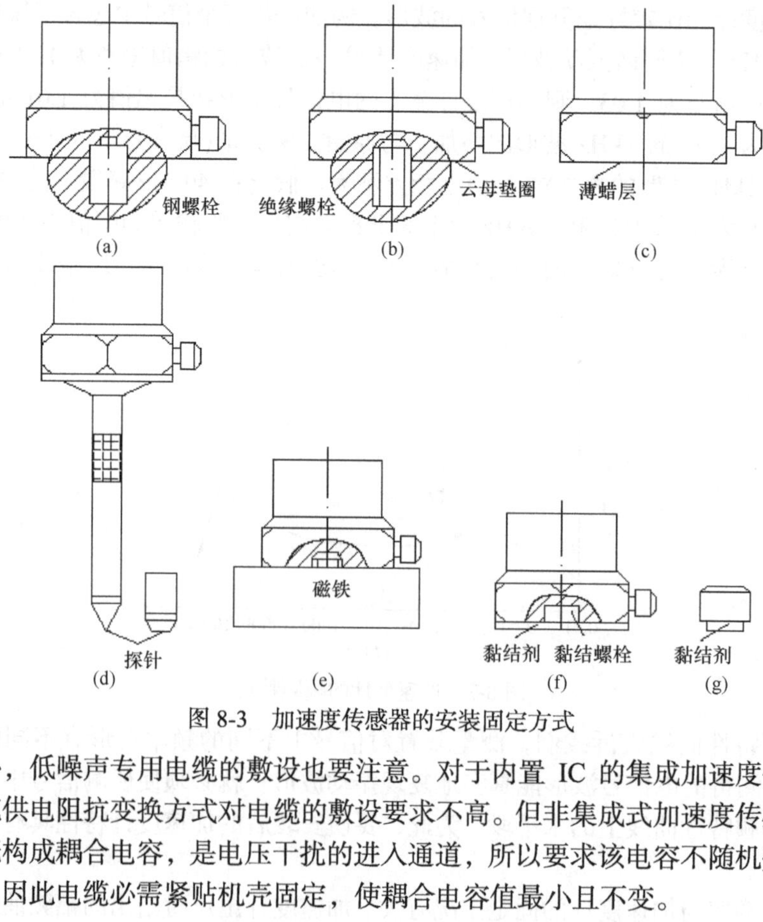

图 8-3　加速度传感器的安装固定方式

此外，低噪声专用电缆的敷设也要注意。对于内置 IC 的集成加速度传感器，由于恒流供电阻抗变换方式对电缆的敷设要求不高。但非集成式加速度传感器因电缆与机壳构成耦合电容，是电压干扰的进入通道，所以要求该电容不随机壳的振动而变化。因此电缆必需紧贴机壳固定，使耦合电容值最小且不变。

1. 振动传感器的安装位置及选用

选用振动传感器要考虑以下几点：

(1) 传感器装到被测物上时，不能影响其振动状态，以此来选定传感器的尺寸和重量及考虑固定在被测对象上的方法。若必须采用非接触式测量法时，应考虑传感器的安装场所及其周围的环境条件。

(2) 根据振动测定的目的，明确被测量的量是位移、速度还是加速度，这些量的振幅有多大，以此来确定传感器的测量范围。

对于小幅值(如 0.1*g* 左右)的振动，宜采用磁电式、伺服式等传感器；一般振幅(如 10*g* 以下)的振动，各种传感器均可适用；10～1000*g* 的振动可采用压电式及应变式等加速度传感器；对于更大的振动或冲击宜采用压电式。

(3) 必须充分估计要测定的频率范围，以此来核对传感器的固有频率。

从静态到 400Hz，可采用应变式、伺服式等；0～3.5kHz 范围，可用应变式、涡流式等；2～1000Hz，可采用磁电式等；0.03～20000Hz 或更高频率可采用压电式。

(4) 掌握传感器结构和工作原理方面的各种特点，熟悉测量电路的性能，如频率、振幅范围、滤波器特性、整流方式和指示方式等。

表 8-1 列出了多种类型性的机器，以及在这些机器上典型用于机器状态监测的振动传感器。在该表中也包括了常用的振动传感器类型，以及关于测量方向和测量位置的指南。在许多应用中，可以使用较少数量的测量位置。

表 8-1 测试的类型和位置

机器类型	评价参数	传感器类型	测试位置	方向	参考标准	注释
具有滑动轴承的大型汽轮发电机组	相对位移(或)、绝对位移、速度或加速度、轴的轴向位移、参考相位和转速	非接触式传感器、非接触式和惯性传感器的组合、速度传感器或加速度计、非接触式传感器或轴向位移传感器	每个轴承处的轴、每个轴承座、推力盘处、轴	径向±45° 径向 *x*、*y* 轴向 *z* 径向	ISO 7919—2 ISO 10816—2	注(1)
具有滑动轴承的中、小型工业汽轮机、机械拖动	相对位移、速度或加速度、轴的轴向位移、参考相位和转速	非接触式传感器、速度传感器或加速度计、非接触式传感器或轴向传感器、涡流/感应/光学传感器	每个轴承处的轴、每个轴承座和汽轮机箱、推力盘处、轴	径向±45° 径向 *x*、*y* 轴向 *z* 径向	ISO 7919—3 ISO 10816—3	
具有滚动轴承的小型工业汽轮机	速度或加速度、参考相位和转速	速度传感器或加速度计、涡流/感应/光学传感器	每个轴承座和汽轮机箱	径向 *x*、*y* 轴向 *z* 径向	ISO 10816—3	
具有滑动轴承的大、中型工业燃气轮机	相对或绝对位移、速度或加速度、轴的轴向位移、参考相位或转速	非接触式传感器、速度传感器或加速度计、非接触式传感器或轴向传感器、涡流/感应/光学传感器	每个轴承处的轴、每个轴承、推力盘处、轴	径向±45° 径向 *x*、*y* 轴向 *z* 径向	ISO 7919—4 ISO 10816—4	

续表

机器类型	评价参数	传感器类型	测试位置	方向	参考标准	注释
具有滑动轴承的水轮发电机	相对位移、速度或加速度、轴的轴向位移、参考相位或转速	非接触式传感器、速度传感器或加速度计、非接触式传感器或轴向传感器、涡流/感应/光学传感器	所选轴承处的轴、每个轴承座和汽轮机箱推力盘处、轴	径向 90°分开 径向 90°分开 轴向 z 径向	ISO 7919—5 ISO 10816—5	注(2) 注(3)
具有滑动轴承的大型泵、锅炉给水装置、循环装置	相对位移、速度或加速度、轴的轴向位移、参考相位或转速	非接触式传感器、速度传感器或加速度计、非接触式传感器或轴向传感器、涡流/感应/光学传感器	所选轴承处的轴、每个轴承座和汽轮机箱、推力盘处、轴	径向 90°分开 径向 90°分开 轴向 z 径向	ISO 7919—3 ISO 7919—5 ISO 10816—3 ISO 10816—5	注(4)
具有滑动轴承的中、小型泵	相对位移(不常用)、速度或加速度、轴的轴向位移、参考相位或转速	非接触式传感器、速度传感器或加速度计、非接触式传感器或轴向传感器、涡流/感应/光学传感器	每个轴承处的轴、轴承座、推力盘处、轴	径向±45° 径向 x、y 轴向 z 径向	ISO 7919—3 ISO 10816—3	注(4) 注(5)
具有滚动轴承的泵	速度或加速度、参考相位或转速	速度传感器或加速度计、涡流/感应/光学传感器	每个轴承和泵壳箱体轴	径向 x 和 y 轴向 z 径向	ISO 7919—3	注(4) 注(5)
垂直安装泵、反应堆冷却泵	相对位移、速度或加速度、轴的轴向位移、参考相位和转速	非接触式传感器、速度传感器或加速度计、非接触式传感器或轴向传感器、涡流/感应/光学传感器	每个可接近轴承处的马达/泵轴、顶部泵轴承(最少)、每个可接近的轴承座和马达、马达轴、轴	径向 90°分开 径向 90°分开 轴向 z 径向	ISO 7919—5 ISO 10816—3 ISO 10816—5	注(3)
具有滑动轴承的大型电动机和发电机	相对位移、速度或加速度、轴的轴向位移、参考相位和转速	非接触式传感器、速度传感器或加速度计、非接触式传感器或轴向传感器、涡流/感应/光学传感器	每个轴承处的轴、箱体、推力盘处、轴	径向±45° 径向 x、y 轴向 z 径向	ISO 7919—3 ISO 10816—3 ISO 10816—5	
具有滚动轴承的中、小型电机	速度或加速度、参考相位和转速	速度传感器或加速度计、涡流/感应/光学传感器	每个轴承和电机箱体轴	径向 x、y 轴向 z 径向	ISO 10816—3	注(5)
具有滑动轴承和刚性机箱的成套离心式压缩机	相对位移、速度或加速度、参考相位和转速	非接触式传感器、速度传感器或加速度计、涡流/感应/光学传感器	每个轴承轴承、小齿轮箱体和行星轴、每个轴承或齿轮、啮合处、每个轴	径向±45° 径向 x、y 径向	ISO 7919—3 ISO 10816—3	
离心式压缩机	相对位移、速度或加速度、轴的轴向位移、参考相位和转速(如果通过齿轮箱驱动)	非接触式传感器、速度传感器或加速度计、非接触式传感器或轴向传感器、涡流/感应/光学传感器	每个轴承处的轴、轴承座、推力盘、轴	径向±45° 径向 x、y 轴向 z 径向	ISO 7919—3 ISO 10816—3	注(6)

续表

机器类型	评价参数	传感器类型	测试位置	方向	参考标准	注释
具有滑动轴承的双螺杆压缩机	相对位移、速度或加速度、轴的轴向位移、每个轴的相角	非接触式传感器、速度传感器或加速度计、非接触式传感器或轴向传感器、涡流/感应/光学传感器	每个轴承的轴、轴承盖或压缩机箱体、推力盘、每个轴	径向±45° 径向 x、y 轴向 z 径向	ISO 10816—1	
具有滚动轴承的双螺杆压缩机	速度或加速度、每个轴的相角	速度传感器或加速度计、涡流/感应/光学传感器	轴承盖和压缩机箱体、每个轴	径向 x、y 轴向 z 径向	ISO 10816—1	
具有滑动轴承的大型齿轮装置	相对位移、速度和/或加速度、轴的轴向位移	非接触式传感器、速度传感器或加速度计、非接触式传感器或轴向传感器	每个轴承处的轴、轴承盖和齿轮、箱体、轴承部	径向±45° 径向 x、y 轴向 z		
具有滚动轴承的齿轮装置	速度和/或加速度	速度传感器和/或加速度计	轴承盖和齿轮箱体	径向 x、y 轴向 z		
具有滑动轴承的大型鼓风机	相对位移、速度和加速度、轴的径向位移、参考相位和转速	非接触式传感器(不常用)、速度传感器或加速度计、非接触式传感器或轴向传感器、涡流/感应/光学传感器	轴承箱体、轴承座、推力盘或轴承、轴	径向±45° 径向 x、y 轴向 z 径向	ISO 7919—3 ISO 10816—3	注(7) 注(8)
具有滚动轴承的中小型鼓风机	速度/加速度	速度传感器或加速度计	每个轴承盖和鼓风机箱体	径向 x、y 轴向 z 径向	ISO 10816—3	
离心机	相对位移、速度或加速度、轴的轴向位移、参考相位和转速	非接触式传感器、速度传感器或加速度计、非接触式传感器或轴向传感器、涡流/感应/光学传感器	每个轴承处的轴(如可接近)、每个可接近的轴承、推力盘、轴	径向±45° 径向 x、y 轴向 z 径向	ISO 10816—1	
浆料精炼机	相对位移、速度和加速度、参考相位和转速	非接触式传感器、速度传感器或加速度计、涡流/感应/光学传感器	每个轴承处的轴、轴承盖、每个轴上	径向 x、y 径向 x、y 径向	ISO10816—1	

注：(1) 45°的正交测量通常用于状态检测，也可以用垂直和水平(x 和 y)位置代替，如果是主刚度方向，可提供更有意义的数据。

(2) 实际应用建议测量静位移和动位移，由于轴承间隙相对较大，这对水轮发电机更为重要。

(3) 对于立式机器，通常相对于入口处在较大和较小的刚度方向进行测量。

(4) 不同运行条件下，泵的振动有明显的变换，理想情况是在最佳效率点(BEP)将产生最小的振动，偏离最佳效率点连续运行将使振动增加，无论在哪种情况下，在相同运行工况下进行测量记录以利于比较。

(5) 便携式系统一般用于中小型设备，这些设备使用在线系统不经济。

(6) 如不是直接耦合，需要两个键相基准测量。

(7) 在大型轴流式风机上测量，如轴承和驱动轴不可接近，应在风机箱体上 x、y 方向进行测量。

(8) 悬臂结构，只是主承载轴承。

机器、传感器和位置的识别不限于在表 8-1 中给出的信息，表 8-1 是基本的指南。然而，对于没有在表 8-1 中的机器类型，为适用于振动状态的监测，可能需要适当的改变传感器的类型和位置。

2. 测点标定，每个传感器的输出电压值

到传感器安装现场，检查传感器安装位置是否正确，用仪器测量传感器在工作时的输出电压值，查看是否在 10V 左右。

振动传感器灵敏度的校准方法很多，常用的有以下几种：

(1) 比较法(背靠背法)：利用精度等级较高的振动传感器(如压电式标准加速度传感器)和被校传感器尽可能靠近在一起装到振动台台面上，选择一定的振动频率及幅值进行振动，比较两个传感器的输出信号，就可算出被校传感器的灵敏度。这种校准方法的精度，主要取决于标准传感器的精度。

(2) 互易法：互易法校准是基于某些传感器的输入和输出之间存在互易依存性的原理，即输入与输出之间是可逆的。这种方法需用两个互易传感器(如一个压电式传感器及一个速度型动圈式传感器)及一个激振器。激振器用于对两个传感器进行振动，从而求出两个传感器的灵敏度比 R。对两个传感器中的一个传感器(如动圈式传感器)给以电能而推动另一个传感器振动，可以得到两个传感器的灵敏度乘积 P。从 $R=S_1/S_2$ 及 $P=S_1S_2$ 即能算出两传感器的 S_1 及 S_2。这种校准方法因不依据振动源的绝对幅值精度及测量仪器的绝对值读数精度(但振动频率读数需准确)，故可取得较高的校准精度，一般精度为±0.5%～1%。

(3) 读数显微镜校准法及激光校准法：读数显微镜校准法是将被校传感器装于振动台上，直接测量传感器在振动状态时的位移及输出信号，以及根据振动频率，就可算出传感器的灵敏度。在采用读数显微镜法测量传感器的位移时，一般用频率及相位可调的闪光灯照射到传感器的预先画好的标志线上，令闪光灯、光频率等于振动台振动频率的整数倍，并调节到合适的发光相位，即可测得正确的位移，这种方法的精度一般在±1%左右。

激光校准是用激光干涉仪精确测量振动台的台面振幅(即被校传感器的振动位移)。用激光干涉仪测量被测对象的直线位移时，被测对象每移动 $\lambda/2$(λ 为激光的波长)，干涉仪的光电接收元件上就发生一个周期的电信号变化。利用这个原理，在测量振动位移的场合，如以干涉仪光电接收元件上一个周期的电信号变化使电子计数器计上一个数，则振动台每一个振动周期的位移计数为 R_r：

$$R_r = \frac{8S}{\lambda}$$

即利用频率计测出计数频率和振动台的振动频率，求出它们的频率比，即得到 R_r 值，这样就可求出位移 S，这种方法的精度可以达到±0.5%。

3. 检测配置文件的正确性

打开配置文件，查看测点的名称是否正确。

4. 利用标定仪产生标准信号进行通道校核

通过传感器传递过来的信号校正传感器所在测点是否与通道一一对应。

二、测试信号调理仪、数据采集卡

信号调理仪(图 8-4)，用软件来测试，检测配置和跳线，检查滤波、放大倍数的设置。

对于数据采集卡(图 8-5)的测试，主要看数据采集软件是否在采集数据，并且能保存数据。

图 8-4　信号调理仪

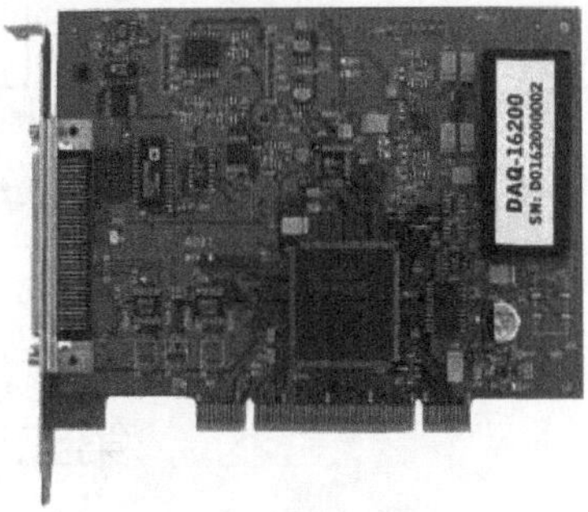

图 8-5　数据采集卡

三、测试在线监测软件功能及调试系统

(1) 打开软件，逐一查看软件各功能是否正常运行。

图 8-6 所示的数据采集软件在进行正常的数据采集、数据更新和数据保存。

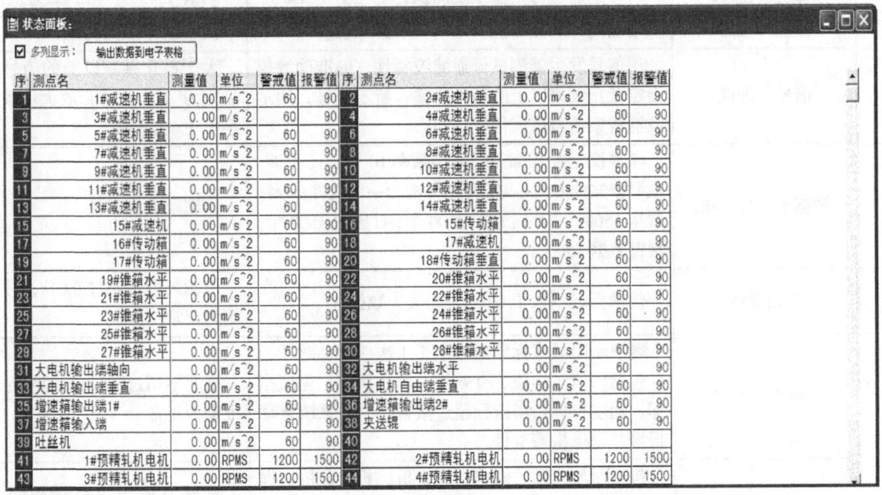
状态面板:

☑ 多列显示:　输出数据到电子表格

序	测点名	测量值	单位	警戒值	报警值	序	测点名	测量值	单位	警戒值	报警值
1	1#减速机垂直	0.00	m/s^2	60	90	2	2#减速机垂直	0.00	m/s^2	60	90
3	3#减速机垂直	0.00	m/s^2	60	90	4	4#减速机垂直	0.00	m/s^2	60	90
5	5#减速机垂直	0.00	m/s^2	60	90	6	6#减速机垂直	0.00	m/s^2	60	90
7	7#减速机垂直	0.00	m/s^2	60	90	8	8#减速机垂直	0.00	m/s^2	60	90
9	9#减速机垂直	0.00	m/s^2	60	90	10	10#减速机垂直	0.00	m/s^2	60	90
11	11#减速机垂直	0.00	m/s^2	60	90	12	12#减速机垂直	0.00	m/s^2	60	90
13	13#减速机垂直	0.00	m/s^2	60	90	14	14#减速机垂直	0.00	m/s^2	60	90
15	15#减速机	0.00	m/s^2	60	90	16	15#传动箱	0.00	m/s^2	60	90
17	16#传动箱	0.00	m/s^2	60	90	18	17#减速机	0.00	m/s^2	60	90
19	17#传动箱	0.00	m/s^2	60	90	20	18#传动箱垂直	0.00	m/s^2	60	90
21	19#锥箱水平	0.00	m/s^2	60	90	22	20#锥箱水平	0.00	m/s^2	60	90
23	21#锥箱水平	0.00	m/s^2	60	90	24	22#锥箱水平	0.00	m/s^2	60	90
25	23#锥箱水平	0.00	m/s^2	60	90	26	24#锥箱水平	0.00	m/s^2	60	90
27	25#锥箱水平	0.00	m/s^2	60	90	28	26#锥箱水平	0.00	m/s^2	60	90
29	27#锥箱水平	0.00	m/s^2	60	90	30	28#锥箱水平	0.00	m/s^2	60	90
31	大电机输出端轴向	0.00	m/s^2	60	90	32	大电机输出端水平	0.00	m/s^2	60	90
33	大电机输出端垂直	0.00	m/s^2	60	90	34	大电机自由端垂直	0.00	m/s^2	60	90
35	增速箱输出端1#	0.00	m/s^2	60	90	36	增速箱输出端2#	0.00	m/s^2	60	90
37	增速箱输入端	0.00	m/s^2	60	90	38	夹送辊	0.00	m/s^2	60	90
39	吐丝机	0.00	m/s^2	60	90	40					
41	1#预精轧机电机	0.00	RPMS	1200	1500	42	2#预精轧机电机	0.00	RPMS	1200	1500
43	3#预精轧机电机	0.00	RPMS	1200	1500	44	4#预精轧机电机	0.00	RPMS	1200	1500

图 8-6　数据采集软件面板

(2) 如图 8-7 所示，打开分析软件功能，查看振动量、物理量指标、趋势图、

时域波形、自相关、频谱图、倒谱、瀑布图和智能诊断等，能实现软件所有功能。

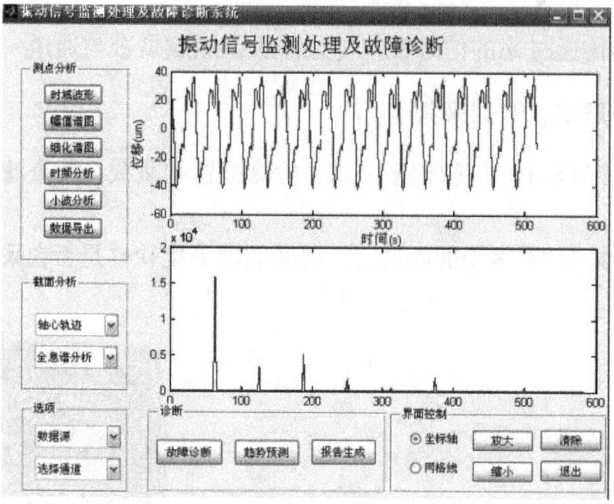

图 8-7　分析软件

第二节　技术指标(Ⅱ级)

对于传感器、信号调理仪、数据采集卡、在线检测软件的测试，参见表 8-2 技术指标示例。

表 8-2　技术指标

序号	内容	要求	判定
1	加速度传感器	对传感器进行恒流激励测试，电阻值 14kΩ	阻值在 13.5～14.5kΩ为正常
2	温度传感器	用温度计实测(精度 0.1°)，误差不超过 1°	误差在 1°以内为正常
3	信号调理仪	用信号发生器测试低通滤波特性，能准确滤掉设定截止频率以上的信号，输入特定信号，用示波器观察信号放大倍数	大于截止频率以上的信号基本衰减为 0 为正常，放大倍数误差小于 1%为正常
4	数据采集与存储	样本长度为 1k 或 2k，采样频率 10～40Hz 可调，数据以文件方式存储，每组样本为一个文件；分钟数据 3500 个；小时数据 3500 个；日数据 3500 个；报警数据 3500 个	达到要求为正常
5	数据通信	传输延迟不大于 0.01s，无丢失数据包	传输延迟不超过 0.01s，数据正确为正常
6	状态监测	客户端时域指标刷新不小于 1 次/3min，时域指标包括峰值、均值、有效值、脉冲指标、歪度指标、峭度指标；当指标超过报警限时，系统自动报警并记录报警事件	刷新不超过 3min，超限时适时报警为正常
7	时域信号分析	包括时域波形、概率密度分析、相关分析；通过对时域信号相关分析前后的对比，相关分析后如果时域信号变得更清晰，证明相关分析功能对此信号有效	时域波形与示波器相同为正常。相关分析后，信号变清晰，证明相关分析对此信号有效

续表

序号	内容	要求	判定
8	频域信号分析及非稳态分析	输入现场信号，在频谱图上能找到该频率对应的设备部件，证明频域分析功能对该信号有效。针对频域分析没有规律的信号采用基于小波的非稳态分析，如能找出该信号的特征和对应的设备部件，证明非稳态分析有效	能找到频谱线对应的故障设备，证明频谱分析有效
9	系统数据管理	除基本的样本数据管理外，还包括设备档案管理、特征频率计算、日常检修记录等，以数据完整为标准	数据完整操作方便，用户满意为合格
10	智能故障诊断系统	对以下故障的诊断准确率达到 70%以上为合格：轴承故障、轴磨损、松动、装配不良、齿轮缺损、轴线不直、齿轮齿面磨损、齿形误差、不平衡、轴弯曲和不重合、机架刚性不足	对所测故障的自动诊断准确率达 70%为合格
11	数据采集卡	测试范围±10V 频率范围 1～100kHz	直流电源±10V 线性测试正常，抽验 500Hz、1kHz、3.5kHz、45kHz 输出测试正常

第三节　验收报告(Ⅱ级)

项目验收一般包括施工验收、硬件验收、软件验收、系统环境验收，在验收时，验收人和实施人不能是同一个人。在每项考核都满足条件时才能签订交工验收单，出验收报告。

一、施工验收

施工验收检查现场施工是否合格，检查内容如下：

(1) 传感器是否按设计要求全部安装到位；

(2) 在现场接线箱内的端子处测量所有传感器是否正常；

(3) 现场接线箱内是否有传感器的对应编号标识；

(4) 现场接线箱与系统机柜间的线路通断是否正常；

(5) 机柜内布线是否合理；

(6) 机柜内接线端子是否有传感器的对应编号标识；

(7) 机柜内供电系统是否正常(包括插线板、空开、插座、UPS 电源等)；

(8) 机柜内是否有仪表地线。

根据检查结果，填写表 8-3。

表 8-3　施工验收检查结果

序号	检查内容	是否合格
1	传感器是否按设计要求全部安装到位	
2	在现场接线箱内的端子处测量所有传感器是否正常	
3	现场接线箱内是否有传感器的对应编号标识	

续表

序号	检查内容	是否合格
4	现场接线箱与系统机柜间的线路通断是否正常	
5	机柜内布线是否合理	
6	机柜内接线端子是否有传感器的对应编号标识	
7	机柜内供电系统是否正常(包括插线板、空开、插座、UPS 电源等)	
8	机柜内是否有仪表地线	

实施人：　　　　年　月　日

验收人(施工人员)：　　　　年　月　日

二、硬件设备验收

主要是检查系统计算机、数据采集卡、信号调理仪、键盘鼠标是否能正常工作，检查内容如下：

(1) 系统计算机是否运行正常；

(2) 数据采集卡是否能正常采集数据；

(3) 信号调理仪是否运行正常；

(4) 键盘、鼠标是否能正常使用。

根据检查结果，填写表 8-4。

表 8-4　硬件设备验收检查结果

序号	检查内容	是否合格
1	同步软件是否安装	
2	同步软件是否设置	
3	终端用户监测软件是否安装	
4	终端用户监测软件是否配置	

实施人：　　　　年　月　日

验收人(调试人员)：　　　　年　月　日

三、系统软件验收

主要是检查系统能否正常运行，状态检测的功能否能实现，检查内容如下：

(1) 工控机操作系统是否正常运行；

(2) 系统内确保没有病毒；

(3) 工控机串口是否能正常通信；

(4) 数据采集软件运行正常，并能开机自动启动；

(5) 确保系统信号不受 50Hz 干扰。如果无法排除，确保干扰信号不影响数据分析；

(6) 系统采集的数据是否包含被监测设备的特有故障特征；

(7) 监测系统数据库内特征频率表是否完整；
(8) 监测系统趋势数据库是否读写正常。
根据检查结果，填写表 8-5。

表 8-5　系统软件验收检查结果

序号	检查内容	是否合格
1	工控机操作系统是否正常运行	
2	系统内确保没有病毒	
3	工控机串口是否能正常通信	
4	数据采集软件运行正常，并能开机自动启动	
5	确保系统信号不受 50Hz 干扰。如果无法排除，确保干扰信号不影响数据分析	
6	系统采集的数据是否包含被监测设备的特有故障特征	
7	监测系统数据库内特征频率表是否完整	
8	监测系统趋势数据库是否读写正常	

实施人：　　　　　　年　　月　　日
验收人(诊断人员)：　年　　月　　日

四、系统环境验收

主要检查系统的工作环境，检查内容如下：
(1) 系统机柜周边环境是否干净；
(2) 系统机柜处照明是否满足日常要求；
(3) 系统机柜内温度是否不超过环境温度的 2 倍；
(4) 系统机柜内卫生是否达到系统使用要求。
根据检查结果，填写表 8-6。

表 8-6　系统环境验收检查结果

序号	检查内容	是否合格
1	系统机柜周边环境是否干净	
2	系统机柜处照明是否满足日常要求	
3	系统机柜内温度是否不超过环境温度的 2 倍	
4	系统机柜内卫生是否达到系统使用要求	

实施人：　　　　　　年　　月　　日
验收人(营销人员)：　年　　月　　日

在以上考核都通过后，填写交工验收单，如表 8-7 所示。

表 8-7 交工验收单

工程名称	
验收单位	
交工单位	
实施人员	
验收人员	
签名：(手写)	
考评意见(每个验收人员均要填写，要签字，时间精确到分钟)	
验收意见(每个验收人员均要填写)	

第九章　设备的测试

第一节　锤击试验(Ⅱ级)

使用力锤激励进行频率测量或模态试验是最常用的试验方法之一，对于合适大小的设备，该方法具有操作简便、分析精度高等优点。

在进行力锤激励时，有很多需要考虑的方面，其中有三个问题比较重要：锤头的选择、加窗处理和变时基方法。

1. 锤头的选择

锤头的选择对于测量结果有重要影响。首先被测结构越大，力锤质量也应越大，其次锤头的选择和所测试件感兴趣的模态频率范围有关。

感兴趣的模态频率范围越窄，所选锤头越软，如橡胶头。感兴趣的模态频率范围越宽，所选锤头越硬，如钢头。介于两者之间应当选尼龙头或铝头。力锤激励后的能量区间可通过观察输入功率谱得到。锤头太硬，在整个分析频带内接近直线，有一部分能量浪费掉了，会降低信噪比，导致整体的相干函数偏低。锤头太软，在分析频带高频区没有激励能量。频率响应函数(Frequency Response Function，FRF)的相干函数可用于判断锤头是否合适，在感兴趣的频响范围内，FRF 峰值附近的相干函数通常要求大于 0.75，在此基础上，相干函数越大锤头越合适。

2. 加窗处理

在进行 FRF 计算之前进行加窗处理也是非常必要的。通常，对于小阻尼结构，在采样时间范围内，力锤激出的结构响应不会衰减到零。这种情况下，泄漏问题突出。为减小泄漏，对测得的响应数据进行加窗处理，最常使用的窗函数是指数衰减窗。

3. 变时基方法

变时基(Varied Time Base)方法则适合对较大型设备进行锤击试验。设备质量越大，通常其固有频率就越低，因此为保证其频率分析精度，要求响应信号的采样频率较低，但是锤击力信号属于脉冲信号，要求较高的采样频率才能保证脉冲力的测量精度，否则可能出现如图 9-1 所示的情形，对于同样的脉冲信号由于采样频率较低导致两次测量结果差异很大。这就产生了对于采样频率设置的矛盾，不论设置高低，都可能顾此失彼。而变时基方法则使用不同的采样频率进行激励力和响应信号的采样，然后通过变时基传递函数计算方法完成 FRF 的计算，以达到提高测量精度的目的。

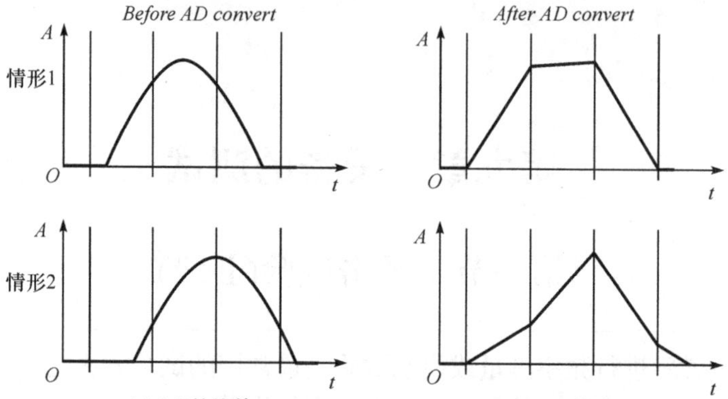

(a) A/D转换前　　(b) A/D转换后

图 9-1　采样频率偏低导致脉冲力测量不准确

图 9-2 为变时基方法测量的力锤激励的脉冲力信号和结构的响应信号，其中在力信号上加力窗，在响应信号上加指数衰减窗。

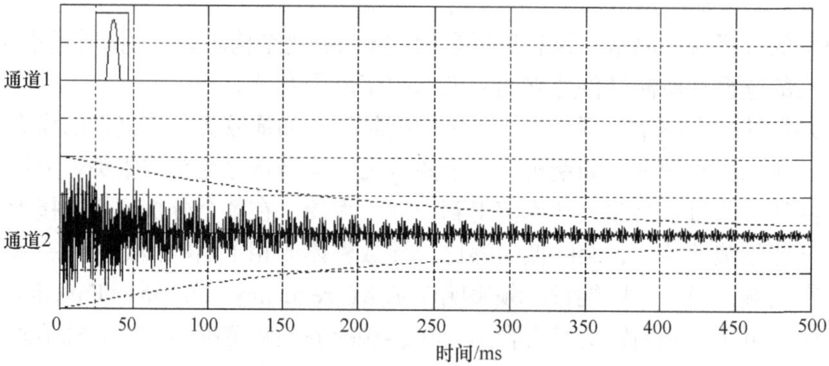

图 9-2　使用变时基方法测量的激励力和振动响应时域波形

第二节　瞬态分析(Ⅲ级)

信号的处理方法很多，有时很难分清是单一的时域分析还是频域分析，有许多方法是复合应用的。本节介绍在齿轮故障诊断中常用的瞬态频率波动分析方法。

分析流程：

瞬态频率波动分析方法是基于的设想：从原始信号中提取调制信号，通过直接分析调制信号进行故障诊断，其过程可用图 9-3 来表示。

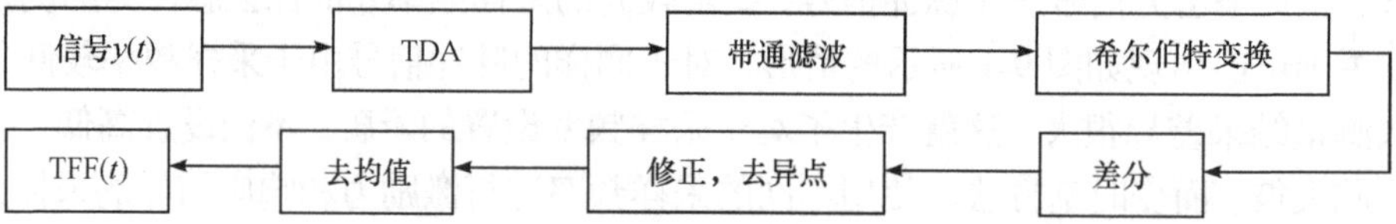

图 9-3　瞬态频率波动法的分析过程

齿轮原始振动信号 $y(t)$经过时域平均(TDA)后，消除了与齿轮振动无关的非周期信号成分，得到的信号为

$$y(t)=\sum_{m=0}^{M}X_m\left[1+a_m(t)\right]\cdot\cos\left[2\pi mf_m(t)+\varphi_m+b_m(t)\right] \tag{9-1}$$

式中，X_m 为振幅；φ_m 为初相位；m 为啮合频率阶次；f_m 为啮合频率。

为了排除其他边频簇的影响，仅选择一组较强的边频带进行分析，因此必须通过带通滤波器将其他频率分层滤掉。经带通滤波器后获得的第 m 阶信号为

$$y(t)=\left[1+a_m(t)\right]\cdot\cos\left[2\pi mf_m(t)+\varphi_m+b_m(t)\right] \tag{9-2}$$

再经过希尔伯特变换，差分计算及去均值等各种运算，最终获得瞬态频率波动曲线，用 TFF(t)表示。

TFF(t)方法的特点是只与信号的相位变化有关，与幅值及其他因素无关。和一般的频率波动法比较，它具有极高的分析精度和分辨率。瞬态频率波动曲线与齿轮故障有着良好的对应关系。

第三节　传递函数(Ⅳ级)

传递函数是描述系统动态关系的另一种数学模型，是经典控制理论对线性系统进行研究、分析与综合的基本数学工具，是时域分析、频域分析及稳定性分析的基础。

定义：对于单输入、单输出线性定常系统，当输入输出的初始条件为零时，其输出量的拉氏变换与输入量的拉氏变换之比。

传递函数的方框图，如图 9-4 所示。

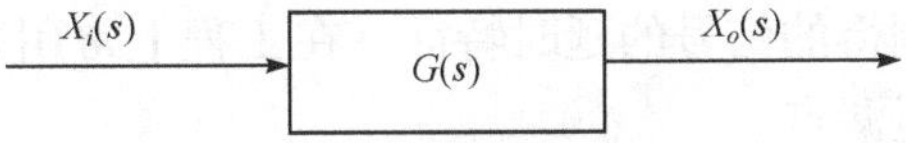

图 9-4　传递函数的方框图

$$G(s)=\frac{X_O(s)}{X_i(s)}=\frac{a_ns^n+a_{n-1}s^{n-1}+\cdots+a_o}{b_ms^m+b_{m-1}s^{m-1}+\cdots+b_o} \tag{9-3}$$

传递函数的性质和特点：

(1) 传递函数和微分方程是一一对应的。

微分方程：在时域内描述系统的动态关系(特性)。

传递函数：在复域内描述系统的动态关系(特性)。

(2) 传递函数的分母只取决于系统本身的固有特性，与外界无关，因此分母反映系统的固有特性，其分子反映系统与外界联系，当输入位置发变化时，分子会改变。

(3) 若输入给定，则输出完全取决于传递函数，见式(9-3)。

(4) 不同物理系统(机械、电气、液压)可以用形式相同的传递函数来描述——相似原理，能用相同数学模型描述的系统——相似系统。

(5) 分母阶次高于分子阶次。

第四节　阻尼评估(Ⅳ级)

材料阻尼是最基本的阻尼形式，由于材料阻尼的影响因素较多，难以建立准确完备的参数表达式来计算材料阻尼，工程中为确定材料阻尼，通常是针对由该材料制成的标准试件，通过振动响应的测试，在振动理论的指导下，经过数据处理来识别出阻尼。材料阻尼的测试对建立精确的结构动力学模型、结构动态稳定性分析、响应预测、新材料研发等都具有十分重要的意义。对阻尼材料的性能测试和评估可参照国标 GB/T 18258—2000《阻尼材料阻尼性能测试方法》的规定操作。

第五节　两通道信号互相关性(Ⅳ级)

对于各态历经过程，两个随机信号 $X(t)$和 $Y(t)$互相关函数 $R_{xy}(\tau)$定义为

$$R_{xy}(\tau)=\lim_{T\to\infty}\frac{1}{2T}\int_{-T}^{T}x(t)y(t+\tau)\mathrm{d}t \tag{9-4}$$

因为所讨论的随机过程是平稳的，在 τ 时刻从样本采样计算的互相关函数和 $t\text{-}\tau$ 时刻从样本采样计算的互相关函数应该是一致的，即

$$R_{xy}(\tau)=\lim_{T\to\infty}\frac{1}{2T}\int_{-T}^{T}x(t)y(t+\tau)\mathrm{d}t=\lim_{T\to\infty}\frac{1}{2T}\int_{-T}^{T}y(t)x(t-\tau)\mathrm{d}t=R_{yx}(-\tau) \tag{9-5}$$

图 9-5 表示了某个函数的互相关函数的图形。图中表示在某延长时刻 τ_0 时 $R_{xy}(\tau)$出现最大值，它反映 $X(t)$和 $Y(t)$之间主传输通道的滞后时间，或表示在同一种状态下，两个不同测点所测得的信号的延时特征。在工程上常用来测定深埋在地下的油管的裂损位置，找出泄漏点。

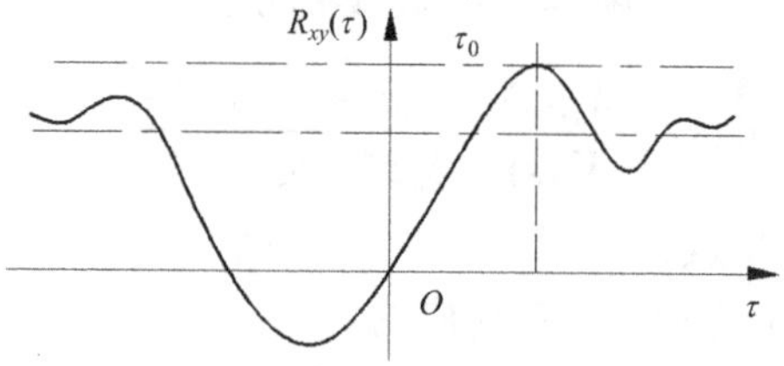

图 9-5　互相关函数的性质

第六节　模态分析(Ⅳ级)

一、模态分析的概念

简单地说，模态分析是一种方法，通过特定的方法，得到设备的频率、阻尼、

模态振型这些描述结构本质特征的参量，即模态参数，是分析结构动态特性的重要手段。

结构振动具有的固有性质，包括结构的各阶固有振动的频率、阻尼、刚度和振型，通过模态试验对结构施加激励后，结构将产生振动响应，该响应可能是多阶固有振动的组合，对激励和响应信号进行模态拟合分析，可将各阶固有振动分离开来，得到各阶振动的特征参数和振型动画。

理论分析人员利用有限元建模来获得该参数，称为计算模态分析；实验分析人员利用模态测试来获得模态参数，称为实验模态分析。在设备试验的范畴内主要指实验模态分析，也是本节主要的讨论内容。

二、模态分析的用途

模态分析可以在很多领域应用，如评价结构的性能，结构动态设计，在故障诊断和状态监测中的应用，等等。

模态分析在结构动态设计中最典型的应用是，在模态测试的基础上，修正有限元模型，最终建立起符合实际的模型，进而用以优化结构，或进行故障诊断等工作。

三、激励是否可测

通常模态分析包含的试验方法和分析方法都比较多，在试验方法中，有两种最主要的区别：EMA 和 OMA 方法。EMA 传统上称为实验模态，该方法使用力锤或激振器等设备对结构进行激励，并且同时测量激励信号和结构响应信号，属于激励力可测的方法。OMA 为环境激励试验模态，适合桥梁楼房等大型结构，无法使用力锤或激振器进行激励，只能测量结构在自然环境的风、地震、水流等激励下的响应，属于激励力不可测的方法。

在机械设备测试中，通常使用 EMA 方法，因此本节主要讲述激励力可测的实验模态。

四、举例解释

下面以一个简单平板的振型为例来解释模态分析。

在自由支撑的平板一角施加一个正弦力，并且正弦力的频率是扫描变化的，力的幅值则保持不变。在平板的另一角安装一个加速度传感器来测量激励引起的振动响应，如图 9-6 所示。

测量平板的响应时，注意：输入激振力频率改变时，输出响应的幅值也随之改变，幅值时大时小。图 9-7 所示为测量的响应的时域波形，也称为时间历程曲线。对系统施加一个幅值恒定的力，但是响应幅值却随着输入力振荡频率的变化而变化。

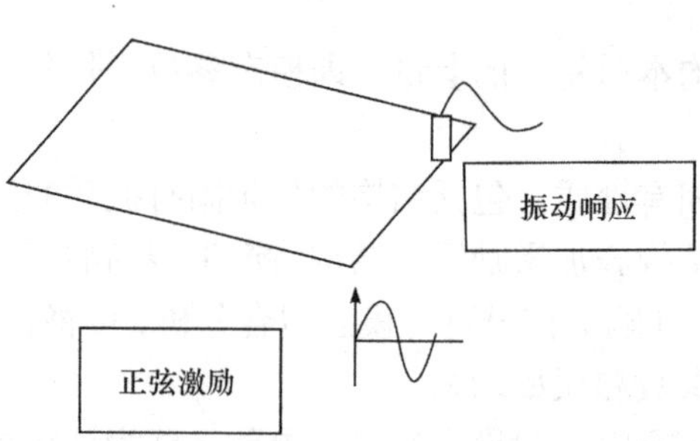

图 9-6　对自由支撑的平板进行正弦激励并测取响应

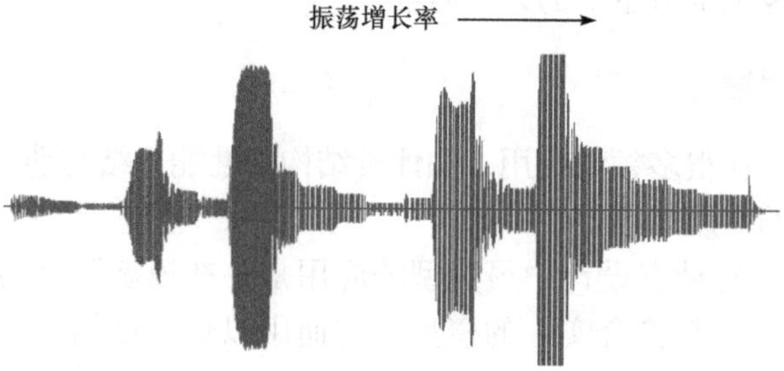

图 9-7　振动响应的时域波形

其原因在于共振。当施加激振力的频率与系统的固有频率(谐振频率)越来越接近时，响应幅值将不断增加，当激振力的频率与系统固有频率相等时，幅值达到最大。

时域波形中包含了很多有用的信息。但是，如果利用快速傅里叶变换 FFT 将时域数据转换到频域，可以计算得到所谓的频率响应函数 FRF，则更加直观地获取和频率有关的信息，见图 9-8。我们可以清楚地看到：①在系统的共振频率处，FRF 达到峰值；②峰值处，时域响应达到最大值，此频率与输入激振力频率相对应。

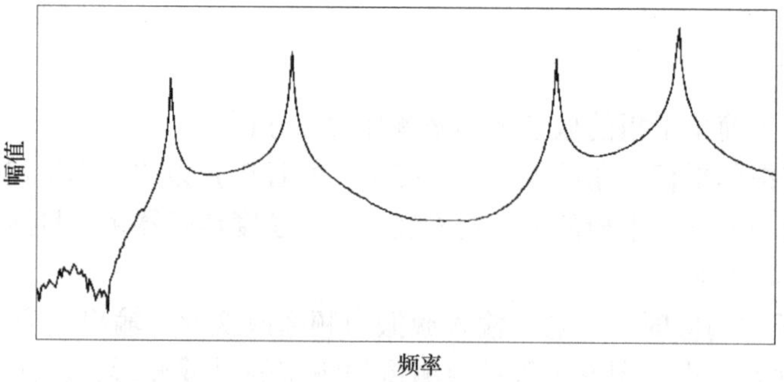

图 9-8　通过激励力和振动响应计算的频响 FRF 的幅值曲线

此外，在这些共振频率处不仅存在振幅的变化，结构的变形形式也非常不同。

如果将激励力的频率固定为某个固有频率，在平板上均匀布置若干个加速度传感器，测量不同激振频率时平板的响应，可以看到平板存在一个变形形式。

如图 9-9 所示，图中时域波形与频域 FRF 曲线叠加在一起，在时域波形达到最大值时，对应的输入激振力频率与 FRF 峰值处频率相对应。而且每个固有频率位置对应的变形形式各不相同，其 4 阶固有频率下的变形分别为一次弯曲、一次扭转、二次弯曲和二次扭转，这就是通常所说的模态振型，虽然从数学上讲不是非常准确，但实际上已经非常接近，并且更加易于理解。

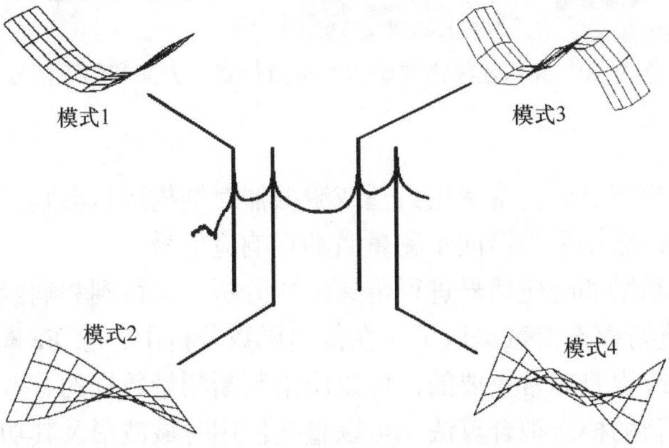

图 9-9　在固有频率位置上的共振和结构变形

实际进行模态试验时，并非需要使用每个固有频率作为激励频率进行试验，而是使用力锤、激振器等设备进行脉冲、扫频、随机等具有较宽频率特性的激励力进行试验。而且不论激励力是否相同，理论上或得到的模态分析结果是不变的，因此模态分析是对结构的本质特性进行研究，在我们设计的所有结构中，都存在这样的固有频率和模态振型，它们由结构的质量和刚度分布决定。

作为一个工程师，需要识别这些频率，并且要知道当有外部激励施加于结构时，这些特性如何影响结构的响应。理解模态振型和结构在被激振时如何振动有助于更好地设计和改进结构。

五、模态试验主要过程概述

1. 几何建模

模态试验中仅仅对结构的一点进行激励和响应测量是不够的，实际中可以对结构上的多点进行激励(MISO)或者测量多点的响应(SIMO)，或者在多点激励并测取多点响应(MIMO)。在结构上合理确定这些激励和响应的节点，以及定义自由度确定测量方向，是几何建模的主要内容。图 9-10 所示为确定汽车结构的几何节点位置的过程。

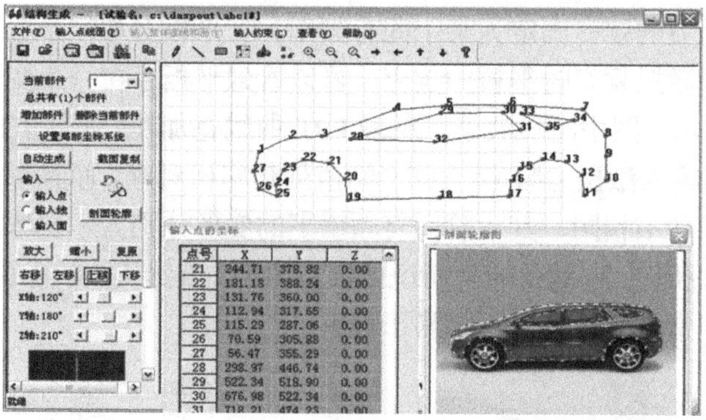

图 9-10　几何建模需要确定测量点位置、方向和约束信息

2. 测量

对于 EMA 模态试验，常使用力锤或激振器对结构进行激励，在节点位置布置振动传感器，通过数据采集器同步测量激励和响应信号。

对测量到的激励和响应信号进行传递函数分析，可得到频响函数 FRF，基于这些 FRF 就可以进行模态参数提取了。在传递函数分析中，除 FRF 的幅频和相频曲线之外，相干曲线也是非常重要的，可以用来判断测量数据的有效性。

当前有一些新的模态拟合算法，可以直接使用时域波形及其功率谱函数进行模态参数的提取，则 FRF 的计算过程就不是必须的。

图 9-11 所示为典型的 FRF 曲线，上部为幅频曲线，下部为相频曲线。

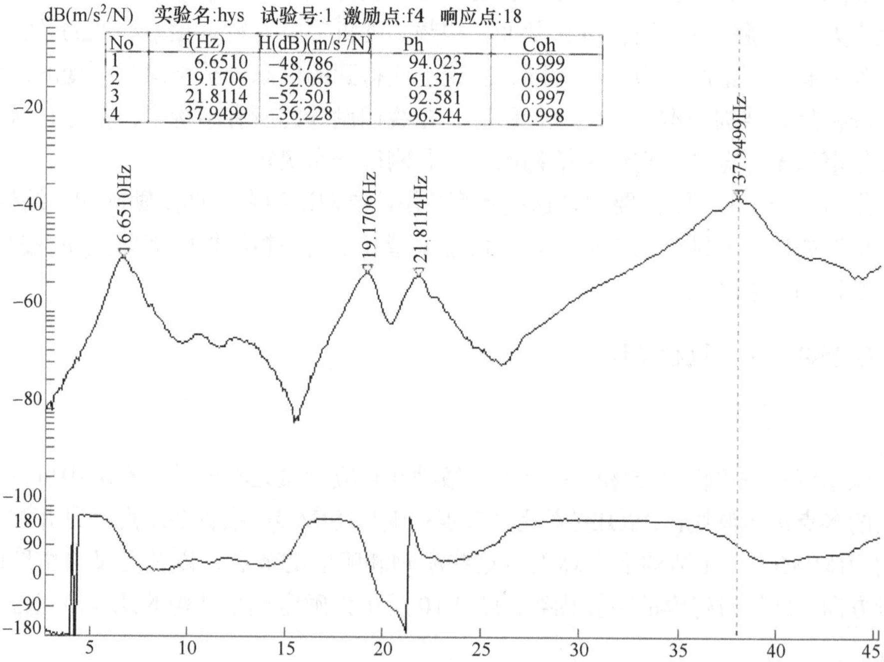

图 9-11　典型的 FRF 曲线(显示 FRF 的幅频曲线和相频曲线)

3. 模态参数提取

从测量数据中提取模态参数的过程有很多方法，经典的频域方法主要通过FRF来进行参数识别。以最简单的PPT峰值拾取法为例，通过所有测点的FRF的集总平均可以获得各阶固有振动的频率和阻尼比，而振型则可以通过各阶频率的FRF的相位信息来获取。但是PPT方法只能适合一些简单结构，其各阶模态频率较为分散。实际工程中的结构可能较为复杂，各阶振动之间相互耦合，这就需要一些曲线拟合的数学算法来完成，所以也称为模态拟合方法，一般通过计算机软件来完成，如图9-12所示，将测量得到的FRF曲线拟合为3个单自由度的曲线，以获取3阶模态参数。

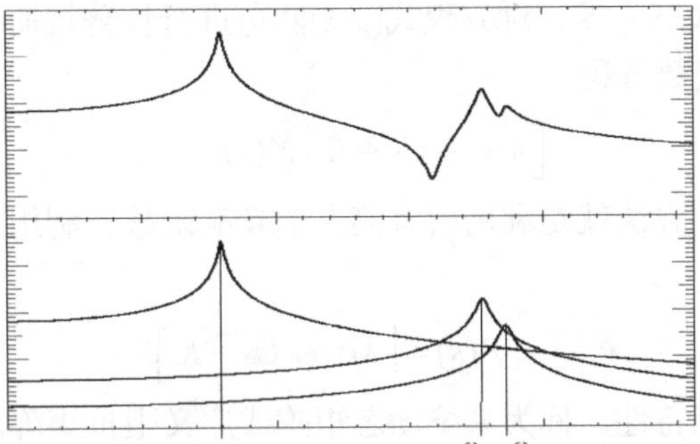

图9-12　从测量的FRF中拟合出若干个单自由度曲线

4. 结果验证

完成模态参数识别后，需要通过一定的验证手段来确认提取过程是否正确，或者提取参数的精度是否满足要求。

振型相关矩阵可检查模态分析的振型结果是否可靠。如图9-13所示，该矩阵主要用来校核各阶模态振型之间的正交性，矩阵关于主对角线对称，主对角线的元素都为 1。矩阵元素的行号和列号分别代表两阶模态，其大小表示了这两阶模态振型的正交性，为归一化后的两阶模态振型标量乘积，值越小表示正交性越好。理想的模态分析结果的振型相关矩阵除主对角元素外，其他元素的值都很小。

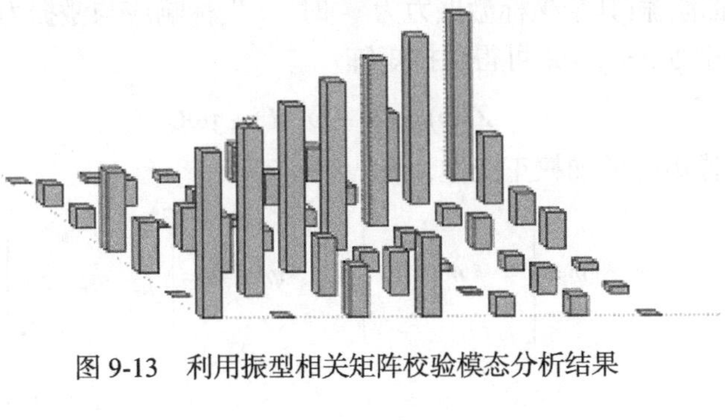

图9-13　利用振型相关矩阵校验模态分析结果

判断模态分析结果好坏的另一个有效方法就是比较拟合结果，即比较实测的频响函数曲线和由各阶模态函数构成的理论频响函数曲线的差异。

其他如稳定图中的 MAC 值、模态重要性指示函数 MII、多方法结果相互校核等都可以作为结果验证的手段。

六、基于 FRF 模态拟合的基本原理

经离散化处理后，一个结构的动态特性可由 N 阶矩阵微分方程描述：

$$M\ddot{x}+C\dot{x}+Kx=f(t) \tag{9-6}$$

式中，$f(t)$为 N 维激振力向量；x、$\dot{x}$、$\ddot{x}$ 分别为 N 维位移、速度和加速度响应向量；M、K、C 分别为结构的质量、刚度和阻尼矩阵，通常为实对称 N 阶矩阵。

设系统的初始状态为零，对方程式(9-6)两边进行拉普拉斯变换，可以得到以复数 s 为变量的矩阵代数方程。

$$\left[Ms^2+Cs+K\right]X(s)=F(s) \tag{9-7}$$

频域 GLOBAL 方法就是利用所有测点的频响函数，利用最小二乘法估计出矩阵 M、K、C 的矩阵

$$Z(s)=\left[Ms^2+Cs+K\right] \tag{9-8}$$

反映了系统动态特性，称为系统动态矩阵或广义阻抗矩阵。其逆阵

$$H(s)=\left[Ms^2+Cs+K\right]^{-1} \tag{9-9}$$

称为广义导纳矩阵，也就是频响函数矩阵。由式(9-7)可知

$$X(s)=H(s)F(s) \tag{9-10}$$

在上式中令 $s=\mathrm{j}\omega$，即可得到系统在频域中输出(响应向量 $X(\omega)$)和输入(激振向量 $F(\omega)$)的关系式

$$X(\omega)=H(\omega)F(\omega) \tag{9-11}$$

式中，$H(\omega)$ 为频率响应函数矩阵。$H(\omega)$ 矩阵中第 i 行第 j 列的元素

$$H_{ij}(\omega)=\frac{X_i(\omega)}{F_j(\omega)} \tag{9-12}$$

等于仅在 j 坐标激振(其余坐标激振力为零)时，i 坐标响应与激振力之比。

在式(9-8)中令 $s=\mathrm{j}\omega$，可得阻抗矩阵

$$Z(\omega)=(K-\omega^2M)+\mathrm{j}\omega C \tag{9-13}$$

利用实对称矩阵的加权正交性，有

$$\varphi^{\mathrm{T}}M\varphi=\begin{bmatrix}\ddots & & \\ & m_r & \\ & & \ddots\end{bmatrix} \qquad \varphi^{\mathrm{T}}K\varphi=\begin{bmatrix}\ddots & & \\ & k_r & \\ & & \ddots\end{bmatrix}$$

其中，$\varphi=[\phi_1,\phi_2,\cdots,\phi_N]$矩阵称为振型矩阵，假设阻尼矩阵 C 也满足振型正交性关系

$$\varphi^{\mathrm{T}}C\varphi=\begin{bmatrix}\ddots & & \\ & c_r & \\ & & \ddots\end{bmatrix}$$

代入式(9-13)得到

$$Z(\omega)=\varphi^{-\mathrm{T}}\begin{bmatrix}\ddots & & \\ & z_r & \\ & & \ddots\end{bmatrix}\varphi^{-1} \tag{9-14}$$

式中，$z_r=(k_r-\omega^2 m_r)+\mathrm{j}\omega c_r$

$$H(\omega)=Z(\omega)^{-1}=\varphi\begin{bmatrix}\ddots & & \\ & z_r & \\ & & \ddots\end{bmatrix}\varphi^{\mathrm{T}}$$

因此

$$H_{ij}(\omega)=\sum_{r=1}^{N}\frac{\phi_{ri}\phi_{rj}}{m_r\left[(\omega_r^2-\omega^2)+\mathrm{j}2\xi_r\omega_r\omega\right]} \tag{9-15}$$

式中，$\omega_r^2=\dfrac{k_r}{m_r}$，$\xi_r=\dfrac{c_r}{2m_r\omega_r}$。

m_r、k_r 分别称为第 r 阶模态质量和模态刚度(又称为广义质量和广义刚度)。ω_r、ξ_r 和 ϕ_r 分别称为第 r 阶模态频率、模态阻尼比和模态振型。

不难发现，N 自由度系统的频率响应，等于 N 个单自由度系统频率响应的线性叠加。为了确定全部模态参数和(r=1, 2,⋯, N)，实际上只需测量频率响应矩阵的一列(对应一点激振，各点测量的)或一行(对应依次各点激振，一点测量)就够了。

试验模态分析或模态参数识别的任务就是由一定频段内的实测频率响应函数数据，确定系统的模态参数——模态频率 ω_r、模态阻尼比 ξ_r 和振型 $\phi_r=(\varphi_{r1},\varphi_{r1},\cdots,\varphi_{rN})^{\mathrm{T}}$，$r$=1, 2, ⋯, n(n 为系统在测试频段内的模态数)。

七、适合 EMA 的模态分析方法

经典的模态分析方法主要基于 FRF 曲线拟合完成的，其基本原理如上节所述，一般包括如下方法：复模态单自由度、复模态多自由度、实模态单自由度、实模态多自由度、实模态导纳圆法等。这些方法都是将各阶模态分离开来进行拟合计算。此外这些基于 FRF 的方法都可以使用变时基(VTB)技术完成较大型结构的锤击试验。

现代的 EMA 模态分析方法中最具代表性的为 ERA 和 PolyLSCF 方法，其中 ERA

全称为特征系统实现算法，是其英文名称 Eingensystem Realization Algorithm 的缩写，PolyLSCF 方法全称为多参考点的最小二乘复频域法，LSCF 为英文 Least-Squares Complex Frequency-Domain method 的缩写。这两种方法为总体拟合方法，在拟合过程中同时考虑各阶模态，也就是说对每一阶模态的拟合都考虑到其他阶模态的影响，因此其精度更好，并且更加适合于复杂结构的模态分析。

基于 FRF 拟合的方法一般通过在 FRF 的幅频曲线上寻找峰值确定模态位置，而 ERA 和 PolyLSCF 方法则需要通过稳定图来确定，如图 9-14 所示，在稳定图上或出现一些标注为 s、d、v、f、o 的点，分别对应不同阶数计算模型得到的特征频率的特性，含义如下：

s：频率和阻尼、振型都稳定；

d：频率和阻尼稳定；

v：频率和振型稳定；

f：频率稳定；

o：新的频率。

很明显，我们需要在频谱图的每个峰值附近选择标注为 s 的点，若有多个 s 点，则选择 MAC 值最接近于 1 的点为合适。

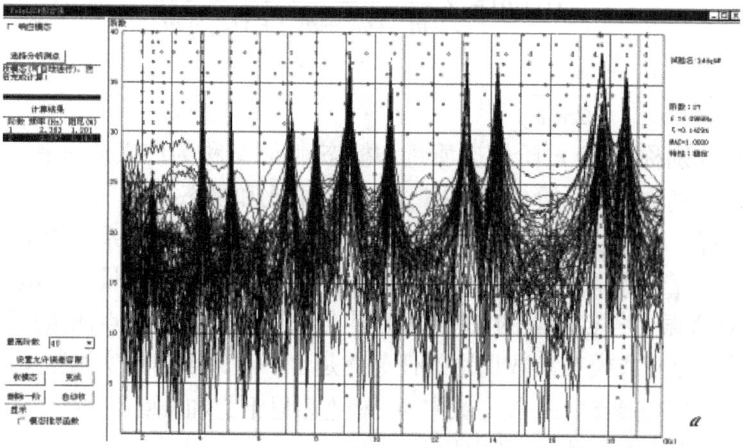

图 9-14 典型的稳定图

八、多输入多输出 MIMO 模态分析

多数情况下，使用 SIMO(单点激励多点响应)或 MISO(多点激励单点响应)方式进行模态试验，其操作和处理都较为简便，可以获得 FRF 矩阵的一行或一列，满足模态分析的数据要求。此外还有多输入多输出 MIMO 模态试验方法，该方法需要多点进行激励，多点测取响应，一般适合如下情形：

(1) 结构庞大，一点激励能量不够，需要在多点进行激励；

(2) 结构脆弱，不能在一点上施加太大的激励；

(3) 对称性结构，具有重根模态，如方板、圆板等，在同一个频率上存在两阶甚至多阶模态。

MIMO 模态可以使用基于 FRF 的频域拟合方法，也可以使用 ERA 或 PolyLSCF 方法进行计算。

九、自动化模态分析

显然模态分析是一项过程繁杂难度较大的工作，例如使用稳定图时，操作者需要选择特征矩阵的维数，而选取不同的维数会得到不同的稳定图；另外在稳定图上选取不同的极点也会得到不同的模态参数。真实模态(对应物理极点)和虚假模态(对应数学极点)往往混在一起，要求分析人员具备较高的理论水平及一定的测试经验，才能对其进行有效的甄别。这些原因都导致模态分析结果常常具有不确定性，不同的操作人员，或者同一分析人员用同一方法在不同时刻进行分析，得到的模态参数都会有所差别。

因此，依靠计算机软件算法自动进行模态参数识别的方法已经成为当前模态分析领域的重要发展方向。这就是自动化模态分析的目的，目前有很多方法，其中具有代表性的一种是通过优化进行求解的方法。

这种方法的基本思想是：只要给出一个含有足够多极点的初始解，其中包括所有和真正模态即物理模态临近的极点，通过优化机制，能将所有的虚假模态删除，得到最优解，由此实现模态自动化分析。

在进行优化之前，必须定义一个可以量化模态分析结果精度的指标，而频域吻合系数则是一个合适的指标，它反应实测数据和拟合结果在频域的吻合程度。按此系数确定优化的目标为：通过模态参数综合得到的频响函数或半谱与实测的结果最为吻合，并在优化过程中动态地甄别物理极点和数学极点，根据极点变化的稳定性和轨迹在参数优化的同时自动删除虚假模态。

经过优化计算后，不同方法计算的结果都趋于一致，从而不需人为参与即可完成自动化模态分析。

第七节　扭转振动(Ⅳ级)

一、概述

在分析旋转机械振动故障时，一般都是指平行振动，即振动质量仅沿着一个方向直线地来回运动，包括沿着与转轴轴线垂直方向的横向振动(径向振动)和沿着轴线方向的轴向振动两种形式。除此之外，有时还会碰到绕着轴线进行的扭转振动。扭振的力学模型如图 9-15 所示。

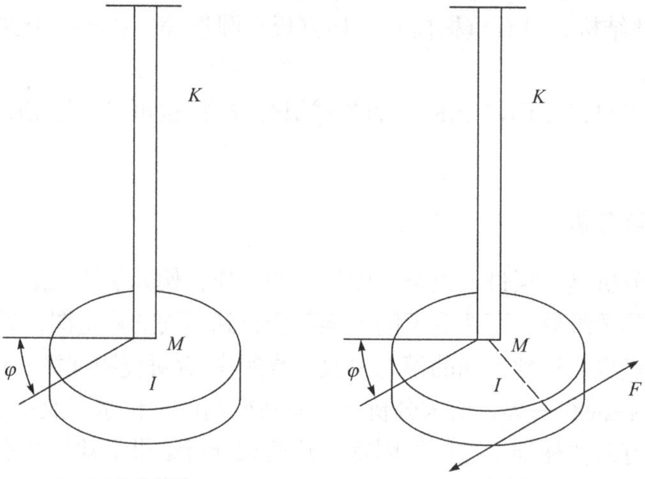

图 9-15　扭振力学模型

据此可得到扭转系统的运动方程

$$I\frac{d^2\varphi}{dt^2}+c\frac{d\varphi}{dt}+k\varphi=M=Fr \tag{9-16}$$

式中，I为质量绕旋转轴的惯性矩；φ为运动转角；C阻尼常数；K为转动刚度；M为外施扭矩。

由式9-16可见，描述扭矩的运动方程与描述平行振动运动方程具有完全类似的形式，唯一区别是振动质量M改成了惯性矩I，位移X改了转角φ，这就表明，前面几章所讨论平行振动时得到的各种规律完全适用于扭转振动。不过从监测方法和故障机理上看，两者则有很大的区别。通常，扭振测得的是动态过程的扭振的角位移或扭应变。

二、产生原因

产生扭振的根本原因是旋转机械主动力矩与负荷反力矩之间失去了平衡，致使合成扭矩的方向来回变化。扭振故障多见于电力系统的汽轮发电机组、石化行业广为使用的风机机组也时有发生。从外施激励来看，导致扭振的原因来自两个方面：即由发电机引入的电气扰动和汽轮机引入的机械扰动。电气扰动包括各种电气短路、自动重合闸、非同期并网、甩负荷及串联电容补偿等；机械扰动有不适当的进气方式、调速系统晃动等。

扭振具有极大的破坏性，轻者是使作用在轴上的扭应力发生变化，增加轴的疲劳损伤，降低使用寿命，严重扭振会导致机组轴系损坏或断裂，严重影响机组安全可靠运行。

三、扭振故障的表现形式

扭振故障有多种形式，一般按频率特征将轴系扭振分为次同步共振、超同步共振和冲击性扭动(振荡扭振)三种基本形式。

(1) 次同步共振：是机电系统的一种自激振动状态，是电网与发电机进行能量交换的频率低于系统的同步频率，而二者的差频与轴系某阶扭振固有频率相等时发生的共振状态。由于汽轮机和发电机转子惯性大，对轴系本身的低阶扭振模态十分敏感，致使轴系出现高应力受力状态，对机组安全运行威胁极大。

(2) 超同步共振：是电网三相负荷不平衡情况下产生的负序电流产生的。负序电流磁场和正序电流旋转磁场之间存在着相对运动，相对速度为同步频率的两倍，如这个频率同轴系某阶扭振固有频率相等或接近，就会激发超同步共振。由于负序磁场相当于一个外力源，所以由它产生的轴系扭振属于强迫振动范围。此外，如发电机出口短路、非同期并网等，发电机定子电流将出现直流分量，由它产生的磁场同转子励磁磁场相互作用，还可能产生工频机电共振，使汽轮机长叶片断裂刁脱，产生很大的质量不平衡并由此在轴系中产生巨大的不衡力，极易产生毁机事故。

(3) 冲击性扭动(振荡扭振)：当电气短路、自动重合闸、非同期并网、甩负荷、短时快控气门、线路开关切合操作等突发性机电扰动，有可能产生短时间冲击性扭矩，形成冲击性扭振。在加上其他不利因素的影响下，可能产生高到轴系无法承受的高应变力，从而造成一次性破坏事故或疲劳损伤的积累。

第八节　冲击脉冲测试

一、工作原理

监测轴承运行的方法有多种，最常见的是振动分析，也有温度、油液分析、超声波和声发射技术等，这些方法都会受到轴承状态以外因素的影响，并且需要专业人员进行分析，诊断的准确率依赖于诊断人员的经验及水平。在20世纪60年代，一种基于监测轴承损坏或运行状态问题而产生的机械冲击的分析方法由瑞典 SPM 仪器公司最早开发出来。这种方法允许在轴承的整个生命周期内对其状态进行测试，而不受设计、设备大小或机器背景振动的影响，也无须专业人员进行分析，可以直接得到轴承损伤的程度并且可以轻易获得轴承早期的故障信息。这项技术方法被称为冲击脉冲方法(SPM)。其理论依据是：当一个钢球落到一根金属棒上时，在棒内要产生压缩波，压缩波的最大幅值与钢球的冲击速度直接相关。根据这个道理可以推理到：在一个滚动轴承内，当内圈、外圈或滚动体有损伤时，当其受载后相接触时要产生冲击，该冲击同钢球落在金属棒上引起的冲击一样要在轴承内、外圈滚道上产生压缩波。尽管冲击的时间非常短，但产生的压缩波的最大幅值却很大。因为压缩波的频率很高，当这种高频压缩波传递到轴承座，用一个具有高频响应特性的压电加速度仪器来检测这一高频压缩波，经过测量仪器处理后，显示出轴承的高频冲击脉冲，据此可以来判断轴承的运行状态。人们习惯称此压缩波为冲击脉冲(Shock

Pulse)，而把据此原理进行滚动轴承监测与诊断的方法称为冲击脉冲法(Shock Pulse Method)。

由于此种方法能比较有效地检测到轴承早期损伤类故障，并且不需要进行频谱分析，所以它一经发明就很快地被美国、英国等工业发达国家的采用。尽管 SPM 技术已经产生了数十年的时间，但现在仍在广泛使用。利用 SPM 法检测轴承的仪器种类很多，在我国应用较多的有瑞典 SPM 公司的 SPM-43 系列仪器、SKF 公司生产的 TMED-1 系列仪器、日本精工公司(NSK)生产的 NB 系列监测仪器及国产的 CMJ 系列各种轴承检测仪等。

二、故障评定参数

在使用检测仪器检测轴承故障时常用的评定参数

1. 地毯值 dB_c

表面粗糙度将会引起初始的重复的冲击脉冲序列，将这些重复的序列聚在一起就组成了轴承的冲击地毯，冲击地毯的幅值用地毯值 dB_c 表示(因为轴承检测仪的测量要覆盖较大的范围，为了简化读数和评价方便，采用了对数测量单位 dB)。该值是与滚动体和滚道之间的油膜形态有关，表示滚动轴承的润滑状态。当油膜厚度正常时，地毯值较低；当轴承调整或排列不好、安装欠佳以及润滑不充分时，将会使得整个轴承或轴承的局部地方油膜厚度减薄，这就会引起地毯值的增大，高于正常值。

2. 最大值 dB_m

轴承损坏，即表面出现了相当大的不规则缺陷，将会引起较高幅值的冲击脉冲，这些较高幅值的脉冲间隔是随机的，在轴承上测量到的最高冲击脉冲值被称为最大值 dB_m，反映了轴承损坏的最大程度，被用来判断被测轴承的运行状态，同时借助地毯值 dB_c，就可以分析轴承运行状态变坏的原因。

3. 初始值 dB_i

我们从大量的、新的、完好的滚动轴承中测得正常的冲击脉冲值(标准值)，称为初始值 dB_i，也可在仪器中输入转速和轴的直径自动获得。

4. 均一化冲击脉冲值 dB_N

均一化冲击脉冲值是评价轴承工作状态的标准参数。

以上参数的关系如图 9-16 所示，图中的 dBs_V 是用来测量冲击脉冲的通用测量单位。用 dBs_V 去减初始值 dB_i，即得到轴承的均一化冲击脉冲值 dB_N，例如，测到一个值为 42dBs_V，42 dBs_V−10dB_i=32dB_N，意味着均一化冲击脉冲值 dB_N 高于正常值 32dB。

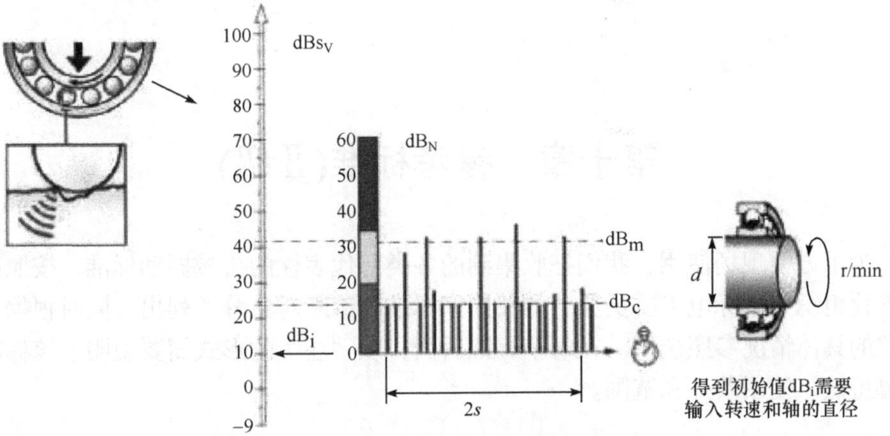

图 9-16　均一化冲击脉冲值等参数关系示意图

一般来讲，在好的运行状态下，轴承具有低 10dB_N的值。运行状态范围可分为状态良好≤20dB_N，预警值(出现初期故障)为 21～5dB_N，坏的状态(大部分轴承出现可见损伤)>35dB_N。

应当指出：采用冲击脉冲法诊断滚动轴承，只能判明轴承的总体状态是正常还是异常，以及损伤的严重程度，但不能如频谱分析一样能确定其中哪个元件损坏。不过，在现场设备维修中能做到这一点也已经够了。因为对滚动轴承这样易损件，只要其中任何一个元件损坏，都得进行整个轴承更换，从来没有修复先例。

第十章　参考标准(Ⅱ级)

为了方便现场使用，我们把收集到的各类有代表性的机械振动标准，按照国际标准化组织、国际电工委员会、相关国家标准和诊断对象分类列出，同时根据诊断对象的具体情况参照选用。在每个标准后面，以“注”的形式简要说明了该标准的主要特点、使用条件和范围。

第一节　国际标准化组织(ISO)的相关标准文件

一、一般性标准

ISO 2041 振动与冲击——名词术语

二、旋转机械振动标准

ISO 10816—2009 机械振动——在非旋转部件上测量和评价机器的机械振动

第 1 部分：总则

第 2 部分：50MW 以上，额定转速 1500、1800、3000、3600r/min 陆地安装的汽轮机和发电机

第 3 部分：额定功率大于 15kW 额定转速范围为 120～15000r/min 的现场测量的工业机器

第 4 部分：用滑动轴承的燃气轮机

第 5 部分：水力发电厂和泵站机组

第 6 部分：功率超过 100kW 的往复式机器

第 7 部分：工业应用的旋转动力泵，包括旋转轴测量

ISO 7919—2009 机械振动——在旋转轴上的测量评价机器的振动

第 1 部分：总则

第 2 部分：50MW 以上，额定转速 1500、1800、3000、3600r/min 陆地安装的汽轮机和发电机

第 3 部分：耦合的工业机器

第 4 部分：用滑动轴承的燃气轮机

第 5 部分：水力发电厂和泵站机组

ISO 20816 将把 ISO 10816 和 ISO 7919 进行修改和合并，形成系列国际标准。

三、平衡标准

ISO 21940 机械振动——转子平衡系列国际标准 包括以下几部分：

第 1 部分：导则(指南)①

第 2 部分：词汇②

第 11 部分：具有刚性特性的转子平衡规程与允差③

第 12 部分：具有挠性特性的转子平衡规程与允差④

第 13 部分：大中型转子现场平衡的准则和安全防护⑤

第 14 部分：评价平衡误差的方法⑥

第 21 部分：平衡机的描述与评定⑦

第 23 部分：平衡机防护罩和其他保护措施⑧

第 31 部分：机器对不平衡的敏感度和灵敏度⑨

第 32 部分：轴与配合件平衡的键准则⑩

四、机器状态监测标准

ISO 13372 机器的状态监测及诊断——名词术语

ISO 17359 机器的状态监测与诊断——一般指南

ISO 13373 机器的状态监测及诊断——振动状态监测与诊断

第 1 部分：总则

第 2 部分：振动数据处理、分析与描述

ISO 13374 机器的状态监测及诊断——数据处理、通信与表示

第 1 部分：一般指南

第 2 部分：数据处理要求

第 3 部分：通信要求

第 4 部分：表示要求

ISO 13379 机器的状态监测及诊断——数据解释及诊断技术的一般指南

ISO 13380 机器的状态监测及诊断——使用性能参数的一般指南

ISO 13381 机器的状态监测及诊断——预测

---

① ISO 19499—2007《机械振动——平衡——平衡标准用法和指南》的修正。

② ISO 1925—2001《机械振动——平衡——词汇》的修正。

③ ISO 1940-1—2003《机械振动——恒态(刚性)转子的平衡品质要求　第 1 部分 规范与平衡允差的检验》的修正。

④ ISO 11342—1998《机械振动——挠性转子机械平衡的方法与准则》的修正。

⑤ ISO 20806—2009《大中型转子现场平衡的准则和安全防护》的修正。

⑥ ISO 1940—2—1997《机械振动—刚性转子平衡品质要求　第 2 部分：平衡误差》的修正。

⑦ ISO 2953—1999《机械振动——平衡机——描述与评定》的修正。

⑧ ISO 7475—2002《机械振动——平衡机——防护罩和测量工位的其他保护措施》的修改。

⑨ ISO 10814—1996《机械振动——机器对不平衡的敏感度和灵敏度》的修改。

⑩ ISO 8821—1989《机械振动——平衡机——轴与配合件平衡的键准则》的修正。

ISO 18436 机器的状态监测及诊断——人员培训及认证的要求

第 1 部分：对认证机构及认证过程的要求

第 2 部分：振动状态监测与诊断

第 3 部分：对培训机构和培训过程的要求

第 4 部分：现场润滑分析

第 5 部分：润滑实验室技术员/分析师

第 6 部分：声发射

第 7 部分：热成像

第 8 部分：超声

第 9 部分：状态监测专家

五、其他振动标准

ISO 2017-1 机械振动与冲击——弹性安装系统——第一部分：主动与被动隔离的应用

ISO 2954 旋转与往复机器的机械振动——对振动烈度测量仪的要求

ISO 5348 机械振动与冲击——加速度计的机械安装

ISO 8528-9 由往复式内燃机驱动的交流发电机组——第九部分：机械振动的测量与评定

ISO 8569 机械振动与冲击——振动与冲击对室内敏感设备影响的测量与评价

ISO 14694 工业风机——平衡品质与振动水平技术要求

ISO 14695 工业风机——风机振动的测量方法

第二节 振动评价准则

一、ISO 标准(表 10-1)

表 10-1～表 10-24 是振动标准规定的评价准则，供使用时参考。

表 10-1 稳态(刚性)转子平衡品质级别《ISO 1940-1(GB/T 9239)》

机械类型：一般示例	平衡品质级别 G	量值 /(mm/s)
固有不平衡的大型低速船用柴油机(活塞速度小于 9m/s)的曲轴驱动装置	G 4000	4000
固有平衡的大型低速船用柴油机(活塞速度小于 9m/s)的曲轴驱动装置	G 1600	1600
弹性安装的固有不平衡的曲轴驱动装置	G 630	630
刚性安装的固有不平衡的曲轴驱动装置	G 250	250
汽车、卡车和机车用的往复式发动机整机	G 100	100
汽车车轮、轮箍、车轮总成、传动轴、弹性安装的固有平衡的曲轴驱动装置	G 40	40

续表

机械类型：一般示例	平衡品质级别 G	量值 /(mm/s)
农业机械，刚性安装的固有平衡的曲轴驱动装置，粉碎机，驱动轴(万向传动轴、螺桨轴)	G 16	16
航空燃气轮机，离心机(分离器、倾注洗涤器)，最高额定转速达 950r/min 的电动机和发电机(轴的中心高至少 80mm)，轴的中心高小于 80mm 的电动机，风扇，齿轮，通用机械，机床，造纸机，制炼厂的机器，泵，透平增压器，水轮机	G 6.3	6.3
压缩机，计算机驱动装置；最高额定转速大于 950r/min 的电动机和发电机(轴的中心高至少 80mm)，燃气轮机和蒸汽轮机，机床驱动装置，纺织机械	G 2.5	2.5
声频、视频驱动装置，磨床驱动装置	G 1	1
陀螺仪，高精密系统的主轴和驱动件	G 0.4	0.4

典型区域边界限值(mm/s)(ISO 10816 与 GB/T 6075)。

表 10-2 绝对轴承振动评价指标

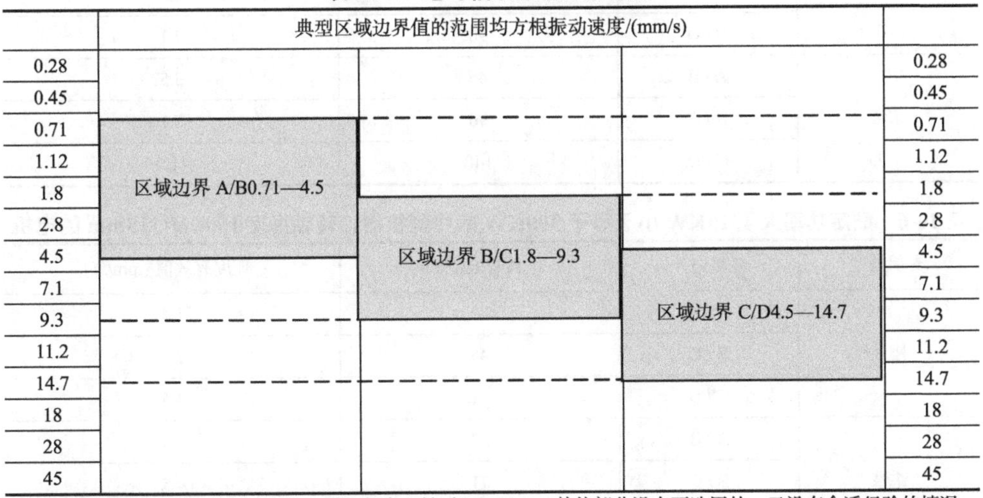

注：(1) 这是 ISO 10816—1:2009 最新版本。针对 ISO 10816 其他部分没有可选用的，又没有合适经验的情况。
(2) 对于小型机器(功率 15kW 以下电机)趋向于区域的下端。
(3) 对于较大型机器(如原动机在测量方向是柔性支承)，趋向于区域的上端。
(4) 验收准则应当供方和用户协商同意。
(5) 选择的值，应当考虑测量的位置和支承的刚度。

实际应用：辽阳石化生产监测部机械技术研究所。

表 10-3 电机两端各测点全频值(有效值，mm/s)

测点	电机自由端-水平	电机自由端-垂直	电机自由端-轴向	电机负荷端-水平	电机负荷端-垂直	电机负荷端-轴向
振值	2.7	3.3	5.7	6.7	7.7	5.6

该机组检修后开车，开车后电机负荷端轴瓦振值超标(不大于 4.5mm/s)且有上升趋势。运转两周后，振值上升至目前水平。由测振仪测得的结果看，电机负荷端各测点振动值超标。

表 10-4　功率大于 50MW 陆地的安装的大型汽轮发电机组

区域边界	轴转速/(r/min)	
	1500 或 1800	3000 或 3600
A / B	2.8	3.8
B / C	5.3	7.5
C / D	8.5	11.8

表 10-5　额定功率大于 300KW 并且小于 50 MW 的大型机器，转轴高度 *H*≥315mm 的电机

支承类型	区域边界	位移有效值/μm	速度有效值/(mm/s)
刚性	A / B	29	2.3
	B / C	57	4.5
	C / D	90	7.1
柔性	A / B	45	3.5
	B / C	90	7.1
	C / D	140	11.0

表 10-6　额定功率大于 15KW 小于等于 300KW 的中型机器，转轴高度 160≤*H*<315mm 的电机

支承类型	区域边界	位移有效值/μm	速度有效值/(mm/s)
刚性	A / B	22	1.4
	B / C	45	2.8
	C / D	71	4.5
柔性	A / B	37	2.3
	B / C	71	4.5
	C / D	113	7.1

表 10-7　离心式、混流式或轴流式——额定功率大于 15kW 的泵

支承类型	区域边界	位移有效值/μm	速度有效值/(mm/s)
刚性	A / B	23	2.8
	B / C	36	4.5
	C / D	57	7.1
柔性	A / B	36	3.5
	B / C	57	7.1
	C / D	90	11.0

表 10-8 额定功率大于 100KW 的往复机械振动分类

<table>
<tr><th rowspan="3">振动烈度级</th><th colspan="3">机器结构上测得的总振级最大值</th><th colspan="7">机器振动分类</th></tr>
<tr><th rowspan="2">位移/μm
(r.m.s)</th><th rowspan="2">速度/(mm/s)
(r.m.s)</th><th rowspan="2">加速度/(m/s)
(r.m.s)</th><th>1</th><th>2</th><th>3</th><th>4</th><th>5</th><th>6</th><th>7</th></tr>
<tr><th colspan="7">评定范围</th></tr>
<tr><td>1.1</td><td>17.8</td><td>1.12</td><td>1.76</td><td rowspan="4">A/B</td><td rowspan="5">A/B</td><td rowspan="6">A/B</td><td rowspan="7">A/B</td><td rowspan="8">A/B</td><td rowspan="9">A/B</td><td rowspan="10">A/B</td></tr>
<tr><td>1.8</td><td>28.3</td><td>1.78</td><td>2.79</td></tr>
<tr><td>2.8</td><td>44.8</td><td>2.82</td><td>4.42</td></tr>
<tr><td>4.5</td><td>71.0</td><td>4.46</td><td>7.07</td></tr>
<tr><td>7.1</td><td>113</td><td>7.07</td><td>11.1</td><td>C</td></tr>
<tr><td>11</td><td>178</td><td>11.2</td><td>17.6</td><td rowspan="7">D</td><td>C</td></tr>
<tr><td>18</td><td>283</td><td>17.8</td><td>27.9</td><td rowspan="6">D</td><td>C</td></tr>
<tr><td>28</td><td>448</td><td>28.2</td><td>44.2</td><td rowspan="5">D</td><td>C</td></tr>
<tr><td>45</td><td>710</td><td>44.6</td><td>70.7</td><td rowspan="4">D</td><td>C</td></tr>
<tr><td>71</td><td>1125</td><td>70.7</td><td>111</td><td rowspan="3">D</td><td>C</td></tr>
<tr><td>112</td><td>1784</td><td rowspan="2">112</td><td rowspan="2">176</td><td rowspan="2">D</td><td>C</td></tr>
<tr><td>180</td><td></td><td>D</td></tr>
</table>

注：(1) 以上数据来源于：2～10Hz 恒位移；10～250Hz 恒速度；250～1000Hz 恒加速度。

(2) 往复机械可根据它的型号、用途、尺寸、形状、刚性或弹性及转速划分为几类，如许多工业和船用柴油机可分为 5、6 或 7 类。

表 10-9 燃气轮机

轴的转速/(r/min)	区域		
	A / B	B / C	C / D
3000～20000	4.5	9.3	14.7

表 10-10 燃气轮机驱动的功率小于 50MW 的压缩机和发电机

支承类型	区域边界	位移有效值/μm	速度有效值/(mm/s)
刚性	A / B	23	2.3
	B / C	57	4.5
	C / D	90	7.1
柔性	A / B	36	3.5
	B / C	90	7.1
	C / D	140	11.0

大型汽轮发电机组旋转轴振动的评价指标《ISO 7919(GB/T 11348)》。

表 10-11 轴相对振动位移的推荐值(峰-峰值，μm)

区域边界	轴旋转频率/(r/min)			
	1500	1800	3000	3600
	最大的轴相对位移			
A / B	100	95	90	80
B / C	200	185	165	150
C / D	320	290	240	220

表 10-12　轴绝对振动位移的推荐值(峰-峰值，μm)

区域边界	轴旋转频率/(r/min)			
	1500	1800	3000	3600
	最大的轴绝对位移			
A / B	120	110	100	90
B / C	240	220	200	180
C / D	385	350	300	270

二、相关国家标准

表 10-13　国际电工委员会(IEC)推荐的汽轮机振动标准

测量方式	振动位移 $D_{p\text{-}p}$ /μm				
	转速/(r/min)				
	≤1000	1500	3000	3600	≥6000
轴承上	75	50	25	21	12
轴上(靠近轴承)	150	100	50	44	20

注：(1) 本标准按转速将汽轮机分为五种类型，随转速增大：汽轮机允许振幅减小。
(2) 表中分别列出两种测量方式的标准值，即测量轴承与测量轴，轴振动允许值约为轴承振动的 2 倍。
(3) 诊断参数为位移峰-峰值。

表 10-14　德国工程师协会 VDI 2056 机械振动标准

<table>
<tr><th rowspan="2">振动烈度
V_{rms}/(mm/s)</th><th colspan="4">机械类型</th></tr>
<tr><th>K 类</th><th>M 类</th><th>G 类</th><th>T 类</th></tr>
<tr><td>0.28</td><td rowspan="4">良好</td><td rowspan="5">良好</td><td rowspan="6">良好</td><td rowspan="7">良好</td></tr>
<tr><td>0.45</td></tr>
<tr><td>0.71</td></tr>
<tr><td>1.12</td></tr>
<tr><td>1.8</td><td rowspan="2">可用</td></tr>
<tr><td>2.8</td><td rowspan="2">可用</td></tr>
<tr><td>4.5</td><td rowspan="2">还允许</td><td rowspan="2">可用</td></tr>
<tr><td>7.1</td><td rowspan="2">还允许</td><td rowspan="2">可用</td></tr>
<tr><td>11.2</td><td rowspan="4">不允许</td><td rowspan="2">还允许</td></tr>
<tr><td>18.0</td><td rowspan="3">不允许</td><td rowspan="2">还允许</td></tr>
<tr><td>28.0</td><td rowspan="2">不允许</td></tr>
<tr><td>45.0</td><td>不允许</td></tr>
</table>

注：(1) VDI 2056 振动标准把机器类型分为四类：
K 类——小型电动机，原动机与工艺机单独传动，功率不超过 15kW；
M 类——中型电动机功率为 15～75kW，如用专门底座，功率可达 300kW；
G 类——大型电动机，原动机和工作机，安装在刚性和重型基础上；
T 类——大型原动机，大型涡轮发电机组等，安装在刚性很小的结构底座上。
(2) 对设备状态评价分为 4 个等级：良好、可用、还允许、不允许。
(3) 采用本标准主要考虑机器的功率大小及基础、底座特性等因素。
(4) 诊断参数为速度有效值(V_{rms})。

表 10-15 英国 BS4675 机械振动标准

<table>
<tr><th rowspan="2">振动烈度
V_{rms}/(mm/s)</th><th colspan="4">机械类型</th></tr>
<tr><th>K 组</th><th>M 组</th><th>G 组</th><th>T 组</th></tr>
<tr><td>45</td><td rowspan="8">不允许</td><td rowspan="6">不允许</td><td rowspan="4">不允许</td><td rowspan="3">不允许</td></tr>
<tr><td>28</td></tr>
<tr><td>18</td></tr>
<tr><td rowspan="2">11.2</td><td rowspan="3">还可以</td></tr>
<tr><td rowspan="4">还可以</td></tr>
<tr><td rowspan="2">7.1</td></tr>
<tr><td rowspan="4">还可以</td><td rowspan="4">可以</td></tr>
<tr><td rowspan="2">4.5</td></tr>
<tr><td rowspan="4">还可以</td><td rowspan="4">可以</td></tr>
<tr><td rowspan="2">2.8</td></tr>
<tr><td rowspan="4">可以</td><td rowspan="10">好</td></tr>
<tr><td rowspan="2">1.8</td></tr>
<tr><td rowspan="4">可以</td><td rowspan="8">好</td></tr>
<tr><td rowspan="2">11.2</td></tr>
<tr><td rowspan="6">好</td></tr>
<tr><td rowspan="2">0.71</td></tr>
<tr><td rowspan="4">好</td></tr>
<tr><td>0.45</td></tr>
<tr><td>0.28</td></tr>
<tr><td>0.18</td></tr>
</table>

注：(1) BS4675 振动标准把诊断对象分为 K、M、G、T 四组，其意义与 VDl2056 振动标准中的字母意义相同。

(2) 对设备状态的评价分为四个等级；好、可以、还可以、不允许。

(3) 采用本标准时，先要根据机器的功率大小、基础型式将其归入某一组，再将测值与标准对照判别其状态。

(4) BS4675 振动标准的诊断参数为速度有效值(V_{rms})。

表 10-16 部分从日本引进设备振动标准

序号	设备类别	转速/(r/min)	允许位移全振幅 D_{p-p} /mm	标准代号
1	单列式往复压缩机		0.15	JISB8341—1976
2	多列式往复压缩机		0.03	JISB8341—1976
3	对称平衡往复压缩机		0.02	JISB8341—1976
4	离心泵	1500 3000	0.04 0.03	
5	离心压缩机	4000 6000 8000 10000 12000 14000	0.022 0.018 0.0155 0.014 0.0125 0.012	

注：(1) 这些设备的振动标准主要考虑了转速这个因素。

(2) 诊断参数为峰-峰值(D_{p-p})。

(3) 检测应遵循的条件：测点在轴承或其附近位置。

表 10-17　日本制造厂为宝钢引进设备提供的部分振动标准

序号	设备名称	测定位置	功率/kW	转速/(r/min)	振动标准 D_{p-p}/μm
1	高炉引风机	轴	4800	3000	50
2	烧结机主排风机	轴承	9300	1000	28
3	转炉 OG 风机	轴承	3100	600～1450	80
4	初轧均热炉风机	轴承	370	1426	80
5	焦化煤气排送机	轴承	830	7308	30
6	烧结余热回收风机	轴承		570～1440	33
7	烧结冷却机送风机	轴承		750	53
8	除尘风机	轴承			1.68 mm/s

注：(1) 本表所列全部是风机的振动标准。考虑的相关因素有转速、功率、测点位置及设备的作业场地等，这也是参考使用表中数据时应当考虑的。

(2) 判断参数为位移峰-峰值(D_{p-p})

表 10-18　加拿大政府文件 CDA/MS/NVSH107“维护振动极限”轴承振动测量值的机器状态判据(10～10000Hz)

用于下列机器的振动烈度允许值	新机器				旧机器(全速、全功率)			
	长寿命①		短寿命②		检查限③		修理限④	
	V_{db}⑤	mm/s⑥	V_{db}	mm/s	V_{db}	mm/s	V_{db}	mm/s
燃气轮机：(>20 000hp)	138	7.9	145	18	145	18	150	32
(6～20 000hp)	128	2.5	135	5.6	140	10	145	18
(≤5 000hp)	118	0.79	130	3.2	135	5.6	140	10
汽轮机：(>20 000hp)	125	1.8	145	18	145	18	150	32
(6～20 000hp)	120	1.0	135	5.6	145	18	150	32
(≤5 000hp)	115	0.56	130	3.2	140	10	145	18
空气压缩机：								
自由活塞	140	10	150	3.2	150	32	155	56
高压空气、空调	133	4.5	140	10	140	10	145	18
低压空气	123	1.4	135	5.6	140	10	145	18
电冰箱	115	0.56	135	5.6	140	10	145	18
柴油发电机组	123	1.4	140	10	145	18	150	32
离心机：油分离器	123	1.4	140	10	145	18	150	32
齿轮箱：(>10 000hp)	120	1.0	140	10	145	18	150	32
(10～10 000hp)	115	0.56	135	5.6	145	18	150	32
(≤10hp)	110	0.32	130	3.2	140	10	145	18
锅炉辅机	120	1.0	130	3.2	135	5.6	140	10
发电机组	120	1.0	130	3.2	135	5.6	140	10
泵：(>5hp)	123	1.4	135	5.6	140	10	145	18
(≤5hp)	118	0.79	130	3.2	135	5.6	140	10

续表

用于下列机器的振动烈度允许值	新机器				旧机器(全速、全功率)			
	长寿命①		短寿命②		检查限③		修理限④	
	V_{db}⑤	mm/s⑥	V_{db}	mm/s	V_{db}	mm/s	V_{db}	mm/s
风扇：(<1800r/min) (>1800r/min)	120 115	1.4 0.79	135 130	3.2 3.2	135 135	5.6 5.6	140 140	10 10
电动机：(>5hp 或 1200r/min) (≤5hp 或 1200r/min)	108 103	0.25 0.14	125 125	1.8 1.8	130 130	3.2 3.2	135 135	5.6 5.6
变流机：(>1kV·A) (≤1kV·A)	103 100	0.14 0.10			115 110	0.56 0.32	120 115	1.0 0.56

注：(1) 本标准确定的频率范围较宽，所包括的机器类型较多，因此适用范围较广。

(2) 标准除着重考虑功率(hp，马力)因素外，还考虑了转速、工作寿命、机器的新旧程度等多种因素，准确性较大，可作为制定相对标准的参考。

① 长寿命为 1 000～10 000hp；

② 短寿命约为 100～1 000hp；

③ 达到此值时，应进行检查，同时要进行倍频分析并与下一行的数据进行比较；

④ 任何一个倍频程分量达到此值时应立即进行修理；

⑤ 速度参考值 V_0=10–6mm / s，V 为实际速度，$V_{db}=20\log(V/V_0)$；

⑥ 以振动速度有效值为准的振动烈度允许值 mm/s。

三、其他标准

表 10-19 电动机振动标准(DIN45665)

质量等级	转速/(r/min)	电动机中心高 H=80～400mm，允许最大 V_{rms}/(mm/s)		
		$H\leq132$	$132<H\leq225$	$225<H\leq400$
N(正常值)	600～3600	1.8	2.8	4.5
H(良好级)	600～1800	0.71	1.12	1.8
	1800～3600	1.12	1.8	2.8
S(特佳级)	600～1800	0.45	0.71	1.12
	1800～3600	0.71	1.12	1.8

注：(1) 本标准把电动机按其中心高度(H)分为三个类型，中心高度越大，振动阈值越大。

(2) 电动机状态判别分为三个等级：正常、良好、特佳。

(3) 本标准是指电动机在空转(不带负荷)条件下的阈值。

(4) 诊断参数为速度有效值(V_{rms})。

表 10-20 不同轴中心高 H(mm)用位移、速度和加速度表示的振动强度限值(方均根植)

振动等级	轴中心高/mm	$56\leq H\leq132$			$132<H\leq280$			$H>280$		
	安装方式	位移/μm	速度/(mm/s)	加速度/(m/s^2)	位移/μm	速度/(mm/s)	加速度/(m/s^2)	位移/μm	速度/(mm/s)	加速度/(m/s^2)
A	自由悬置	25	1.6	2.5	35	2.2	3.5	45	2.8	4.4
	刚性安装	21	1.3	2.0	29	1.8	2.8	37	2.3	3.6

振动等级	轴中心高/mm	56⩽H⩽132			132<H⩽280			H>280		
	安装方式	位移/μm	速度/(mm/s)	加速度/(m/s²)	位移/μm	速度/(mm/s)	加速度/(m/s²)	位移/μm	速度/(mm/s)	加速度/(m/s²)
B	自由悬置	11	0.7	1.1	18	1.1	1.7	29	1.8	2.8
	刚性安装	—	—	—	14	0.9	1.4	24	1.5	2.4
备注	等级“A”适用于对振动五特殊要求的电机。 等级“B”适用于对振动有特殊要求的电机。轴中心距高小于 132mm 的电机，不考虑刚性安装。 位移与速度，速度与加速度的接口频率分别为 10Hz 和 250Hz									

注(1) 制造厂和用户应考虑到检测仪器可能有±10%的测量误差。

(2) 以相同机座带底脚卧式电机的轴中心高作为机座无底脚电机、底脚朝上安装式电机或立式电机的轴中心高。

(3) 一台电机，自身平衡较好且振动强度等级符合表 10-17 要求，但安装在现场中因各种因素，如地基不平、负载机械的反作用以及电源中纹波电流的影响等，也会显示较大的振动。另外，由于所驱动的诸单元的固有频率域电机旋转体微小残余不平衡的激励频率极为接近也会引起振动。在这种情况下，不仅只是对电机，而且对装置中的每一单元都要检验，见 ISO10816-3。

表 10-21 往复式活塞压缩机机械振动测量与评价(GB/T 7777—2003)

压缩机类别	压缩机结构型式	振动烈度 V_{rms}/(mm/s)
Ⅰ	对称平衡型	18.0
Ⅱ	角度式(L 形、V 形、W 形、扇形)、对置、立式	28.0
Ⅲ	其他卧式	45.0
Ⅳ	微型、无基础	45.0
Ⅴ	移动式、直联便携式	71.0

注：本标准按压缩机的结构型式把往复式压缩机分为 5 种类型，规定了各类压缩机振动烈度的允许最大值。诊断参数为速度有效值(V_{rms})。

表 10-22 通风机振动检测及其限值(国家行业标准 JB/T 8689-1998)

支承类型	振动速度(峰值)V/(mm/s)	振动位移(峰-峰值)X/μm	近似对应的振动速度有效值 V_{rms}/(mm/s)
刚性支承	⩽6.5	⩽1.24×105/n	⩽4.6
挠性支承	⩽10	⩽1.9×105/n	⩽7.1
注：n 为工作转速/(r/min)			

注：支承系统的一阶固有频率低于机组的主激振频率(指轴的转频)时属于柔性支承，反之则属于刚性支承。

表 10-23 部分金属切削机床振动标准(美国)

机床类型	位移允许值 $D_{p\text{-}p}$/μm
螺纹磨床	0.25～1.3
仿形磨床	0.76～2.0
外圆磨床	0.76～2.5

续表

机床类型	位移允许值 $D_{p\text{-}p}$ /μm
平面磨床	0.76～3.0
无心磨床	1.00～2.5
镗床	1.52～2.5
普通车床	5.00～25.4

注：(1) 本标准规定：测量位置在轴承的垂直和水平方向；测定转速以规定的验收转速或加工使用转速条件下测量。

(2) 不同的机床类型其判别阈值不同。

(3) 诊断参数为振动位移(峰-峰值 $D_{p\text{-}p}$)。

1984 年加拿大梅特矿业公司提出了管道和机器的振动速度现场判断标准。

表 10-24　管道和机器振动速度现场判据 V_{rms}　(单位：mm/s)

管道在管道两支架的中心测量	机器在轴承壳体上测量	现场评估
<15.3	<5.1	基本可以接受
15.3～38	5.1～12.7	恶化、应进行应急修理
38.1～76.2	12.7～25.4	危险、考虑停机修理

注：(1) 本标准着重考虑了测点位置选择，可作为现场初步评估。

(2) 本标准把管道和机器的振动状态分为三个等级：可接受、恶化和危险。

(3) 诊断参数为速度有效值(V_{rms})。

第十一章　作出报告及编写文件(Ⅱ级)

第一节　作出报告及编写文件的要求

检测人员应履行质量承诺，保证客观、准确、清晰、完整地出具检测报告，检测报告内容应包含符合客户要求的、给出检测结果所必需的、所采用方法要求的所有信息。

第二节　作出报告及编写文件的内容

(1) 报告内容至少应包括下列信息：

① 标题：设备状态监测报告、设备振动诊断报告等。

② 检测公司名称。

③ 唯一性标志：在报告上编制编号和页码，以确保能够识别检测报告的唯一性和完整性。

④ 客户的名称。

⑤ 所依据的标准(方法)：ISO-2372 振动标准。

⑥ 设备的状态、相关信息及运行参数说明，被检测设备的简图、测点及测试仪器说明。

⑦ 设备的检测日期。

⑧ 检测结果：包括原始的测量波形、频谱及各种测量参数。

⑨ 授权签字人签名。

⑩ 有关对检测结果的声明等信息。

(2) 需要时，授权人员负责对检测结果进行解释和说明。

(3) 在对检测结果进行解释和说明时，应将解释和说明的依据形成文件。解释和说明可包括但不限于以下内容：

① 关于结果符合或不符合要求的说明。

② 满足合同要求。

③ 对如何使用结果的建议。

④ 用于改进的指导。

(4) 根据需要，可以采用与客户直接对话的形式进行解释和说明，但要做记录。

(5) 当检测报告包含了由分包方所出具的检测结果时，这些结果应予清晰标明。分包方应以书面或电子方式报告结果。

第三节 作出报告及编写文件的格式

(1) 使用公司统一规定的，与各类检测项目相适应的空白报告格式。
(2) 报告一般使用单位署名。
(3) 检测报告封面应印有检测公司资质标志、检测公司授权标志等。

第四节 做出报告及编写文件的管理

1. 报告的编制、审核和批准

(1) 检测部门主管对原始记录中的检测数据及数据处理结果进行审核，检测人员负责编制检测报告。

(2) 授权签字人负责审核检测报告中检测数据的符合性和有效性，以及判定结果和结论意见的准确性。

(3) 授权签字人负责检测报告的全面审核、批准和签发，检测报告须经批准签发后生效。

(4) 报告的编制人、审核人、批准人对所出具的报告负责。

2. 报告的发放和归档

(1) 检测公司对客户检测报告编号、归档资料的完整性进行检查。
(2) 客户须填写《检测报告发放登记表》，并将检测报告以书面形式向客户发放。
(3) 资料管理员负责将检测报告连同原始记录和其他有关文件资料归档。

3. 检测结果的溯源

检测报告中所出具的检测结果应具有溯源性，能溯源到原始记录。

第五节 状态监测与振动诊断工作的任务

1. 反映被监测设备的运行状态并对异常状况发出警告

通过监测与诊断工作，可以在任何时刻了解设备的当前状况，并通过与正常状态特征值的比较，判定其工况是否正常。若发现或判定异常，及时发出故障警告。

2. 提供设备状态的准确描述

在正常运行状态时，能反映设备主要零部件的早期故障劣化趋势的可能性，为设备的检修提供针对性的依据。当设备发生故障时，能反映故障的位置，故障零部件及故障的程度，为坚持运行还是停机检修提供决策依据。

3. 预测设备状态的发展趋势

通过对状态特征数据的时间历程的统计分析，描绘出设备状态特征数据的时间历程曲线及发展趋势的曲线，对后续的设备状态发展进行预测。以提供制定大修工作计划内容的依据，避免欠维修或过维修发生。如表 11-1 所示。

表 11-1　设备状态点检数据记录统计表

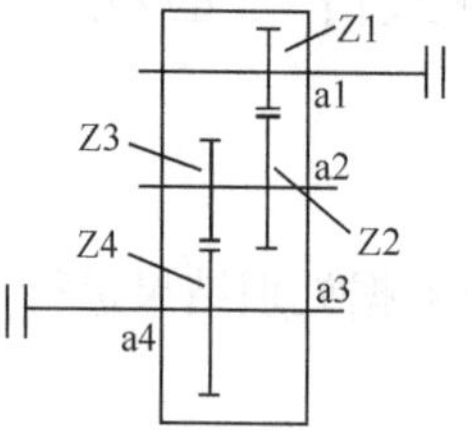

名称:初轧7架减速机

电机转速:1450RPM

齿速：Z1=31;Z2=56;Z3=43;Z4=72

测点号	测量参数	正常判定条件	标准值
a1	mm/s^2	<	
a2	mm/s^2	<	
a3	mm/s^2	<	
a4	mm/s^2	<	

测点号	1	2	3	4	5	6	7	8	9	10	11	12	13	14	15	16	17	18	19	20	21	22	23	24	25	26	27	28	29
a1	1.0	1.2	1.3	1.1	1.2	1.1	1.2	1.3	1.2	1.3	1.4	1.3	1.5	1.2	1.2	1.3	1.4	1.5	1.4	1.6	1.4	1.3	1.5	1.6	1.4	1.5	1.7	1.5	
a2	2.1	2.0	2.1	2.0																									
a3																													
a4																													

第六节　状态监测报告(Ⅱ级)

状态监测主要是对设备的技术状态进行初步识别，设备的状态监测包括定期的或在线的，都属于简易诊断技术的范围。它可以对能反映设备技术状态的一些参数作出正常与否的判断，当存在异常或超过限值时，应能报警或自动停机。

第七节　振动诊断报告(Ⅱ级)

故障诊断是对设备状态作进一步分析识别和判断。以下是一份比较典型的设备故障诊断报告(可作为诊断报告的参考格式)。

一、封面

2010 年北京工业大学北京市先进制造技术重点实验室大型机电设备远程诊断研究室对某钢铁公司的 3#轧机行星齿轮箱进行了振动在线监测，图 11-1 为诊断报告封面。

某某钢铁集团公司棒材厂

3#轧机行星齿轮箱

诊

断

报

告

北京工业大学

北京市先进制造技术重点实验室

大型机电设备远程诊断研究室

2010年11月16日

图 11-1　振动诊断报告

二、报告内容

1. 背景介绍

某钢铁公司一棒厂在线监测系统，粗轧机 1#-8#现在共 24 个振动测点，8 个转速，3 架粗轧机现在有 3 个测点，行星减速机上安有一个测点。

2. 3#轧机齿轮箱的结构及传动简图(如图 11-2)

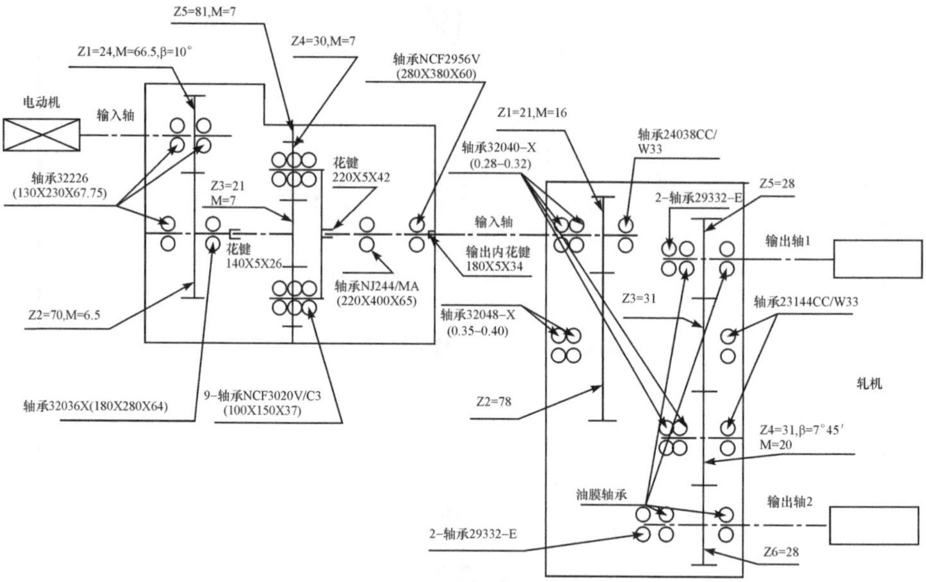

图 11-2　3#轧机传动简图

3. 趋势分析

从图 11-3 可以看出：11 月 13 日换行星减速机后，3#轧机行星齿轮箱输入水平测点检测的振动峰值突然升高，最高振动峰值达到 24m/s^2，是以前 8m/s^2 的 3 倍；从图 11-4 可以看到，峭度指标值也明显升高，最高冲击值达 75。说明 3#轧机新换上的行星减速机的机械设备运行状态不良，可能存在早期故障隐患。

4. 幅值谱

从图 11-5 可以看出，3#轧机行星齿轮箱输入水平测点，11 月 15 日 7:00 在 Z1/Z2 啮合频率 239.2Hz 处对应的幅值为 0.12m/s^2，并伴有 2 次谐波成分。

从图 11-6 可以看出，在 Z3/Z4、Z4/Z5 啮合频率 56.966Hz 处，对应的幅值为 0.111m/s^2，并伴有多倍频成分。根据特征频谱计算表可知，3#轧机行星齿轮箱Ⅰ、Ⅱ、Ⅲ轴及其上的零部件可能有故障隐患。

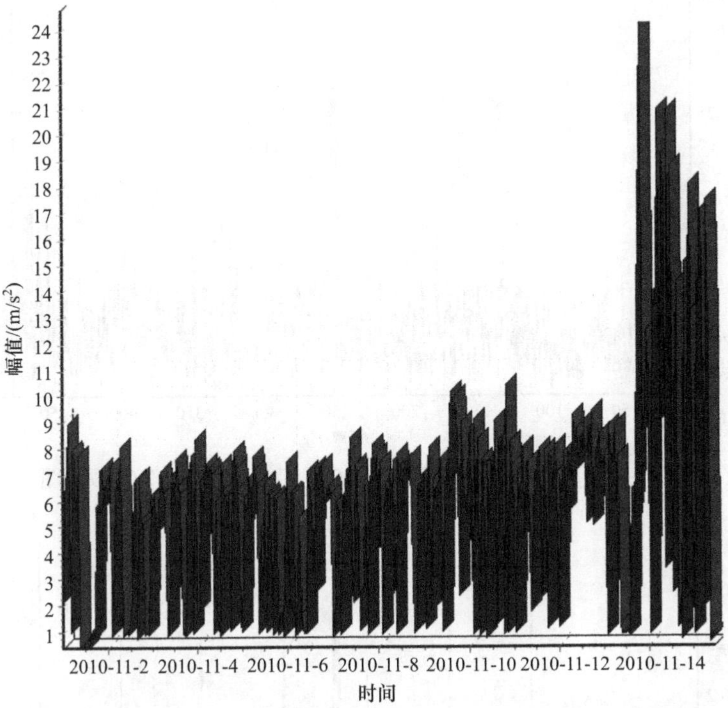

图 11-3　3#轧机行星齿轮箱输入水平测点 2010 年 11 月 1 日至 15 日测点峰值趋势

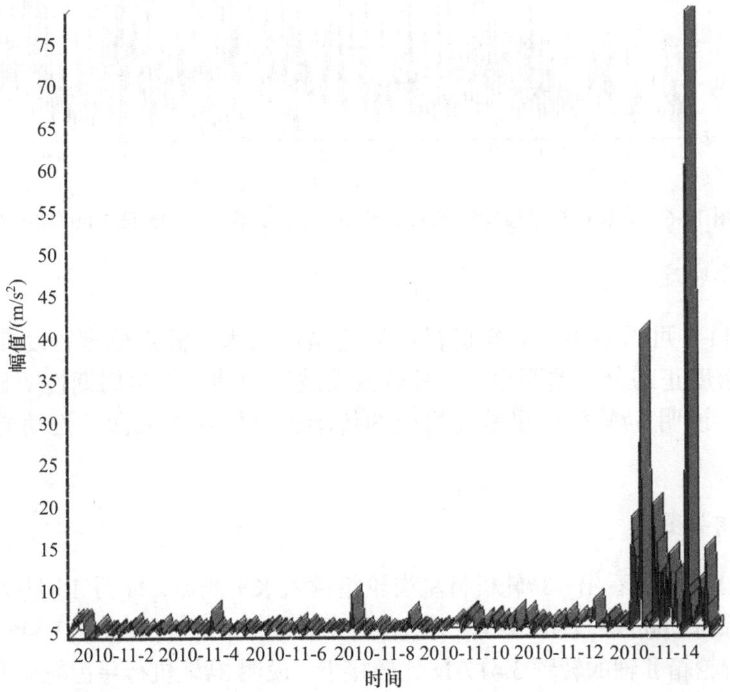

图 11-4　3#轧机行星齿轮箱输入水平测点 2010 年 11 月 1 日至 15 日测点峭度趋势

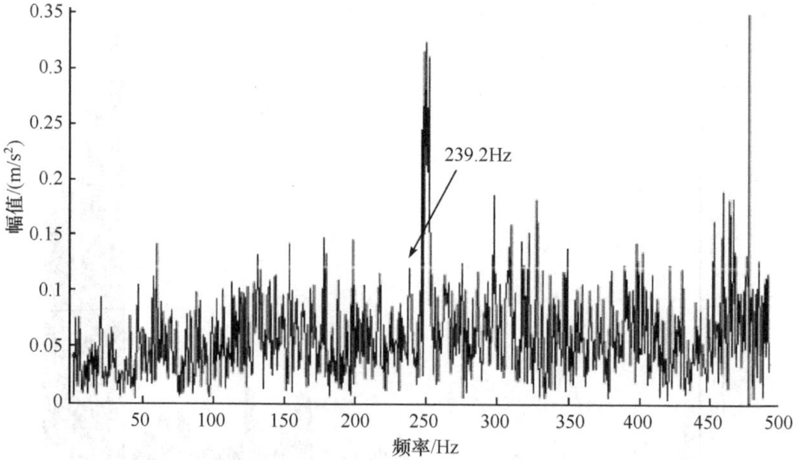

图 11-5　3#轧机行星齿轮箱测点 2010 年 11 月 15 日 7:00 频谱图

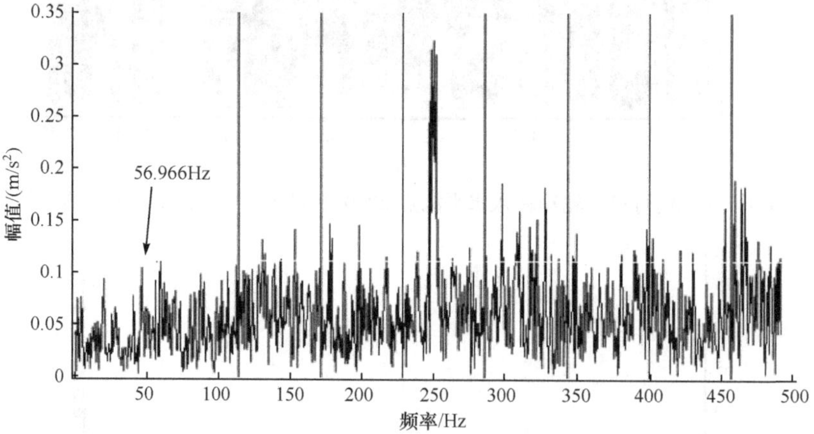

图 11-6　3#轧机行星齿轮箱输入水平测点 2010 年 11 月 15 日 7:00 幅值谱

5. 概率密度

从图 11-7 可以看出，3#轧机行星齿轮箱输入水平测点概率密度曲线，与标准的概率密度正态分布差距很大；时域振动波形中冲击信号周期性明显，且不对称于零线。说明 3#轧机行星减速机内的传动轴可能存在失衡、松动或不对中故障隐患。

6. 自相关图

从图 11-8 可以看出，3#轧机行星齿轮箱输入水平测点，11 月 15 日 7:00 的自相关图中有等时间间隔：t=0.282S，对应故障频率为：f=1/t=1/0.282=3.546Hz，与 3#轧机行星齿轮箱Ⅱ轴的转频 3.417Hz 比较接近，说明 3#轧机行星齿轮箱Ⅱ轴及其上的零部件可能存在故障隐患。

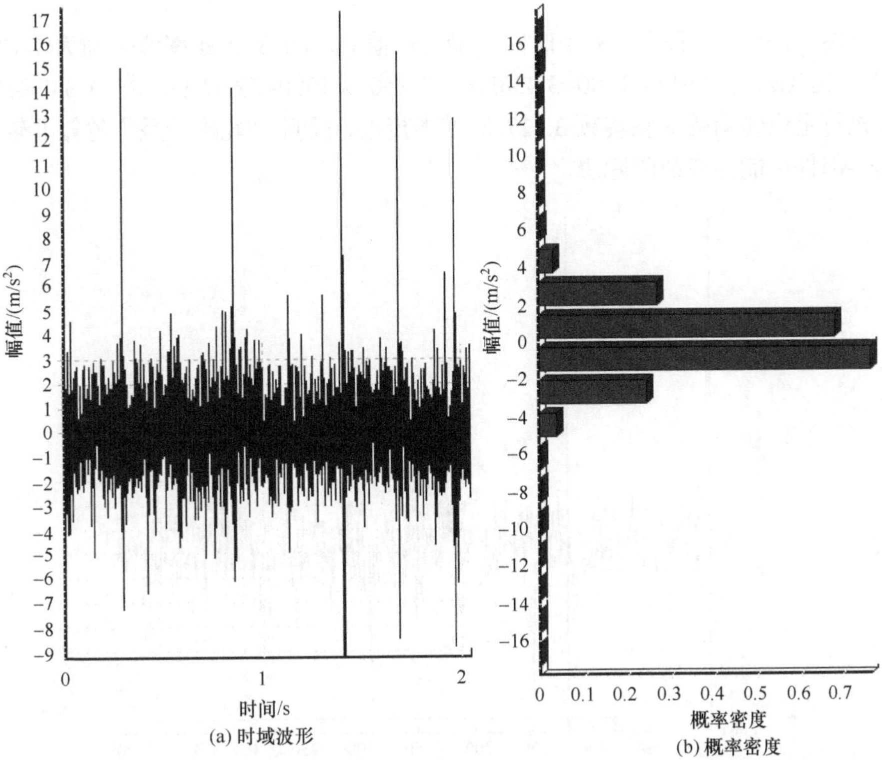

图 11-7　3#轧机行星齿轮箱输入水平测点 2010 年 11 月 15 日 7:00 概率密度图

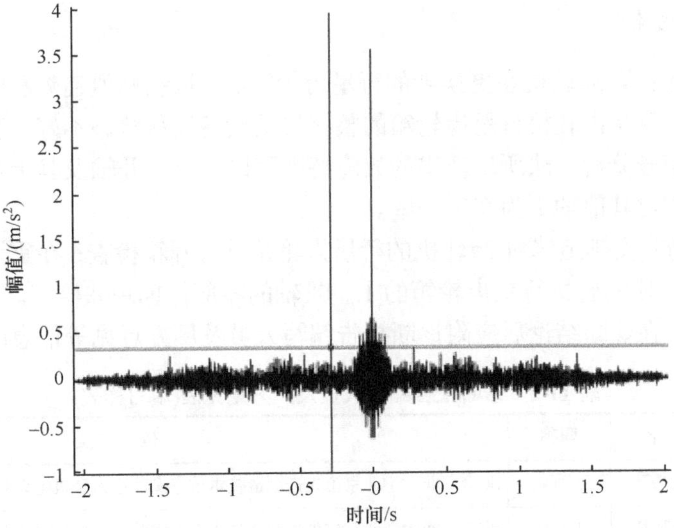

图 11-8　3#轧机行星齿轮箱输入水平测点 2010 年 11 月 15 日 7:00 自相关图

7. 倒谱

从图 11-9 可以看出，3 个时间点最高峰值对应的 3 个频率值分别为(1/121)×1000=8.264Hz，(1/291)×1000=3.436Hz，(1/150)×1000=6.667Hz，其中 3.436Hz 与 3#轧机行星齿轮箱的Ⅱ轴转频 3.417Hz 基本接近，说明 3#轧机行星齿轮箱Ⅱ轴及其上的零部件可能存在故障隐患。

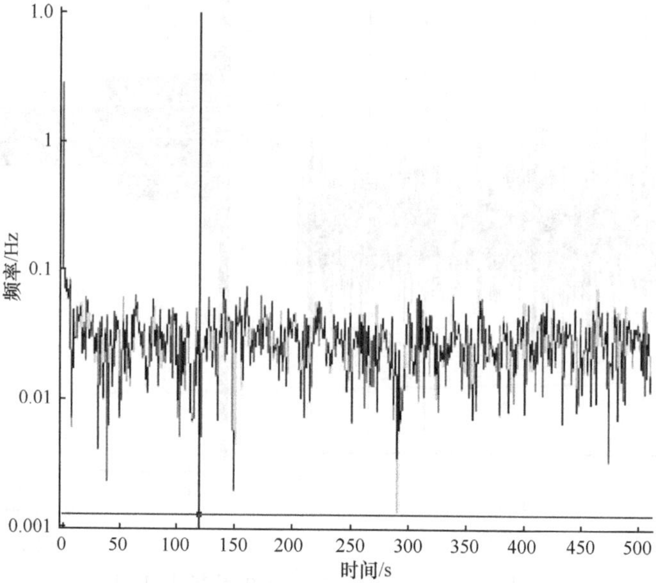

图 11-9 3#轧机行星齿轮箱输入水平测点 2010 年 11 月 15 日 7:00 倒谱图

8. 诊断结论

综上所述：从 3#轧机在更换新的行星齿轮箱后，振动峰值趋势和峭度指标值反而突然升高，反映出轧机行星齿轮箱的整体机械设备运行状态不好，存在着故障隐患；从其他信号分析方法所反映出的故障特征可以看出，Ⅱ轴及其上零部件表现出的故障征兆相对其他轴更为突出一些。

建议厂方：安排定修对 3#轧机的行星齿轮箱进行开箱检查，在重点检查Ⅱ轴零部件的同时，对 3#轧机行星齿轮箱的Ⅰ、Ⅲ轴的零部件也一并检查。

一般的，在诊断结论后应附诊断报告编写人员及厂方意见等信息(表 11-2)。

表 11-2 诊断报告编写人员及厂方意见表(填写样表)

	姓名	职称	单 位
撰 写	钱某某	工程师	北京工业大学北京市先进制造技术重点实验室大型机电设备远程诊断研究室
审 核	李某某	工程师	北京工业大学北京市先进制造技术重点实验室大型机电设备远程诊断研究室
厂方意见			

三、说明

由于厂方没有及时停机检查，在 11 月下旬因 3#轧机行星齿轮箱零部件卡死，造成停机，图 11-10 是更换下来的星行齿轮箱相片。

图 11-10　行星齿轮箱零部件卡死

第十二章　故障严重程度确定(Ⅱ级)

第一节　基 本 概 念

一、振动烈度

引发机械设备产生故障的因素是十分复杂的，若对这些因素作出全面的理论分析再来确定故障判定规范，往往导致不必要的复杂化，甚至不适于实际应用。因而，采用一个单项值来确定机械设备的振动状态是可取的。

机器振动故障的严重程度可以用振动的幅值来表示，简称“振幅”。振幅是指振动物体(或质点)在振动过程中偏离平衡位置的最大距离。振幅反映了振动的强度，因此，振动诊断标准中的判定参数都是用振幅来表示的。振幅是描述一台机器振动状态的简明而又综合的特征量，它提供了一个可靠而仅需作简单测量的评定方法。它与发生在实践中的大多数机器振动情况大致相同，即其评定结果不与已有的经验相抵触。

在国际标准中，ISO 2041—2009(GB/T 2298)《机械振动、冲击与状态监测词汇》最新版本“振动烈度”(Vibration Severity)的定义是：诸如最大值、平均值、均方根值或其他描述振动参数的一个或一组数值，它可适用于瞬态值或平均值。①

振动烈度量值可采用最大值、平均值、均方根值(有效值)或其他描述振动的参数中的一个或一组指定值来表示。振动烈度是在机器的多个不同测点上测量的振动幅值的最大值。通常在各测点的两个或三个方向测量，所测的宽带最大值为振动烈度。过去经常在振动速度上使用，也用于振动位移和振动加速度。

理论证明：振动部件的疲劳损伤的发展速度与振动速度成正比，而振动产生的能量则与振动速度的平方成正比，因此在振动诊断判定标准中，以速度作为判定参数比较适宜。由于速度均方根值(有效值)描述了振动信号的能量，稳定性、重复性好，因而当这项指标超出正常值(故障判定限值)较多时，可以确定机械存在故障隐患或故障。所以很多诊断标准如ISO10816、VD1205等都采用速度的均方根值(有效值)为判定参数。也有一些标准根据设备的低、高频工作状态，分别

---

① 振动烈度是一种通称，过去在涉及振动速度时使用。然而现在更多地用于位移、加速度等其他测量。机器的振动烈度定义为在机器的多个不同点，如轴、轴承或机器结构的其他部件上所测得的振动量的最大值。振动的持续时间有时也包含在描述振动烈度的参数中，但此用法已不主张使用。

选用位移和加速度为判定参数。美国齿轮制造协会(AGMA)曾对滚动轴承的预防损伤对策中提出判定参数建议：在低频段(10Hz 以下)，以位移作为判定参数，中频段(10Hz～1kHz)，以速度作为诊断的判定参数而在高频段(1kHz 以上)，则以加速度作为判定参数。

二、均方根值(有效值)的计算

均方根速度测量以表示各种类型机器的宽范围振动响应特性是很成功的。对于简单的交变波形，由离散的量值和相位的谐波分量组成，不包含显著的随机振动或冲击分量。用严格的数学公式，可以说明各种基本的量(如位移、速度、加速度、峰值、均方根值、平均值等)。

速度均方根值(有效值)可按下式计算：

$$V_{\mathrm{rms}}=\sqrt{\frac{1}{T}\int_0^T V^2(t)\mathrm{d}t} \tag{12-1}$$

式中，$V(t)$为与时间有关的振动速度；T为采样时间。

一般来讲，选用振动速度的均方根值(有效值)来表示机械设备振动烈度，并不排除其他参数的测量、使用。常用的几种传感器仍可继续使用，其所测量的数据可方便地换算为振动速度有效值。

假定，根据频谱分析，已知某一机器振动的加速度、速度和位移的峰值(a_j、v_j、x_j，$j=1, 2, 3,\cdots, n$)，均可用角速度($\omega_1, \omega_2, \omega_3,\cdots, \omega_N$)的函数加确认，从而求出振动速度的有效值(均方根值)，其关系式如下：

$$\begin{aligned}V_{\mathrm{rms}}&=\sqrt{\frac{1}{2}\left[\left(\frac{a_1}{\omega_1}\right)^2+\left(\frac{a_2}{\omega_2}\right)^2+\cdots+\left(\frac{a_n}{\omega_n}\right)^2\right]}\\&=\sqrt{\frac{1}{2}\left[x_1^2\omega_1^2+x_2^2\omega_2^2+\cdots+x_n^2\omega_n^2\right]}\\&=\sqrt{\frac{1}{2}\left[v_1^2+v_2^2+\cdots+v_n^2\right]}\end{aligned} \tag{12-2}$$

仅对单一频率谐波分量进行振动加速度、速度和位移值的换算。使用图 12-1 就能完成。

如果已知单一频率分量的振动速度，位移峰-峰值可由下式计算：

$$S_i=\frac{450V_i}{f_i} \tag{12-3}$$

式中，S_i 为峰-峰位移值，μm；V_i 为频率为 f_i 的分量的振动速度均方根，mm/s；f_i 为频率，Hz。

第二节　振动烈度测量

一、测量频率范围和测量单位

标准要求“振动测量应是宽带，以便充分覆盖机器频谱。频率范围应依据机器的类型确定。”各具体类型机器的测量频率范围不同，一般频率范围 10～1000Hz。不同类型机器使用不同的频率范围测量振动，ISO 10816 的相关部分给出了测量不同类型机器的频率范围。

宽带测量的振动幅值称为通频振动幅值(Overall)，或称为总振幅值。

选频振动幅值是窄带测量的单一频率振动幅值，如 1, 2, 3⋯, n 倍频振动幅值。1 倍频振动是最常见的，因与转速相同又称为同频振动，有时还称为基频振动。单一频率的振动是通频振动(总振幅)的分量，可以表征各种机械振动故障的特征。它是属于频谱分析的内容，详见第三章中第四、五、六、七节和第五章。

在标准中推荐的测量单位：

振动位移以微米(μm)为单位，通常用峰-峰值表示；

振动速度以毫米每秒(mm/s)为单位，通常用均方根值表示；

振动加速度以米每二次方秒(m/s^2)为单位。

一般来说，通频(总振幅)振动的加速度、速度和位移之间，峰值、峰-峰值、均方根值和平均值之间没有简单的关系式。

二、测量位置与方向

应该在轴承、轴承座或者其他有明显动力响应并能表示机器整体振动特性的结构部件上进行测量，图 12-1～图 12-5 表示了典型的测量位置。

为确定每一个测量位置上的振动特性，应在三个相互垂直的方向测量。对于振动监测通常在一个或两个径向上(水平和垂直方向)测量。轴向测量可作为径向测量的补充，特别是在推力轴承位置上，轴向振动极其重要，它直接反应轴向动态力。对于具体类型机器参考相关标准或实际振动监测经验。

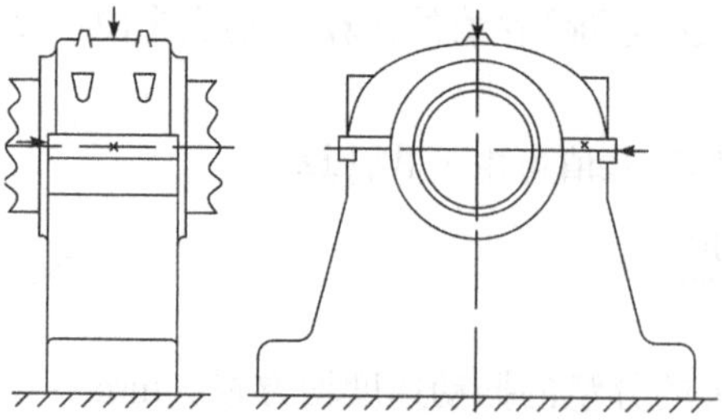

图 12-1　小型电机测量点图

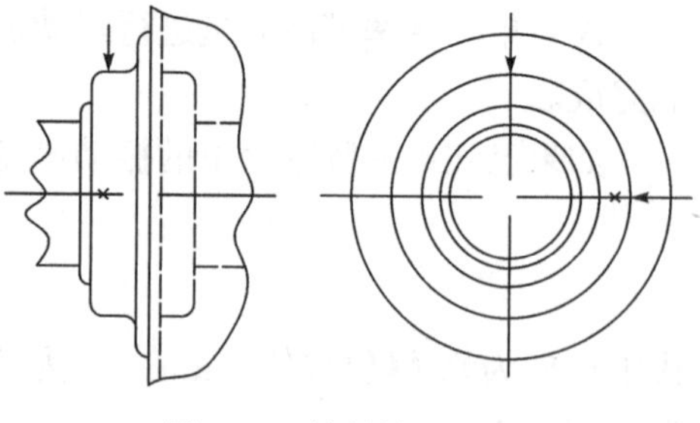

图 12-2　端盖轴承测量点

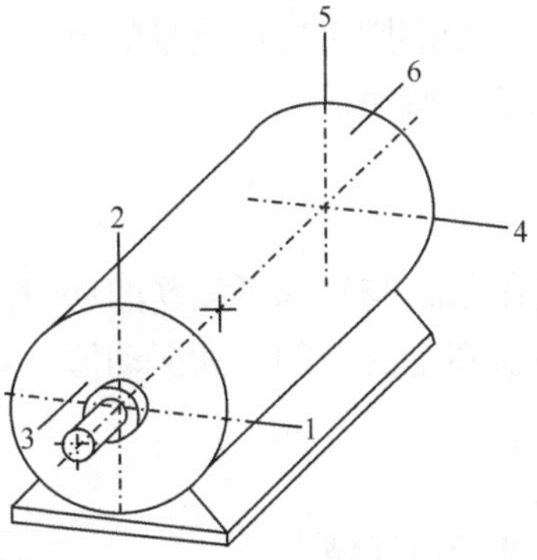

图 12-3　支座轴承测量点

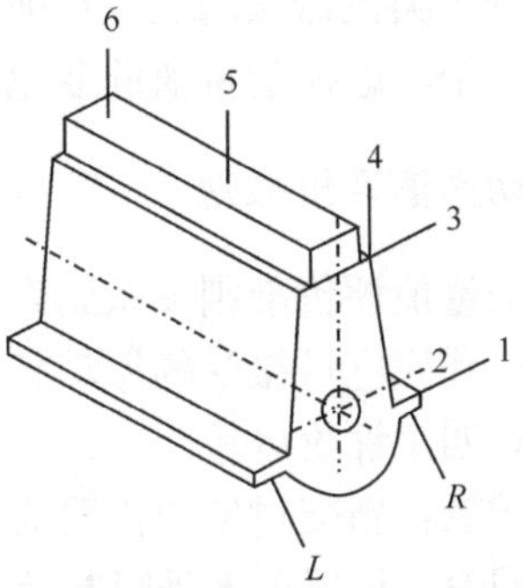

图 12-4　往复式机器测量点

三、测量工况

振动测量是在机器最终的支承结构上，规定的正常运行工况下进行。要排除环境振动对机器振动的影响，如果环境振动量值大于机器要求的振动限值的 1/3 时，应采取措施减少环境振动值。应该注意，在不同基础或基础底层上的同类机器，可能测量的振动有明显的差距。

四、测量仪器

仪器能在机器的工作现场环境下满意地进行测量工作，不受温度、湿度、电磁等的干扰。一定保证振动传感器安装正确和信号电缆连接正确接触良好，不影响机器振动响应特性。测量仪器最基本功能是同时监测和测量最少 4 个通道的宽带振动速度均方根值。具有合适的数据输出接口，以便进一步振动分析。测量仪器包括传感器应该定期标定和校准，或者能作在线标定校准。

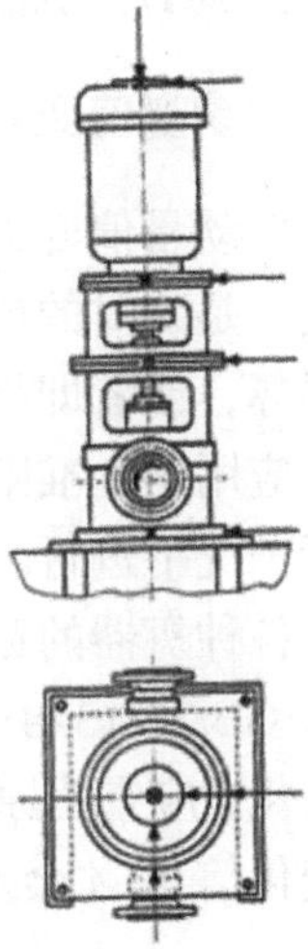

图 12-5　立式机组测量

第三节　振动烈度评价准则

为了衡量种类繁多的各种机械设备振动的严重程度，需要制订一个振动烈度等级。国际标准化组织在《ISO 10816(GB/T 6075)》和《ISO 7919(GB/T 11348)》中，规定了以振动量值和振动变化量为准则评价机器振动的严重程度标准，并以振动烈度作为特征量，在 10～1000Hz 范围给出了各种典型机器振动烈度推荐界限值(详见第十章的第二节)。[①]

① ISO10816 取代了 ISO2372 和 ISO3945，GB/T 6075 取代了 GB/T 11347。ISO 20816 将把 ISO 10816 和 ISO 7919 进行修改和合并，形成系列国际标准。

评价各类机器振动烈度目前有两个准则：一个准则考虑所测量的宽频带振动量值；另一个考虑振动量值的变化，不管是增加还是减小。

一、振动量值评价准则

振动量值评价准则关系到确定振动量值的限值，与轴承可接受的动载荷及传入支撑结构和底座可接受的振动相符合。在每台机器上测量的最大振动值，对照国际经验建立四个评价区域。

区域 A：新交付使用机器的振动量值区域。

区域 B：机器可不受限制地长期运行的振动量值区域。

区域 C：机器不适宜长期运行的振动量值区域，可运行有限时间到采取补救措施为止。

区域 D：机器剧烈振动区域，足以引起机器损坏。

二、振动量值变化评价准则

振动量值变化评价准则是以稳态工况下宽带振动量值的变化为基础规定的，这些变化是瞬时的或随时间发展的，即使未达到振动量值的区域 C，也可指示已经发生损坏，或者即将失效或其他不正常的警告。

应用这个准则时，振动量的比较应在同样传感器位置和方向上，并在相同机器运行工况下进行。应对偏离正常振动值的显著变化加以研究，避免危险情况发生。

各种机器的宽带振动量值变化的评价准则在《ISO 10816(GB/T 6075)》和《ISO 7919(GB/T 11348)》的相应部分给出。一般变化在区域 B/C 边界的 25% 就认为是显著变化，应查明原因采取措施。应该注意，某些变化只有监测离散频率分量(使用矢量变化信息)才会发现。

三、运行限值

为了长期运行，对一些类型的机器设定运行限值。这些限值采用报警值和停机值形式。

报警值：警告已经达到规定的振动值或已经发生显著变化，需要采取补救措施。一般发生报警，机器可继续运行一段时间，同时查明振动变化的原因制订补救措施。

报警值通常依据经验确定的基线值来设定。标准推荐报警值应该比基线值高出某个量，其大小等于区域 B 上线值的 25%。

在没有建立基线值的情况下，如新机器，初始报警值应以其他类似机器的经验为基础，或者以同意的验收值为基准来设定。经过一段时间后，建立起稳态基线值，相应地调整报警值。

如果稳态基线值发生变化(机器大修后)，应修改报警值。

停机值：规定一个振动量值，超过该值机器继续运行可能引起损坏。应采取紧急措施减少振动或停机。

停机值一般与机器的完整性有关，并取决于能使机器经受异常载荷而要求的具体设计性能。因此具有同样设计的所有机器一般采用相同的停机值。停机值通常与设定报警值的稳态基线值没有关系。一般停机值应在区域 C 或区域 D 内。

不同的运行限值反映出动载荷和支承刚度的差异，可相对于不同的测量位置和方向规定。对具体类型机器的规定见《ISO 10816(GB/T 6075)》和《ISO 7919(GB/T 11348)》的相应部分。

第四节　振动烈度指标的故障判断应用实例

实例 1：某冶炼厂一台用于余热发电的小型汽轮发电机组，如图 12-6 所示。汽轮机转速 5550r/min(转频 92.5Hz)，发电机转速是 1500r/min(转频 25Hz)。减速器小齿轮(主动齿轮)齿数 z_1=27，大齿轮(被动齿轮)齿数 z_2=100，齿轮啮合频率 f_m=2497.5Hz。测点①(汽轮机非驱动端)轴承温度持续上升。

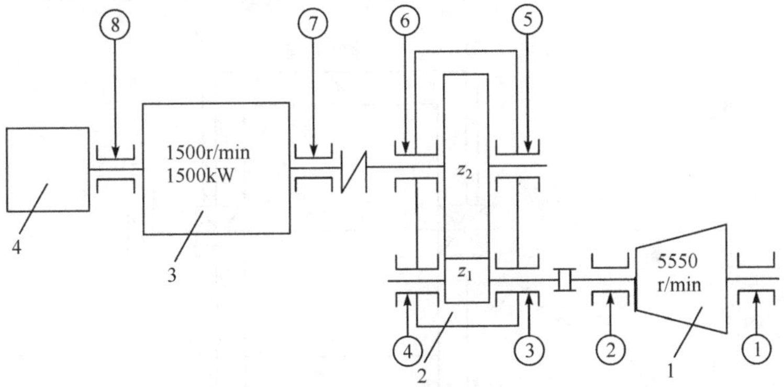

图 12-6　汽轮发电机组结构示意图

1-汽轮机；2-减速器；3-发电机；4-励磁机；①～⑧-测点

从表 12-1 可以看到，测点①(汽轮机非驱动端)三个方向中的垂直方向的速度有效值和位移峰-峰值均高于其他两个方向的速度有效值和位移峰-峰值；垂直方向的速度有效值的数值已在 ISO 10816 标准划定的较差运行状态等级内；测点①的所有方向检测的数据也都大于测点②(汽轮机驱动端)的数据。根据这些情况可以判断测

表 12-1　汽轮机两个测点的速度有效值和位移峰—峰值对比表

参数 \ 测点	①			②		
	H	V	A	H	V	A
速度有效值 V_{mm}/(mm/s)	3.68	7.49	2.89	3.99	2.15	2.61
位移峰峰值 $D_{p\text{-}p}$/μm	25.97	41.90	14.96	24.75	11.07	13.50

注：V 为垂向；A 为轴向。

点①(汽轮机非驱动端)上的轴承轴瓦存在松动故障，并由松动而引起摩擦，处于松动与摩擦并存状态。拆机检查，发现测点①轴承下轴瓦表面巴氏合金局部龟裂脱落，有摩擦烧伤痕迹。如图 12-7 所示。

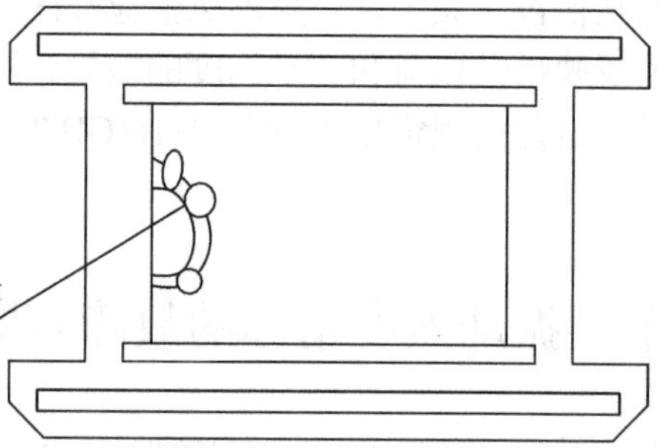

图 12-7　测点①轴承下瓦损坏情况示意图

实例 2：某厂一台轧机减速器，如图 12-8 所示。投入运行后振动很大，电动机为可调速电动机，工作转速 500r/min，功率 970kW，小齿轮齿数 50，大齿轮齿数 148。当电动机转速调至 15r/min 时，减速器振动速度有效值 V_{rms} 见表 12-2。

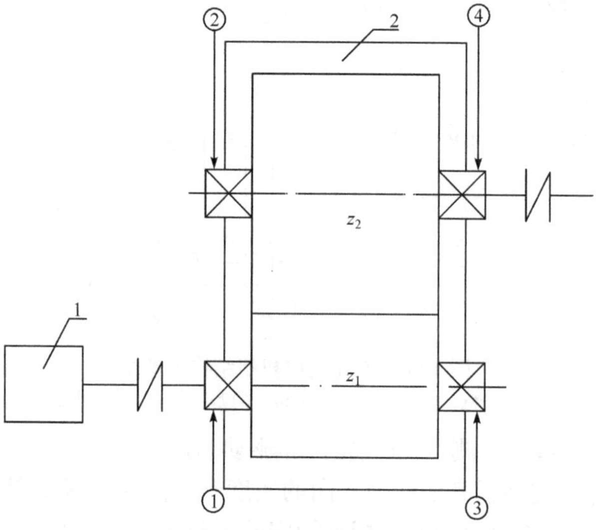

图 12-8　轧机传动链示意图

1-电动机；2-减速器；z_1-小齿轮；z_2-大齿轮；①～④-减速器测点

表 12-2　四个测点的速度有效值

测点 / 参数	①		②		③		④	
	V	A	V	A	V	A	V	A
V_{mm}	6.5	7.8	14.4	12.6	9.5	8.3	13.3	11.8

注：V 为垂向；A 为轴向。

从表 12-2 可以看到测点②和测点④的速度有效值数据均已超标(参看第二节

ISO 2372 标准的规定值)，测点①和测点③的速度有效值也处在较差等级范围内。说明轧机减速器内存在较严重的故障。

根据所获得的信息，可以推断齿轮存在严重故障(如轮齿异常磨损或是塑性变形等)，而且主要振源在大齿轮上。

在检修时拆开减速器检查，发现两个齿轮的轮齿表面凹凸不平，塑性变形严重。另外，大齿轮有 5 个轮齿的齿顶边缘因长期挤撞而呈台阶突起，高达 5～6mm，齿轮在运转时必然出现大齿轮的轮齿顶撞小齿轮的轮齿根部，齿轮在这种恶劣的状态下运行，激起齿轮固有频率是理所当然的。强劲的固有频率分量湮没了齿轮啮合频率的分量，所以在谱图中没有出现啮合频率分量的谱线。

第十三章　转子/轴承动力学(Ⅳ级)

第一节　转子动力学特性

大型机组是现代企业的关键设备，随着生产规模的扩大，旋转机械单机容量也在日益增大，工作转速则越来越高。与此相对应，对机组的振动性能也提出了越来越高的要求。如果仅掌握一般的振动理论是不够的，还应对机组的核心关键部件——转子的动力学特性有所了解。

一、转子-轴承系统的临界转速

转子组件是旋转机械的核心部分，由转轴及固定装上的各类盘状零件(如叶轮、齿轮、联轴节、轴承等)所组成。对于这类旋转机械，可以把转子看成是由圆盘装在无重的弹性转轴上，而转轴的两端则是由完全刚性的，即不变形的轴承支撑，通过对这种模型进行转子动力学特性分析，能够得到一些基本的概念和结论。在大多数情况下，旋转机械的转子轴心线是水平的，转子的两个支承点在同一水平线上。设转子上的圆盘位于转子两支点的中央，当转子静止时，由于圆盘的重量使转子轴弯曲变形产生静挠度，即静变形。此时，由于静变形较小，对转子运动的影响不显著，可以忽略不计，即认为圆盘的几何中心 O' 与轴线 AB 上的 O 点相重合，如图 13-1 所示。

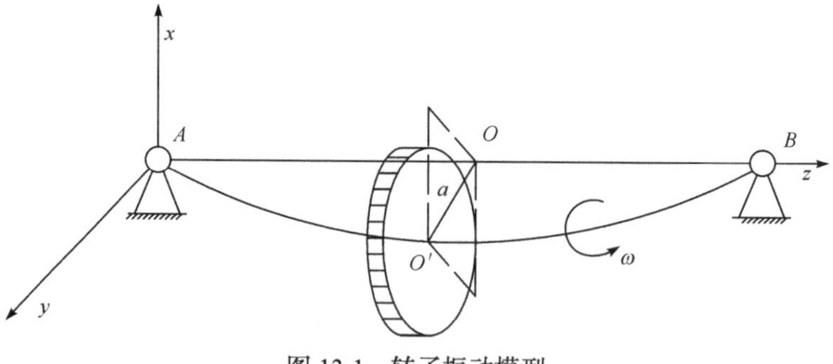

图 13-1　转子振动模型

转子开始转动后，由于离心力的作用，转子产生动挠度。此时，转子有两种运动：一种是转子的自转，即圆盘绕其轴线 $AO'B$ 的转动；另一种是弓形转动，即弯曲的轴心线 $AO'B$ 与轴承连线 AOB 组成的平面绕轴线 AB 的转动。

圆盘的质量用 m 表示，它所受到的力是转子的弹性力 $F=-ka$，式中，k 为转子的刚度系数，$a=OO'$，圆盘的运动微分方程如下：

$$
\begin{aligned}
m\ddot{x} &= F_x = -kx \\
m\ddot{y} &= F_y = -ky
\end{aligned}
\tag{13-1}
$$

即

$$
\begin{aligned}
\ddot{x} + \frac{k}{m}x &= 0 \\
\ddot{y} + \frac{k}{m}y &= 0
\end{aligned}
\tag{13-2}
$$

令 $\omega_n = \sqrt{\dfrac{k}{m}}$，则解得

$$
\begin{aligned}
x &= X\cos(\omega_n t + \varphi_x) \\
y &= Y\cos(\omega_n t + \varphi_y)
\end{aligned}
\tag{13-3}
$$

可知，圆盘或转子的中心 O'，在互相垂直的两个方向作频率为 ω_n 的简谐振动。在一般情况下，振幅 X 和 Y 并不相等，因此 O' 的轨迹为一个椭圆。O' 的这一种运动是一种“涡动”或称“进动”。

转子的涡动方向与转子的转动角速度同向时，称为正进动；转子的涡动方向与转子的转动角速度反向时，称为反进动。

随着机器转动速度的逐步提高，在大量生产实践中人们觉察到，当转子转速达到某一数值后，振动就大得使机组无法继续正常工作，似乎有一道不可逾越的速度屏障，即所谓的临界转速。在工程上，我们也把对应于转子一阶横向固有频率的转速称为临界转速。从动力学角度分析，转子系统分为刚性转子和柔性转子。转动频率低于转子一阶横向固有频率的转子为刚性转子，如电动机、中小型离心式风机等。转动频率高于转子一阶横向固有频率的转子为柔性转子，如燃气轮机转子。当代的大型转动机械，为了提高单位体积的做功能力，一般均将转动部件做成高速运转的柔性转子(工作转速高于其固有频率对应的转速)，采用滑动轴承支撑。由于滑动轴承具有弹性和阻尼，因此，它的作用远不止是作为转子的承载元件，而且已成为转子动力系统的一部分。在考虑到滑动轴承的作用后，转子-轴承系统的固有振动、强迫振动和稳定特性就和单个振动体不同了。

由于柔性转子在高于其固有频率的转速下工作，所以在启动、停车过程中，它必定要通过固有频率这个转速。此时机组将因共振而发生强烈的振动，而在低于或高于固有频率转速下运转时，机组的振动是一般的强迫振动，幅值一般都不会太大，共振点是一个临界点。因此，机组发生共振时的转速也被称为临界转速。

对于轴系，其临界转速往往不止一个，它与系统的自由度数目有关。实际情况表明带有一个转子的轴系，可简化成具有一个自由度的弹性系统，有一个临界转速；带有两个转子的轴系，可简化成两个自由度系统，对应有两个临界转速，依次类推。其中转速最小的那个临界转速称为一阶临界转速 n_{c1}，比之大的依次叫作二阶临界转

速 n_{c2}、三阶临界转速 n_{c3}……工程上有实际意义的主要是前几阶，过高的临界转速已超出了转子可达到的工作转速范围。

为了保证大机组能够安全平稳的运转，轴系转速应处于该轴系各临界转速的一定范围之外，一般要求：

刚性转子： $n<0.75n_{c1}$

柔性转子： $1.4n_{c1} < n < 0.7n_{c2}$

式中，n_{c1}、n_{c2} 分别为轴系的一阶、二阶临界转速。

机组的临界转速可由产品样本查到或在启停车过程中由振动测试获取。需提出的是，样本提供的临界转速和机组实际的临界转速可能不同，因为系统的固有频率受到种种因素影响会发生改变。这样，当机组运行中因工艺需要调整转速时，机组转速很可能会落到共振区内。针对这种情况，设备故障诊断人员应该了解影响临界转速改变的可能原因。一般地说，一台给定的设备，除非受到损坏，其结构不会有太大的变化，因而其质量分布、轴系刚度系数都是固定的，其固有频率也应是一定的。但实际上，现场设备结构变动的情况还是很多的，最常遇到的是换瓦，有时是更换转子，不可避免的是设备维修安装后未能准确复位等，这些因素都会影响到临界转速的改变，主要有如下几种原因：

(1) 回转力矩效应会改变轴系的刚度。回转力矩也称为陀螺力矩，它是因转子进动所产生的惯性力矩。进动是转子既绕转子自身轴线自转、又绕静挠度曲线公转的一种转动方式。当转子不在两支承中点而偏向一边或位于外伸端情况下，由于轴挠曲变形，而使转子倾斜时，就会产生这种振动，如图 13-2 所示。

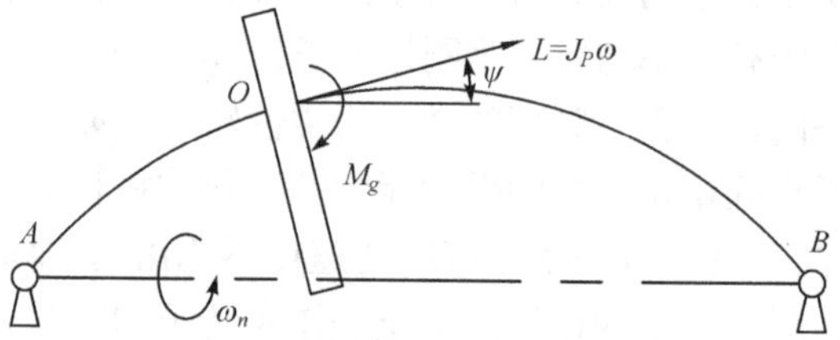

图 13-2　因挠曲变形产生的进动

如图 13-2 所示，当转轴变形后，圆盘的轴线与两支点 A 和 B 的连线有夹角 ψ。设圆盘的自转角速度为 ω，转动惯量为 J_p，则圆盘对质心 O 的动量矩为

$$L=J_p\omega$$

它与轴线的夹角也应该是 ψ。当转轴有振动时，设其频率为 ω_n。由于进动，圆盘的动量矩 L 将不断地改变方向，因此有惯性力矩：

$$M_g = L\times\omega_n = J_p\omega\times\omega_n \tag{13-4}$$

(2) 臂长附加力矩对转子刚度的影响。对较长的柔性转子，失衡质量惯性力作用点与转子和轴的连接点可能不重合而有一定的臂长，与较短的转子相比，连接点处由同等惯性力所产生的挠度将不一样，因为前者在计算连接点处的挠度时，要将力进行移位，而添加的等效力矩将改变轴的变形，分析表明，这种影响会使轴的挠度和转角增大，从而降低轴的临界转速(对柔性转子有利)。

(3) 挠性支承的影响。为了减振，有的支承轴承做成挠性的，如把轴承安放在橡胶垫上，它直接改变了轴系的刚度，挠性支承将使临界转速降低。

(4) 支座刚度系数的影响。

理论上讲只有支承完全不变形的条件下，支点才会在转子运动时保持不动，实际上，支承不可能是绝对刚性不变形的，因而考虑支承的弹性变形，支承就相当于弹簧与弹性转轴相串联。对于各向同性的滑动轴承，弹性支座可化成如图 13-3 所示力学模型示意图。

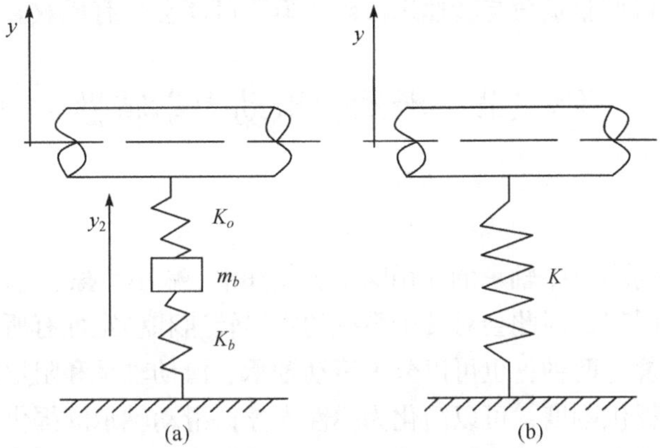

图 13-3　弹性支座简化模型示意图

图 13-3 中 K_o 为油膜的刚度系数，K_b 为轴承座和基础的等效刚度系数，m_b 为等效的参振质量，K 为整个支座的刚度系数，由分析得

$$K = K_o\left(K_o - m_b\omega^2\right)\Big/\left(K_o + K_b - m_b\omega^2\right) \tag{13-5}$$

即支座的总刚度系数是随转速而改变的。由于弹性支承的刚度随转速而变，这将使临界转速的个数增多，而且靠得很近，甚至出现所谓临界转速区，轴系调速时，便有可能落入此范围之内，引起整个机组强振。

(5) 多跨支承的转子。由于各跨之间的连接相当于增加了刚性约束条件，所以临界转速会提高。提高的程度和联轴节有关，绞支连接比固定连接提高要少一些，有时齿式联轴节会发生咬死情况，临界转速提高，有可能与工作转速接近，则振动会大幅上升。

二、转子轴承系统的稳定性

转子轴承系统的稳定性是指转子在受到某种小干扰振动后能否随时间的推移而迅速恢复原来状态的能力，也就是说扰动响应能否随时间增加而消失。若响应随时间增加而消失，则转子系统是稳定的；若响应随时间而增加，则转子系统就失稳了。

造成机组失稳的因素很多，如动压轴承失稳、密封失效、动静摩擦失稳等，而失稳又具有突发性，往往带来严重危害，因此设备故障诊断人员应对所诊断的机组的稳定性能做到心中有数，一旦发现失稳征兆，应及时采取措施防止其发展。比较典型的失稳是油膜涡动，其特点在第二节中给予论述。

综上所述可见，设备本身没有任何变化，但由于动力性能及气动性能的关系，也会引起机组的强烈振动。在现场常会见到这样的情况，当机组出现强烈振动时，往往会采取降低转速或减负荷的办法来处理问题，以为这样处理可以降低振动强度，其实不然。因此，处理强振问题，首先应该了解转速、工艺变化情况，在确信不属于工艺所致后，再调整负荷与转速来诊断故障，可能会更有成效。

第二节　滑动轴承动力学特性

一、概述

在转子-轴承系统中，轴承的作用除了提供润滑、减小摩擦、使转子正常转动外，还提供了刚度和阻尼，因此会对转子系统的临界转速和稳定性有所影响。轴承分为流体动力和流体静力两种，也可以分为滚动轴承、滑动轴承和阻尼轴承。一般情况下，滚动轴承只提供刚度，可以简化为弹性支撑；滑动轴承既提供刚度，又提供阻尼，滑动轴承种类很多，动力学特性相对也比较复杂；而阻尼轴承是对转子振动进行控制，可分为被动和主动控制轴承。

滑动轴承一般可分为固定瓦径向轴承、可倾瓦径向轴承、动静力径向轴承、推力轴承等基本形式。这些轴承的动力学特性各不相同，也各有优缺点，适用于不同的场合。在具体使用中，应该根据工作转速范围、载荷大小和工作环境来选择合适的轴承。

转子-轴承系统的稳定性是我们在使用中应该考虑的问题。稳定性是指转子在受到某种小干扰扰动后能否随时间的推移而恢复原来状态的能力，也就是说扰动响应能否随时间增加而消失。如果响应随时间增加而消失，则转子系统是稳定的。若响应随时间而增加，则转子系统就失稳了。

比较典型的失稳是滑动轴承的油膜涡动与油膜振荡。在瓦隙较大的情况下，转子常会因不平衡等原因而偏离其转动中心，致使油膜合力与载荷不能平衡，就会引起油膜涡动。机组的稳定性能在很大程度上取决于滑动轴承的刚度和阻尼。当系统具有正阻尼时，系统具有抑制作用，振动逐渐衰减。反之系统具有负阻尼时，油膜涡动就会发展为油膜振荡。油膜涡动与油膜振荡都是油膜承载压力波动的反映，表现为轴的振动。

二、滑动轴承动力学特性

滑动轴承动力学特性是指滑动轴承的油膜压力对轴心运动轨迹的影响。在旋转机械设备中，高速运转的重载荷转子常采用滑动轴承作为支承零件，如图 13-4 所示，高速旋转的轴不断地将附着在轴上的油带入轴瓦下，由于油的黏性，阻碍了油的流出，在轴瓦底部形成油膜，油膜的压力构成轴瓦的载荷支撑力，油膜的压力分布与油的黏度 μ、轴的线速度 V、瓦底的接触面形状相关，也就决定了载荷支撑力的大小和作用力的方向。在完全润滑状态下，油膜完全隔开了轴与轴瓦的金属摩擦接触，图中 $h_{\min}$ 为最小油膜厚度，θ 为偏位角，e 为偏心距。

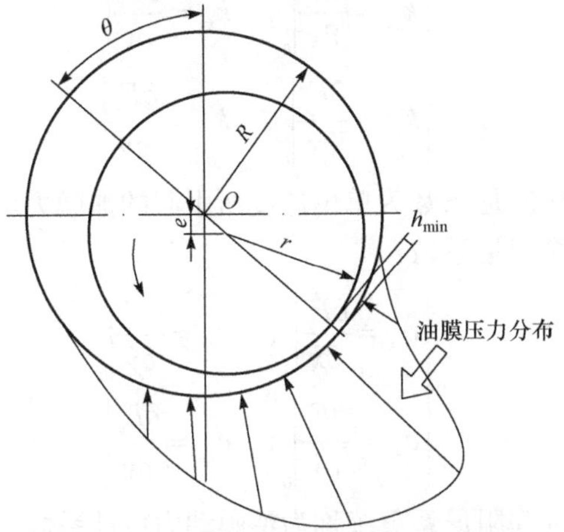

图 13-4　滑动轴承油膜压力分布图

在滑动轴承的动力学特性研究中，大部分研究都是将滑动轴承的影响看作两个互相垂直方向的油膜力，油膜力与轴颈位移和速度之间存在非线性关系。一般情况下，先是根据雷诺方程：

$$\frac{1}{R^2}\frac{\partial}{\partial \xi}\left(\frac{h^3}{12\eta}\frac{\partial p}{\partial \xi}\right)+\frac{\partial}{\partial z}\left(\frac{h^3}{12\eta}\frac{\partial p}{\partial z}\right)=\frac{1}{2}\Omega\frac{\partial h}{\partial \xi}+\frac{\partial h}{\partial t} \tag{13-6}$$

求出油膜压力分布，式中 h 为油膜厚度，ξ 为角度，R 为轴颈半径，p 为油膜压力，η 为润滑油黏度，z 为轴瓦坐标，t 为时间，Ω 为转动角速度。此方程是在一系列假设条件之下，对油膜中的微元体进行受力分析，利用了流量连续方程和牛顿黏性定律导出的。求出油膜中压力分布后，进一步可以得到该轴承的静特性参数，如静平衡位置、承载能力、摩擦功耗、润滑油流量和温升等，也能得到动力特性系数。

其油膜形成的载荷支撑合成力与轴上的载荷力出现不共线情况，即不能形成方向正好相对的状况，这样就形成了一对力偶，轴心的运动轨迹将受到这对力偶的影响。

当轴颈在静平衡位置受到位移或速度扰动时，油膜作用在轴颈上的反力就会发生变化，并且这种变化关系一般是非线性的。为了简化分析，一般是用油膜力在轴颈的静平衡位置的线性化来表示：

$$\begin{cases} F_x = F_{x_0} + \dfrac{\partial F_x}{\partial x}\Big|_0 \Delta x + \dfrac{\partial F_x}{\partial y}\Big|_0 \Delta y + \dfrac{\partial F_x}{\partial \dot{x}}\Big|_0 \Delta \dot{x} + \dfrac{\partial F_x}{\partial \dot{y}}\Big|_0 \Delta \dot{y} + \cdots \\ F_y = F_{y_0} + \dfrac{\partial F_y}{\partial x}\Big|_0 \Delta x + \dfrac{\partial F_y}{\partial y}\Big|_0 \Delta y + \dfrac{\partial F_y}{\partial \dot{x}}\Big|_0 \Delta \dot{x} + \dfrac{\partial F_y}{\partial \dot{y}}\Big|_0 \Delta \dot{y} + \cdots \end{cases} \tag{13-7}$$

式中，F_x、F_y分别为油膜力在x、y方向的分量；F_{x_0}、F_{y_0}分别为静平衡位置时，油膜力在x、y方向的分量。

我们定义油膜刚度系数为单位位移所引起的油膜力分量，这样从油膜力表达式中可以得到四个油膜刚度系数：

$$\begin{cases} k_{xx} = \dfrac{\partial F_x}{\partial x}\Big|_0, \quad k_{xy} = \dfrac{\partial F_x}{\partial y}\Big|_0 \\ k_{yx} = \dfrac{\partial F_y}{\partial x}\Big|_0, \quad k_{yy} = \dfrac{\partial F_y}{\partial y}\Big|_0 \end{cases} \tag{13-8}$$

同理我们定义油膜阻尼系数为单位速度所引起的油膜力增量，那么从油膜力表达式中也可以得到四个阻尼系数：

$$\begin{cases} c_{xx} = \dfrac{\partial F_x}{\partial \dot{x}}\Big|_0, \quad c_{xy} = \dfrac{\partial F_x}{\partial \dot{y}}\Big|_0 \\ c_{yx} = \dfrac{\partial F_y}{\partial \dot{x}}\Big|_0, \quad c_{yy} = \dfrac{\partial F_y}{\partial \dot{y}}\Big|_0 \end{cases} \tag{13-9}$$

油膜刚度系数和油膜阻尼系数统称为油膜动力特性系数，这样油膜力增量，即动态力又可以写成：

$$\begin{cases} \Delta F_x = F_x - F_{x_0} = k_{xx}\Delta x + k_{xy}\Delta y + c_{xx}\Delta \dot{x} + c_{xy}\Delta \dot{y} \\ \Delta F_y = F_y - F_{y_0} = k_{yx}\Delta x + k_{yy}\Delta y + c_{yx}\Delta \dot{x} + c_{yy}\Delta \dot{y} \end{cases} \tag{13-10}$$

式中，k_{xy}、k_{yx}和c_{xy}、c_{yx}分别称为交叉刚度系数和交叉阻尼系数，或统称为交叉动力系数，它们表示油膜力在两个互相垂直的方向的耦合作用，k_{xx}、k_{yy}和c_{xx}、c_{yy}分别称为主刚度系数和主阻尼系数，这 8 个参数就是轴承的 8 参数模型，如图 13-5 所示。

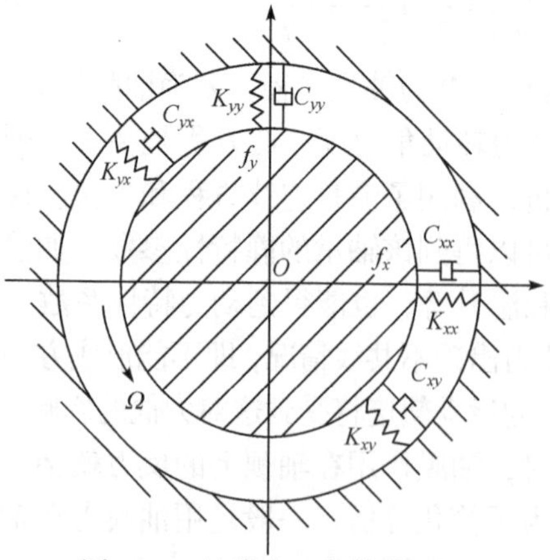

图 13-5　油膜力 8 参数模型图

轴承工作的稳定性很大程度上是由交叉动力系数的大小和正负决定的。主刚度系数对应的弹性力是保守力，在轴心一周的涡动中，做的总功为零，与主阻尼系数对应的阻尼力恒做负功，即消耗能量。与交叉刚度系数对应的是非保守弹性力，它们与交叉阻尼系数对应的阻尼力一样，在一周中做功可为正(即向转子系统输入能量)，也可为负(即消耗系统中的能量)，这取决于涡动的轨迹形状、交叉动力系数的正负和大小。如果一周涡动中，输入系统的能量小于各种阻尼所消耗的能量，那么涡动慢慢消失，这时系统是稳定的，反之系统是不稳定的。

三、油膜涡动与油膜振荡的发生条件

转子运动失稳的原因除了转轴的材料内阻或圆盘与转轴配合面的摩擦以外，还有滑动轴承的油膜力，因间隙不均匀而引起横向气动力等。轴承的全部油膜对轴颈的总压力 F 位于挤压的一侧并朝向轴颈中心 O'。将 F 分解为 O' 点的径向力和周向力，径向力对轴颈起支撑作用，相当于转轴的弹性力。周向力垂直于径向并顺着转动方向，使 O' 的速度增大，因而使涡动增大，导致轴颈运动失稳，如图 13-6 所示。

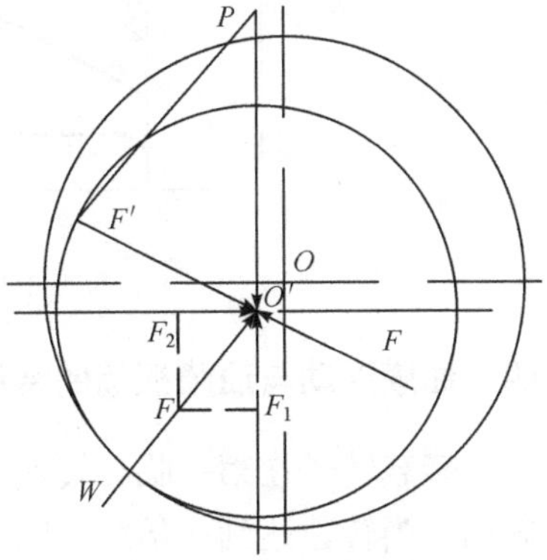

图 13-6　轴承油膜力

当轴承油膜所受载荷较小时，可近似认为径向力为零。在此情况下，用极坐标 e，ϕ 表示轴颈中心 O' 位置，可得到 O' 的运动微分方程：

$$\begin{cases} m\ddot{e} - me\dot{\phi}^2 = 0 \\ me\ddot{\phi} + 2m\dot{e}\dot{\phi} = F_\phi \end{cases} \tag{13-11}$$

其中，m 为转轴加上圆盘的质量，得到周向力为

$$F_\phi \approx F = \frac{6\pi LR^3\eta}{C^3}(\Omega - 2\dot{\phi})e = B(\Omega - 2\dot{\phi})e \tag{13-12}$$

式中，L 为轴承宽度；R 为轴颈半径；η 为润滑油的动力黏性系数；C 为轴颈和轴承之间的间隙。

要判断运动是否稳定就看速度 v 的实部的大小。当 $\Omega<B/(2m)$时，v 的实部小于零，这种情况下运动是稳定的；当 $\Omega>B/(2m)$时，v 的实部大于零，运动是不稳定的，即轴颈会出现涡动，涡动角速度为

$$\omega \approx \frac{B}{2m}\left[\left(1+\frac{m}{B}\Omega\right)-1\right] = \frac{\Omega}{2} \tag{13-13}$$

从上式可以看出，油膜引起涡动的准确频率稍小于转动角速度之半，这种涡动称为半频涡动。油膜振荡是油膜涡动的一种特例。当转动角速度 Ω 为 2 倍一阶固有频率时，涡动的角频率正好接近一阶固有频率，这个时候会发生共振，也就是油膜振荡。

如图 13-7 所示，随着工作转速的升高，半频涡动频率也不断升高，而且涡动的振幅越来越大，使转子振动加剧。如果转子的转速升高到第一临界转速，此时会发生共振，造成振幅突然增大，振动非常剧烈。若继续提高转速，则转子的涡动频率

保持不变，始终等于转子的一阶临界转速，即发生油膜振荡。

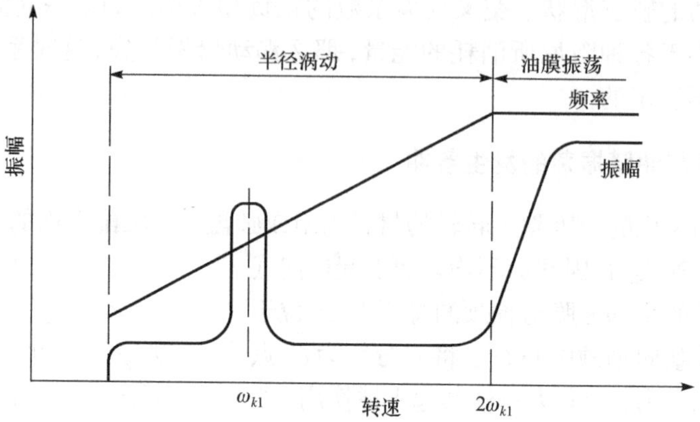

图 13-7　半频涡动与油膜振荡

四、油膜涡动与油膜振荡的特征

轻载转子在第一临界转速之前就可能发生不稳定的半频涡动，但不产生大幅度振动；当转速达到一倍第一临界转速时，转子由于共振而有较大的振幅；越过第一临界转速后振幅再次减小，当转速达到两倍第一临界转速时，振幅增大并且不随转速的增加而增加，即发生了油膜振荡。

对于重载转子，转子的稳定性好，低速时并不存在半频涡动现象，甚至转速达到二倍的第一临界转速时，也不会立即发生很大的振动，当转速达到两倍的第一临界转速之后的某一转速时，才突然发生油膜振荡。油膜涡动的振动频率随转速变化，与转频保持 $f=(0.43\sim0.48)f_n$ 。油膜振荡的振动频率在临界转速所对应的固有频率附近，不随转速变化。两者的振动随油温变化明显。

五、油膜涡动与油膜振荡的振动特点

(1) 油膜涡动一般沿着径向振动，油膜涡动的轴心轨迹是由基频与半速涡动频率叠加成的双椭圆，较稳定，但振动相位不稳定，进动方向为正进动。如图 13-8 所示。

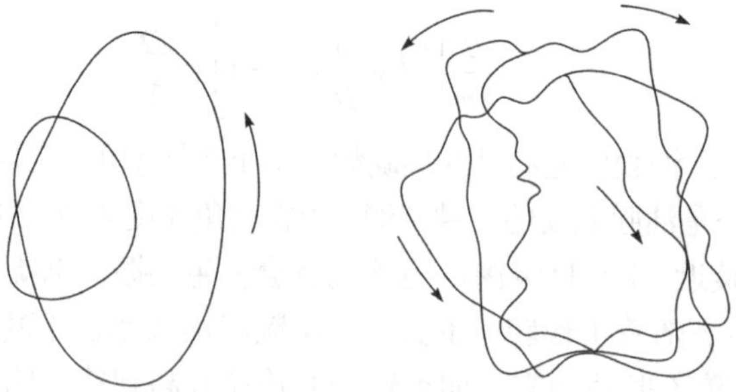

(a)　　(b)

图 13-8　油膜振荡轴心轨迹

(2) 油膜振荡也是沿径向振动，轴心轨迹杂乱无章，为扩散不规则状，振动不稳定，有突发性，振动相位也不稳定，进动方向为正进动。实际上，油膜振荡是自激振荡，维持振动的能量是转轴在旋转中供应的，具有惯性效应。由于有失稳趋势，导致摩擦与碰撞，所以轴心轨迹不规则，波形幅度不稳定，相位突变。

油膜振荡是一种自激振动，自激振动一般具有以下特点：

① 当转动角速度高于一阶临界角速度时，自激振动即涡动才有可能发生；

② 自激振动的频率数值上大约等于转子的固有频率；

③ 自激振动与共振现象有区别，自激振动在大部分转速范围内随时可能发生；

④ 自激振动非常剧烈，振幅很大；

⑤ 自激振动涡动方向是正方向，与转动方向相同。

为了避免轴承油膜力引起的转子失稳问题，对于大型机器，通常采用改变轴承结构的办法，如用可倾瓦、椭圆轴瓦轴承。对于小型的高速转子，可以采用弹性阻尼轴承支撑的结构来提高转子的稳定性。

六、消除措施

(1) 设计时使转子避开油膜共振区；
(2) 增大轴承比压，减小承压面；
(3) 减小轴承间隙；
(4) 控制轴瓦预负荷，降低供油压力；
(5) 选用抗振性好的轴承结构；
(6) 适当调整润滑油温；
(7) 从多方面分析并消除产生的因素。

第三节　转子不平衡振动机理与诊断

一、不平衡的种类

不平衡是转动件质量偏心造成的一种故障形式。据国内文献介绍，大型旋转机械机组 1/3 以上的故障是由转子失衡引起的，造成失衡的具体原因很多。有的是由于设计和结构方面的因素，有的是由于材质不均匀以及制造安装误差，这都使得实际转子的中心惯性主轴或多或少地偏离其旋转轴线，这样转子转动时，转子各微元质量的离心惯性力所组成的力系不是一个平衡力系，即出现转子不平衡或失衡。

转子的不平衡是旋转机械的主要激振源，也是多种自激振动的触发原因。不平衡会使转子产生挠曲和内应力，表现为机器的振动和产生噪声，也会加快轴承、轴封等零件的磨损，降低了机器的工作效率，减少了机器的寿命，严重时甚至会发生事故，对人身安全和财产造成巨大威胁。

机组不平衡按发生的过程可分为原始不平衡、渐发性不平衡和突发性不平衡等几种情况。其中原始不平衡是由转子制造误差、装配误差、热处理及材质不均匀等原因造成的，其表现为运行初期机组的振动就处于较高的水平。渐发性不平衡是由于转子上不均匀积灰、结垢或催化剂颗粒等因素引起，其表现为振动值随运行时间的延长逐渐增大；突发性不平衡是由于转子上零部件脱落或是叶轮流道有异物附着、卡塞造成，表现为机组振动值突然显著增大后稳定在一定的水平上。不平衡又可细分为静不平衡、力偶不平衡、准静不平衡、动不平衡等和振型不平衡五类，如图 13-9 所示。

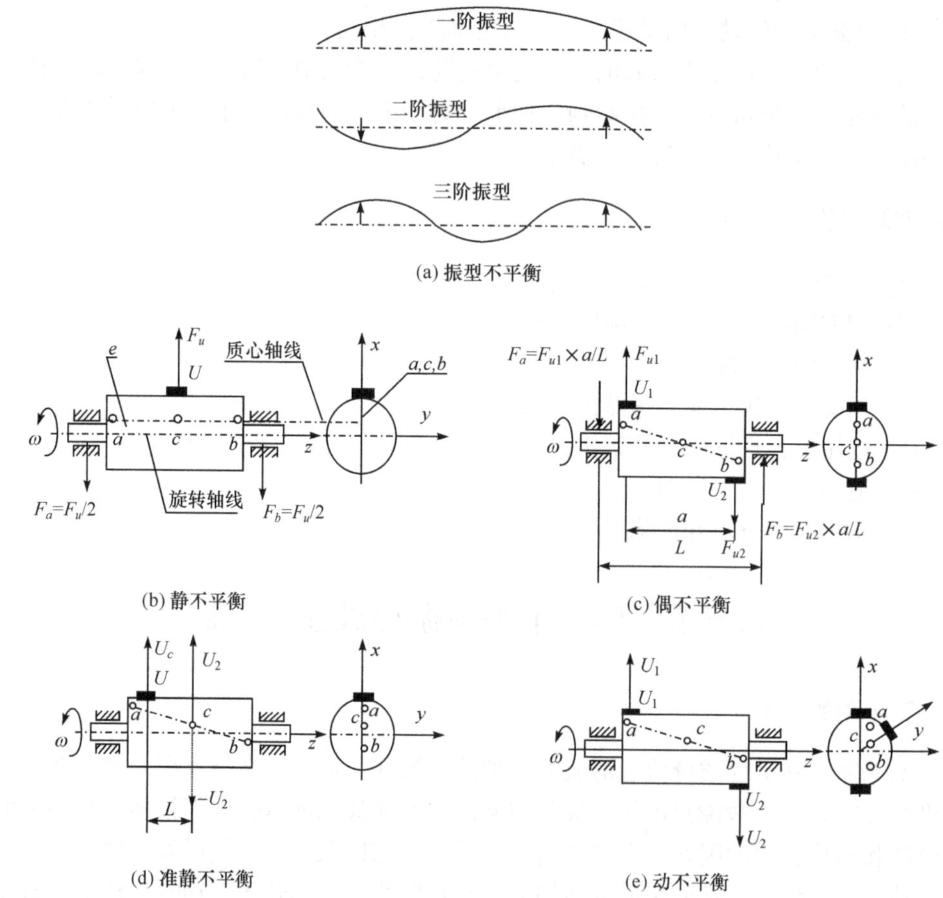

图 13-9　转子不平衡的分类

二、不平衡的振动机理

如图 13-10 所示，由于质心偏离转子轴心线或转子质量不均匀分布，转子转动时将产生离心力、离心力矩或两者兼而有之。离心惯性力(F)的大小与偏心质量M、偏心距e及旋转角速度ω有关，即

$$F = Me\omega^2$$

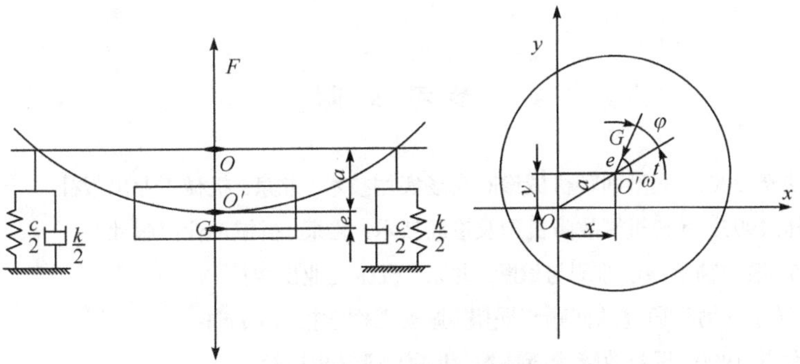

图 13-10　不平衡振动原理

众所周知，交变的力(方向、大小及周期性变化)会引起振动，这就是不平衡引起振动的原因。转子转一周，离心力方向改变一次，因此不平衡振动的频率与转速相一致，振动值的大小符合转子动力学原理，幅值放大因子β在临界转速之前，随转速上升而增大，振动幅值随转速上升而成平方关系，振动幅值大小基本上取决于离心惯性力，称为惯性控制区；当转速与临界转速相等时，振动达到极大值，$\beta = 1/2\xi$，在临界转速附近，振动幅值基本上取决于阻尼值的大小，称为阻尼控制区；超过临界转速区域后，随着转速的提高，β逐渐趋于–1，振动相位与转子挠度由同相变为反相，质心基本落到了轴承的中心线上，偏心距接近于零，转轴中心以约等于e大小绕轴承中心旋转，振动幅值大小基本上取决于转子刚度，称为弹性控制区。

参考文献

陈大禧. 朱铁光. 2002. 大型回转机械诊断现场实用技术. 北京: 机械工业出版社

韩捷. 张瑞林. 1997. 旋转机械故障机理及诊断技术. 北京: 机械工业出版社

梅宏斌. 1996. 滚动轴承振动监测与诊断. 北京: 机械工业出版社

孟光. 2002. 转子动力学研究的回顾与展望. 振动工程学报, 15(1): 1-9

沈水福. 高大勇. 1990. 设备故障诊断技术. 北京: 科学出版社

盛兆顺. 2002. 设备状态监测与故障诊断技术及应用. 北京: 化学工业出版社

杨斌. 章立军, 等. 2012. 电气设备诊断现场实用技术. 北京: 机械工业出版社

易良榘. 2003. 简易振动诊断现场实用技术. 北京: 机械工业出版社

袁宏义. 1991. 设备振动诊断技术基础. 北京: 国防工业出版社

张键. 2010. 机械故障诊断技术. 北京: 机械工业出版社

钟一谔. 1987. 转子动力学. 北京: 清华大学出版社

GB/T 6075. 1 机械振动在非旋转部件上测量评价机器振动 第一部分：总则